kartable

Maths

1re S

ellipses

Dans la collection kartable

- ***Français***, 2^{de}
- ***Histoire Géographie***, 2^{de}
- ***Maths***, 2^{de}
- ***Français***, 1re toutes séries (L, ES, S)
- ***Histoire Géographie***, 1re toutes séries (L, ES, S)
- ***Anglais***, T^{le} toutes séries (L, ES, S)
- ***Histoire Géographie***, T^{le} L, ES
- ***Histoire Géographie***, T^{le} S
- ***Maths***, T^{le} S

ISBN 9782340-018495

32, rue Bargue 75740 Paris cedex 15

www.editions-ellipses.fr

Table des matières

Chapitre 1

Les trinômes du second degré

I. Les trinômes du second degré : caractérisation

Définition

On appelle fonction trinôme du second degré (ou fonction polynôme du second degré, ou plus simplement trinôme) toute fonction T définie sur $\mathbb{R}$ et admettant une expression du type :

$$T(x) = ax^2 + bx + c$$

Où a, b et c sont des réels quelconques avec $a \neq 0$.

■ ***Exemple***

La fonction définie pour tout réel x par $P(x) = 2x^2 + x - 3$ est un trinôme du second degré.

Définition

Avec les notations précédentes, on appelle discriminant du trinôme T le réel :

$$\Delta = b^2 - 4ac$$

■ ***Exemple***

On calcule le discriminant du trinôme défini pour tout réel x par $P(x) = 2x^2 + 1x - 3$:

$\Delta = 1^2 - 4 \times 2 \times (-3)$

$\Delta = 1 - (-24) = 1 + 24 = 25$

Définition

Soit T une fonction trinôme du second degré. On appelle forme canonique de $T(x)$ toute forme du type :

$$T(x) = a[(x-\alpha)^2] + \beta$$

Où a, α et β sont des réels quelconques avec $a \neq 0$.

Théorème

Soit T une fonction trinôme du second degré, définie sur $\mathbb{R}$ par $T(x) = ax^2 + bx + c$, avec $a \neq 0$.

Alors, la forme canonique de $T(x)$ est unique et donnée par :

$$T(x) = a\left[(x-\alpha)^2\right] + \beta$$

avec $\alpha = -\dfrac{b}{2a}$ et $\beta = \dfrac{-\Delta}{4a}$.

■ ***Exemple***

La forme canonique du trinôme P, défini sur $\mathbb{R}$ par $P(x) = 3x^2 - 5x + 1$, se détermine en calculant α et β.

$$\alpha = \frac{-(-5)}{2 \times 3} = \frac{5}{6} \text{ et } \beta = \frac{-((-5)^2 - 4 \times 3 \times 1)}{4 \times 3} = -\frac{13}{12}$$

Ainsi, la forme canonique est :

$$P(x) = 3\left(x - \frac{5}{6}\right)^2 - \frac{13}{12}$$

II. Variations des fonctions trinôme du second degré

Soit T une fonction trinôme du second degré, définie sur $\mathbb{R}$ par $T(x) = ax^2 + bx + c$, où a, b et c sont des réels quelconques avec $a \neq 0$. Notons $T(x) = a\left[(x-\alpha)^2\right] + \beta$ sa forme canonique.

➡ Cas 1 : Si $a > 0$

Le trinôme est décroissant sur $]-\infty;\alpha]$ et croissant sur $[\alpha;+\infty[$.

x	$-\infty$		α		$+\infty$
T		↘	β	↗	

➡ Cas 2 : Si $a < 0$

Le trinôme est croissant sur $]-\infty;\alpha]$ et décroissant sur $[\alpha;+\infty[$.

x	$-\infty$		α		$+\infty$
T		↗	β	↘	

III. Représentation graphique

Définition

On appelle parabole toute représentation graphique d'une fonction trinôme dans un repère du plan.

Définition

On appelle sommet de la parabole le point correspondant à l'extremum de la fonction trinôme.

Théorème

Soit T une fonction trinôme du second degré, définie sur $\mathbb{R}$ par $T(x) = ax^2 + bx + c$, avec $a \neq 0$.

La courbe représentative du trinôme T est une parabole, de sommet S :

$$S\left(-\frac{b}{2a};-\frac{\Delta}{4a}\right)$$

■ ***Exemple***

Soit f la fonction définie pour tout réel x par : $f(x) = 5x^2 - 2x + 1$.

On a ici : $a = 5$, $b = -2$, $c = 1$

Donc :

- $-\dfrac{b}{2a} = \dfrac{2}{10} = \dfrac{1}{5}$
- $-\dfrac{\Delta}{4a} = -\dfrac{(-2)^2 - 4\times 5\times 1}{4\times 5} = -\dfrac{-16}{20} = \dfrac{4}{5}$

La courbe représentative de la fonction $f(x) = 5x^2 - 2x + 1$ est donc une parabole de sommet S de coordonnées : $\left(\dfrac{1}{5};\dfrac{4}{5}\right)$.

Propriété

L'allure de la parabole représentative du trinôme T dépend du signe de a :

- Si $a > 0$, alors la parabole décroît puis croît et le trinôme admet donc un minimum (égal à l'ordonnée du sommet de la parabole).
- Si $a < 0$, alors la parabole croît puis décroît et le trinôme admet donc un maximum (égal à l'ordonnée du sommet de la parabole).

Soit T une fonction trinôme du second degré, définie sur $\mathbb{R}$ par $T(x) = ax^2 + bx + c$, avec $a \neq 0$. On note Δ son discriminant. On peut donner le tableau récapitulatif suivant donnant l'allure de la parabole représentative du trinôme T :

	$a > 0$	$a < 0$
$\Delta > 0$	Allure de la parabole si $a > 0$ et $\Delta > 0$	Allure de la parabole si $a < 0$ et $\Delta > 0$
	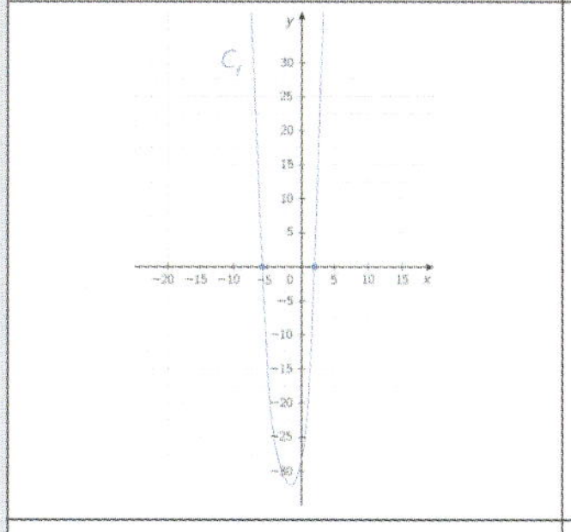	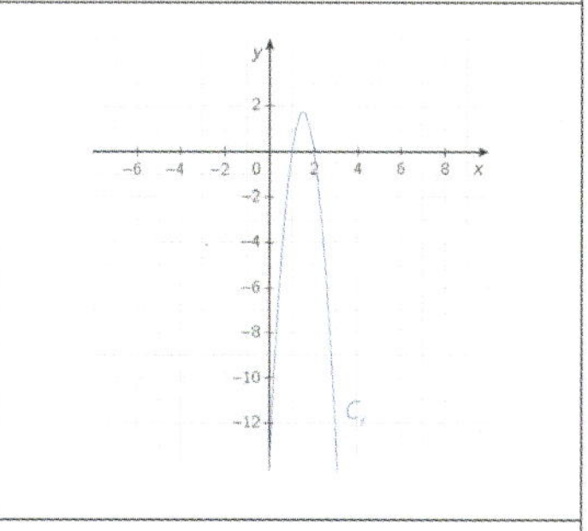
	La courbe représentative de la fonction $f(x) = 2x^2 + 8x - 24$ avec $a = 2$ et $\Delta = 256$ a une allure similaire à celle ci-dessus.	La courbe représentative de la fonction $f(x) = -7x^2 + 21x - 14$ avec $a = -7$ et $\Delta = 49$ a une allure similaire à celle ci-dessus.
$\Delta = 0$	Allure de la parabole si $a > 0$ et $\Delta = 0$	Allure de la parabole si $a < 0$ et $\Delta = 0$
	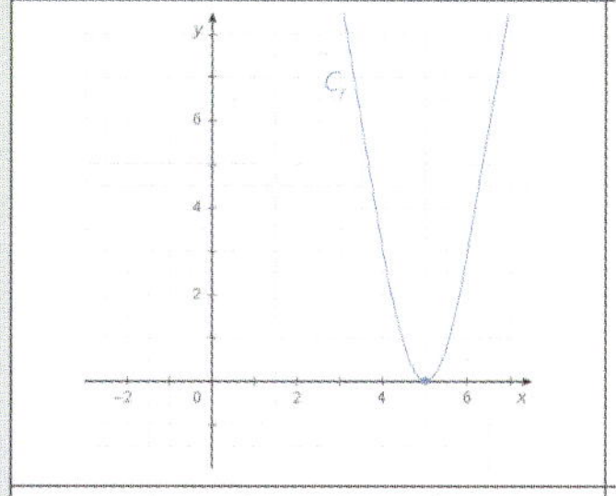	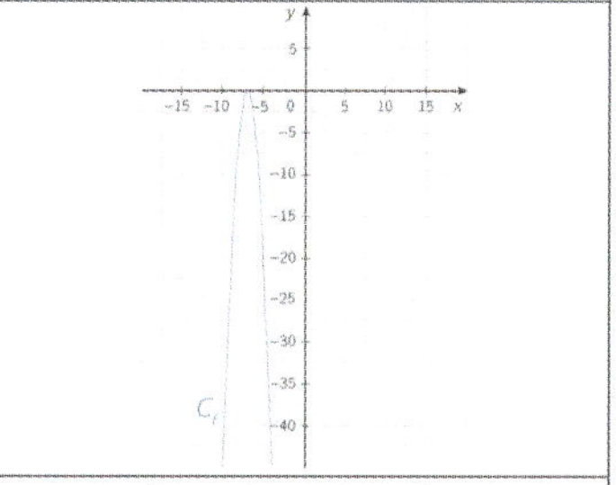
	La courbe représentative de la fonction $f(x) = 3x^2 - 30x + 75$ avec $a = 3$ et $\Delta = 0$ a une allure similaire à celle ci-dessus.	La courbe représentative de la fonction $f(x) = -5x^2 - 70x - 245$ avec $a = -5$ et $\Delta = 0$ a une allure similaire à celle ci-dessus.
$\Delta < 0$	Allure de la parabole si $a > 0$ et $\Delta < 0$	Allure de la parabole si $a < 0$ et $\Delta < 0$
	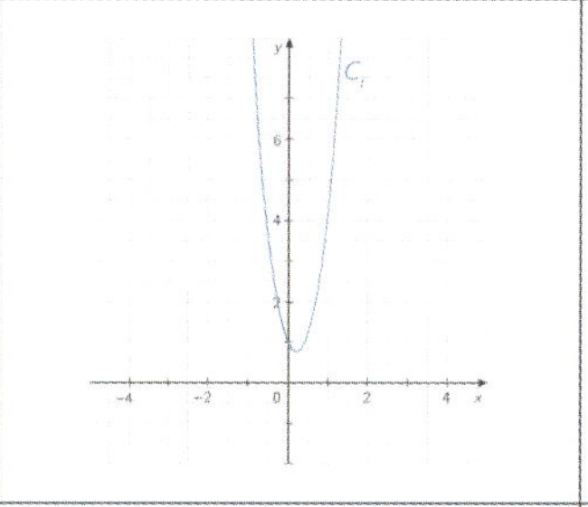	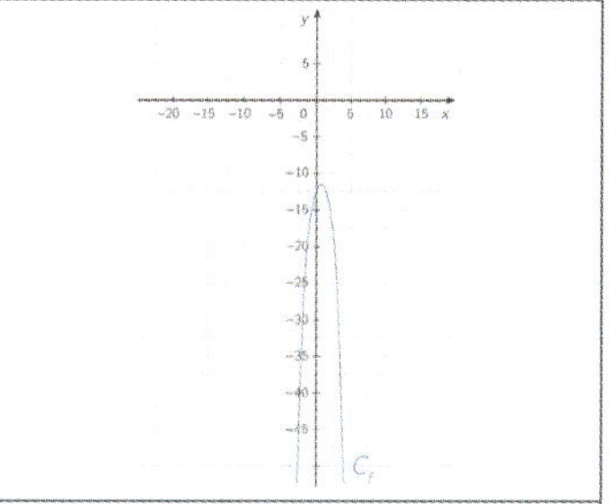
	La courbe représentative de la fonction $f(x) = 5x^2 - 2x + 1$ avec $a = 5$ et $\Delta = -16$ a une allure similaire à celle ci-dessus.	La courbe représentative de la fonction $f(x) = -3x^2 + 4x - 13$ avec $a = -3$ et $\Delta = -140$ a une allure similaire à celle ci-dessus.

IV. Racines du trinôme

Définition

Soit T une fonction trinôme définie sur $\mathbb{R}$ par $T(x) = ax^2 + bx + c$, avec $a \neq 0$.
Les racines du trinôme $T(x)$ sont les valeurs de x pour lesquelles celui-ci s'annule.
Ce sont les solutions de l'équation $T(x) = 0$, c'est-à-dire $ax^2 + bx + c = 0$.

Soit T une fonction trinôme du second degré, définie sur $\mathbb{R}$ par $T(x) = ax^2 + bx + c$, avec $a \neq 0$. Notons Δ son discriminant.

➡ Cas 1 : Si $\Delta < 0$

Le trinôme n'a pas de racine réelle.

■ *Exemple*

Considérons le polynôme $P(x) = 5x^2 - 2x + 1$.
$\Delta = (-2)^2 - 4 \times 5 \times 1 = -16$
Le polynôme ne possède pas de racine réelle, car $\Delta < 0$.
On constate effectivement que sa courbe représentative n'a pas d'intersection avec l'axe des abscisses :

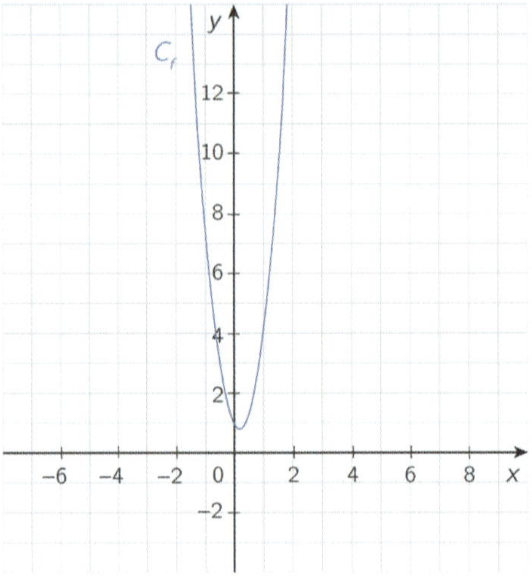

➡ Cas 2 : Si $\Delta = 0$

Le trinôme a une racine unique que l'on appelle racine double :

$$x_0 = -\frac{b}{2a}$$

Exemple

Considérons le polynôme $P(x) = -5x^2 - 70x - 245$.

$\Delta = (-70)^2 - 4 \times (-5) \times (-245) = 0$

Le polynôme possède une racine double, car $\Delta = 0$.

$$x_0 = \frac{-(-70)}{2 \times (-5)} = -7$$

On constate effectivement que sa courbe representative a un unique point d'intersection avec l'axe des abscisses :

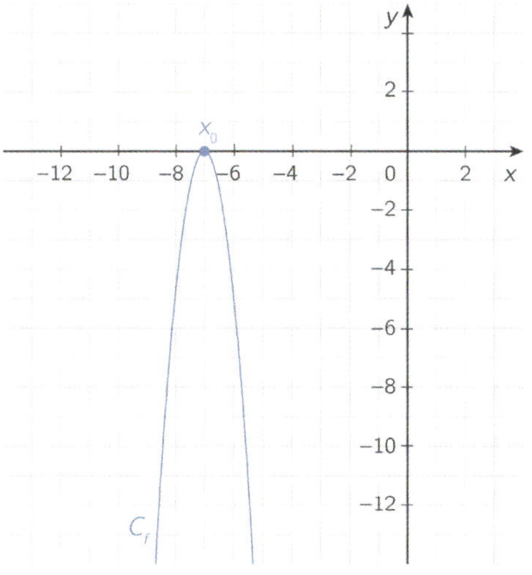

➡ Cas 3 : Si $\Delta > 0$

Le trinôme a deux racines réelles distinctes :

- $x_1 = \dfrac{-b - \sqrt{\Delta}}{2a}$
- $x_2 = \dfrac{-b + \sqrt{\Delta}}{2a}$

Exemple

Considérons le polynôme $P(x) = 3x^2 - 2x - 1$.

$\Delta = (-2)^2 - 4 \times 3 \times (-1) = 16$

On a donc $\Delta > 0$. Le trinôme possède deux racines :

$$x_1 = \frac{-(-2)-\sqrt{16}}{2\times 3} = -\frac{1}{3} \text{ et } x_2 = \frac{-(-2)+\sqrt{16}}{2\times 3} = 1$$

On constate effectivement que sa courbe representative a deux points d'intersection sur l'axe des abscisses :

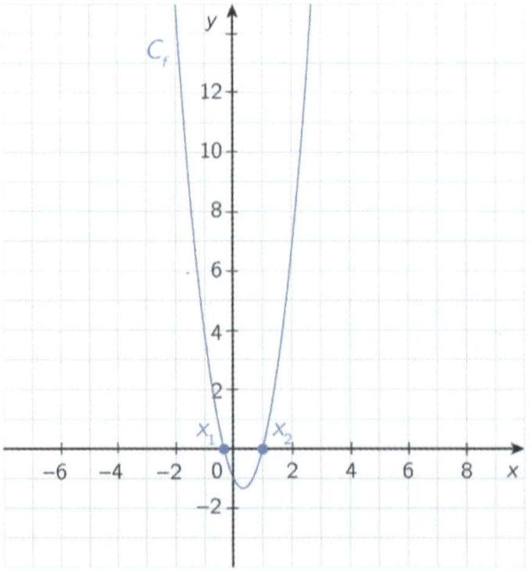

V. Factorisation du trinôme

Soit T une fonction trinôme du second degré, définie sur $\mathbb{R}$ par $T(x) = ax^2 + bx + c$, avec $a \neq 0$. Notons Δ son discriminant.

➡ Cas 1 : Si $\Delta < 0$

Le trinôme n'est pas factorisable dans $\mathbb{R}$.

■ ***Exemple***

Considérons le polynôme $P(x) = 5x^2 - 2x + 1$.

$\Delta = (-2)^2 - 4\times 5\times 1 = -16$

Le polynôme ne possède pas de racine réelle, car $\Delta < 0$.

On ne peut pas factoriser le trinôme dans $\mathbb{R}$.

➡ Cas 2 : Si $\Delta = 0$

Le trinôme peut se factoriser sous la forme :

$T(x) = a(x - x_0)^2$

■ ***Exemple***

Considérons le polynôme $P(x) = -5x^2 - 70x - 245$.

$\Delta = (-70)^2 - 4 \times (-5) \times (-245) = 0$

Le polynôme possède une racine double, car $\Delta = 0$.

$$x_0 = \frac{-(-70)}{2 \times (-5)} = -7$$

Il peut s'écrire sous la forme : $P(x) = -5(x - (-7))^2 = -5(x + 7)^2$.

➡ Cas 3 : Si $\Delta > 0$

Le trinôme peut se factoriser sous la forme :

$T(x) = a(x - x_1)(x - x_2)$

■ ***Exemple***

Considérons le polynôme $P(x) = 3x^2 - 2x - 1$.

$\Delta = (-2)^2 - 4 \times 3 \times (-1) = 16$

On a donc $\Delta > 0$. Le trinôme possède deux racines :

$$x_1 = \frac{-(-2) - \sqrt{16}}{2 \times 3} = -\frac{1}{3} \text{ ou } x_2 = \frac{-(-2) + \sqrt{16}}{2 \times 3} = 1$$

Il peut s'écrire sous forme factorisée :

$$P(x) = 3\left(x - \left(-\frac{1}{3}\right)\right)(x - 1) = 3\left(x + \frac{1}{3}\right)(x - 1)$$

VI. Signe du trinôme

Soit T une fonction trinôme du second degré, définie sur $\mathbb{R}$ par $T(x) = ax^2 + bx + c$, avec $a \neq 0$. Notons Δ son discriminant.

➡ Cas 1 : Si $\Delta < 0$

Le trinôme est strictement du signe de a sur $\mathbb{R}$:

x	$-\infty$ $+\infty$
$ax^2 + bx + c$	Signe de a

■ **Exemple**

Considérons le polynôme $P(x) = 5x^2 - 2x + 1$.

$\Delta = -16$

Donc le polynôme ne possède pas de racine réelle, car $\Delta < 0$.

Quelle que soit la valeur de x, le polynôme a le signe de $a = 5$. Donc $P(x) > 0$, pour tout réel x.

On constate effectivement que sa courbe représentative est située au-dessus de l'axe des abscisses sur $\mathbb{R}$:

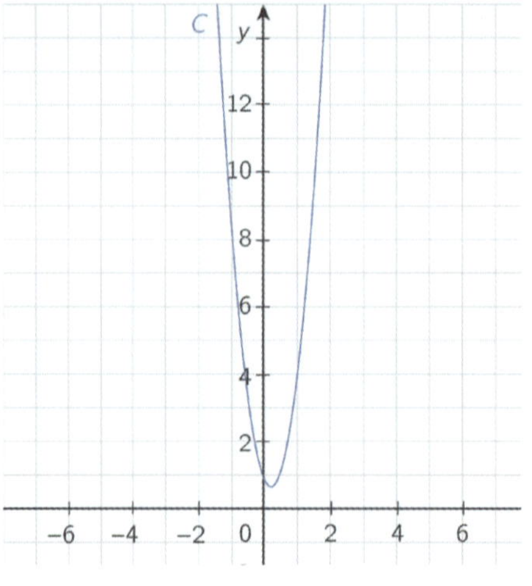

➡ Cas 2 : Si $\Delta = 0$

Le trinôme est du signe de a sur $\mathbb{R}$ et s'annule en x_0.

x	$-\infty$	x_0	$+\infty$
$ax^2 + bx + c$	Signe de a	0	Signe de a

■ Exemple

Considérons le polynôme $P(x) = -5x^2 - 70x - 245$.

Le polynôme possède une racine double, car $\Delta = 0$, qui est $x_0 = -7$.

Quelle que soit la valeur de *x*, différent de x_0, le polynôme a le signe de $a = -5$.

Donc $P(x) \leq 0$, pour tout réel *x*.

On constate que sa courbe représentative est située en dessous de l'axe des abscisses sur $\mathbb{R}$:

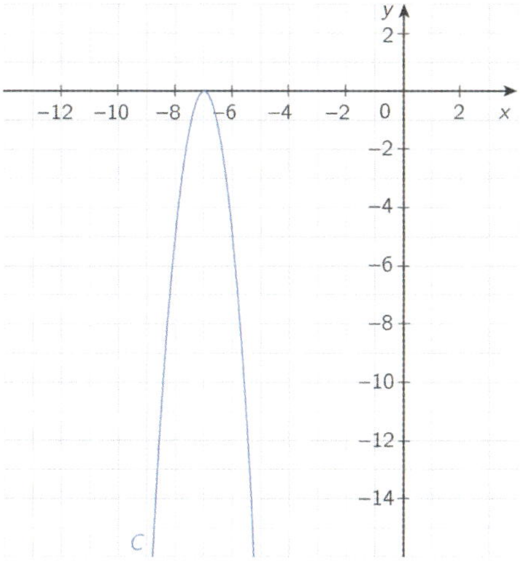

➡ Cas 3 : Si $\Delta > 0$

Le trinôme est du signe de *a* à l'extérieur de l'intervalle délimité par les racines et du signe de $-a$ entre les racines.

x	$-\infty$		x_1		x_2		$+\infty$
$ax^2 + bx + c$		Signe de a	0	Signe de $-a$	0	Signe de a	

■ Exemple

Considérons le polynôme $P(x) = 3x^2 - 2x - 1$.

$\Delta = 16$

On a donc $\Delta > 0$. Le trinôme possède deux racines : $x_1 = -\dfrac{1}{3}$ et $x_2 = 1$.

Le polynôme a le signe de $a = 3$ « à l'extérieur de l'intervalle délimité par les racines » et le signe contraire « entre les racines ».

Pour tout réel $x \in \left]-\infty ; -\dfrac{1}{3}\right] \cup [1 ; +\infty[$, on a $P(x) \geq 0$.

Pour tout réel $x \in \left[-\dfrac{1}{3} ; 1\right]$, on a $P(x) \leq 0$.

On constate effectivement que sa courbe représentative est située au-dessus de l'axe des abscisses à l'extérieur des racines et en dessous entre les racines.

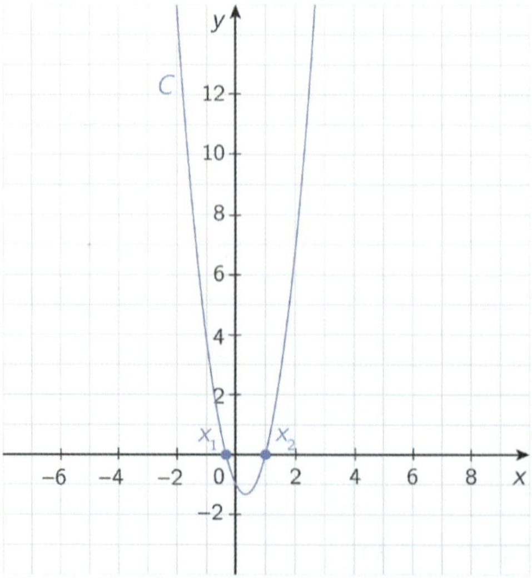

Déterminer la forme canonique d'un trinôme

Méthode 1 : En utilisant la formule

Soient a, b et c trois réels avec a non nul. La forme canonique du trinôme $f(x) = ax^2 + bx + c$ est $f(x) = a(x - \alpha)^2 + \beta$, avec :

- $\alpha = \dfrac{-b}{2a}$
- $\beta = f(\alpha) = -\dfrac{\Delta}{4a}$

S'il n'est pas demandé de détailler la mise sous forme canonique, on peut utiliser ces formules.

Étape 1 : Calculer α

Si le trinôme est de la forme $f(x) = ax^2 + bx + c$, on identifie les coefficients a et b.

On a $\alpha = -\dfrac{b}{2a}$.

Étape 2 : Calculer β

On a :

$$\beta = f(\alpha) = -\frac{\Delta}{4a}$$

On calcule donc β en utilisant la valeur du discriminant Δ (notamment s'il a déjà été calculé avant) ou en calculant $f(\alpha)$.

Étape 3 : Conclure

Le trinôme a pour forme canonique $f(x) = a(x - \alpha)^2 + \beta$. On remplace les valeurs de α et β obtenues dans la formule.

➡ *Exemple*

On considère la fonction trinôme du second degré, définie sur $\mathbb{R}$ par :

$\forall x \in \mathbb{R}, f(x) = 2x^2 - 4x + 1$

Donner, en utilisant les formules du cours, la forme canonique de f.

Étape 1 :

Ici, on a $\forall x \in \mathbb{R}, f(x) = 2x^2 - 4x + 1$. Ainsi :

$a = 2$

$b = -4$

On calcule :

$$\alpha = -\frac{b}{2a} = -\frac{-4}{2 \times 2} = \frac{4}{4} = 1$$

Étape 2 :

On ne connaît pas déjà la valeur de Δ, on calcule donc :

$\beta = f(\alpha) = f(1) = 2 \times 1^2 - 4 \times 1 + 1 = -1$

Étape 3 :

Or, on sait que le trinôme a pour forme canonique $f(x) = a(x - \alpha)^2 + \beta$.

On obtient ainsi :

$\forall x \in \mathbb{R}, f(x) = 2(x - 1)^2 - 1$

Méthode 2 : En la retrouvant par le calcul

À l'aide d'une technique de calcul précise, on sait déterminer la forme canonique d'un trinôme du second degré.

Étape 1 : Factoriser par *a*

Le trinôme a pour expression $f(x) = ax^2 + bx + c$.

On factorise d'abord l'expression par a :

$$f(x) = a\left(x^2 + \frac{b}{a}x + \frac{c}{a}\right)$$

Étape 2 : Faire apparaître une identité remarquable

On remarque que :

$$x^2 + \frac{b}{a}x = x^2 + 2\times\frac{b}{2a}x + \frac{b^2}{4a^2} - \frac{b^2}{4a^2}$$

$$= \left(x + \frac{b}{2a}\right)^2 - \frac{b^2}{4a^2}$$

On remplace dans l'expression de f et on obtient :

$$f(x) = a\left[\left(x + \frac{b}{2a}\right)^2 - \frac{b^2}{4a^2} + \frac{c}{a}\right]$$

On sort les deux termes constants et on les met sur le même dénominateur.

On obtient finalement :

$$f(x) = a\left(x + \frac{b}{2a}\right)^2 - \frac{b^2 - 4ac}{4a}$$

Étape 3 : Conclure

Le trinôme a pour forme canonique $\forall x \in \mathbb{R}$,

$$f(x) = a\left(x + \frac{b}{2a}\right)^2 - \frac{b^2 - 4ac}{4a}.$$

➡ *Exemple*

On considère la fonction trinôme du second degré, définie sur $\mathbb{R}$ par :

$\forall x \in \mathbb{R}, f(x) = 3x^2 - 12x + 18$

Donner, en la retrouvant par le calcul, la forme canonique de f.

Étape 1

On factorise l'expression par $a = 3$:

$f(x) = 3(x^2 - 4x + 6)$

Étape 2

On remarque que :

$x^2 - 4x = x^2 - 2\times 2\times x + 4 - 4 = (x-2)^2 - 4$

On remplace dans l'expression de f et on obtient :

$$f(x) = 3\left[(x-2)^2 - 4 + 6\right]$$

Soit $f(x) = 3\left[(x-2)^2 + 2\right]$.

On sort le terme constant de la parenthèse, on obtient finalement :

$f(x) = 3(x-2)^2 + 6$

Étape 3

On obtient donc :

$\forall x \in \mathbb{R}$, $f(x) = 3(x-2)^2 + 6$

Montrer qu'un réel est racine d'un trinôme

Montrer qu'un réel a est racine d'un trinôme P revient à montrer que $P(a) = 0$.

Étape 1 : Énoncer la définition d'une racine

Un réel a est racine d'un trinôme P si et seulement si $P(a) = 0$.

Étape 2 : Calculer $P(a)$

On calcule la valeur de $P(a)$.

Étape 3 : Conclure

- Si $P(a) = 0$, alors a est racine du trinôme P.
- Si $P(a) \neq 0$, alors a n'est pas racine du trinôme P.

Exemple

On considère le trinôme du second degré P défini sur $\mathbb{R}$ par $P(x) = 3x^2 - 2x - 1$.
Montrer que 1 est racine de P.

Étape 1

1 est racine de P si et seulement si $P(1) = 0$.

Étape 2

On calcule $P(1)$:

$P(1) = 3 \times 1^2 - 2 \times 1 - 1 = 3 - 2 - 1 = 0$

Étape 3

$P(1) = 0$, donc 1 est racine de P.

Donner les racines réelles d'un trinôme du second degré

Les racines réelles d'un trinôme P défini pour tout réel x par $P(x) = ax^2 + bx + c$ sont les réels x tels que $P(x) = 0$.
Un trinôme admet 0, 1 ou 2 racines réelles que l'on sait déterminer.

Étape 1 : Identifier *a*, *b* et *c*

Le trinôme est de la forme $P(x) = ax^2 + bx + c$.
a est le coefficient de x^2, b est le coefficient de x et c est le terme constant.

Étape 2 : Calculer le discriminant Δ

On a $\Delta = b^2 - 4ac$.

Étape 3 : Conclure selon la valeur de Δ

- Cas 1 : $\Delta > 0$
  Le trinôme admet deux racines distinctes, notées x_1 et x_2.
  - $x_1 = \dfrac{-b + \sqrt{\Delta}}{2a}$
  - $x_2 = \dfrac{-b - \sqrt{\Delta}}{2a}$
- Cas 2 : $\Delta = 0$
  Le trinôme admet une racine unique, notée x_0, et appelée « racine double ».
  $x_0 = \dfrac{-b}{2a}$

- Cas 3 : $\Delta < 0$
  Le trinôme n'a pas de racine réelle.

➡ *Exemple*

Déterminer les racines réelles du trinôme :
$P(x) = 2x^2 - 5x - 3$

Étape 1

Pour le trinôme $P(x) = 2x^2 - 5x - 3$, on a :

- $a = 2$
- $b = -5$
- $c = -3$

Étape 2

On calcule le discriminant Δ :

$\Delta = b^2 - 4ac$

$\Delta = (-5)^2 - 4 \times 2 \times (-3)$

$\Delta = 25 + 24$

$\Delta = 49$

Étape 3

$\Delta > 0$, donc le trinôme admet deux racines distinctes :

$$x_1 = \frac{-b+\sqrt{\Delta}}{2a} = \frac{-(-5)+\sqrt{49}}{4} = \frac{5+7}{4} = 3$$

$$x_2 = \frac{-b-\sqrt{\Delta}}{2a} = \frac{-(-5)-\sqrt{49}}{4} = \frac{5-7}{4} = \frac{-1}{2}$$

Donner le signe d'un trinôme du second degré

Un trinôme du second degré est de la forme $P(x) = ax^2 + bx + c$. On sait déterminer son signe selon les valeurs de x.

■ Étape 1 : Identifier *a*, *b* et *c*

Le trinôme est de la forme $P(x) = ax^2 + bx + c$ où :

- a est le coefficient de x^2.
- b est le coefficient de x.
- c est le terme constant.

■ Étape 2 : Calculer le discriminant Δ

Le discriminant est : $\Delta = b^2 - 4ac$.

■ Étape 3 : Énoncer la conclusion selon le signe de Δ

- Cas 1 : $\Delta > 0$
  Le trinôme est du signe de a à l'extérieur de l'intervalle délimité par les racines, et du signe de $-a$ à l'intérieur.
- Cas 2 : $\Delta = 0$
  Le trinôme est du signe de a et s'annule en $x_0 = \frac{-b}{2a}$.
- Cas 3 : $\Delta < 0$
  Le trinôme est toujours du signe de a (il ne s'annule jamais).

Étape 4 : Calculer les racines réelles de *P* si nécessaire

- Cas 1 : $\Delta > 0$
  Le trinôme admet deux racines distinctes x_1 et x_2 avec :
  $$x_1 = \frac{-b - \sqrt{\Delta}}{2a}$$
  $$x_2 = \frac{-b + \sqrt{\Delta}}{2a}$$
- Cas 2 : $\Delta = 0$
  Le trinôme admet une racine double $x_0 = \frac{-b}{2a}$.
- Cas 3 : $\Delta < 0$
  Le trinôme n'admet pas de racine réelle, on saute donc cette étape.

Étape 5 : Dresser le tableau de signes

On peut alors dresser le tableau de signes du trinôme.

➡ *Exemple*

Déterminer le signe du trinôme : $P(x) = x^2 - 3x + 2$

Étape 1

Pour le trinôme $P(x) = x^2 - 3x + 2$,
on a :

– $a = 1$
– $b = -3$
– $c = 2$

Étape 2

On calcule le discriminant Δ :

$\Delta = b^2 - 4ac$

$\Delta = (-3)^2 - 4 \times 1 \times 2$

$\Delta = 9 - 8$

$\Delta = 1$

Étape 3

Ici, $\Delta > 0$.

Le trinôme est donc du signe de a (positif) à l'extérieur de l'intervalle délimité par les racines, et du signe de -a (négatif) à l'intérieur.

Étape 4

$\Delta > 0$, le trinôme $P(x) = x^2 - 3x + 2$ admet donc deux racines distinctes qui sont :

$$x_1 = \frac{-b - \sqrt{\Delta}}{2a} = \frac{-(-3) - \sqrt{1}}{2 \times 1} = \frac{3 - 1}{2} = 1$$

$$x_2 = \frac{-b + \sqrt{\Delta}}{2a} = \frac{-(-3) + \sqrt{1}}{2 \times 1} = \frac{3 + 1}{2} = 2$$

Étape 5

On obtient le tableau de signes du trinôme $P(x) = x^2 - 3x + 2$:

x	$-\infty$		1		2		$+\infty$
$P(x)$		+	0	−	0	+	

Résoudre une équation irrationnelle

Pour résoudre une équation irrationnelle, il faut passer tous les termes au carré puis résoudre l'équation du second degré obtenue et enfin confronter les solutions avec l'ensemble de définition de l'équation.

Conseils

Il peut arriver que le membre de gauche de l'équation obtenue ne soit pas un trinôme du second degré (*a* nul), dans ce cas on peut trouver la ou les racine(s) sans calculer Δ.

Étape 1 : Déterminer le domaine de définition de l'équation

D'après le cours, on sait que $\sqrt{u(x)}$ est définie si et seulement si $u(x) \geq 0$.

On résout l'inéquation $u(x) \geq 0$. Le domaine de définition est l'ensemble des intervalles solutions de cette inéquation.

Étape 2 : Transformer l'équation

On passe les deux membres de l'équation au carré. La racine carrée se supprime alors. On met tous les termes du même côté. Après développement et simplification, l'équation a une forme du type :

$ax^2 + bx + c = 0$

Étape 3 : Résoudre l'équation

On doit donc déterminer les racines du trinôme du second degré obtenu.

On calcule le discriminant Δ (avec $\Delta = b^2 - 4ac$) et on conclut selon le signe de Δ :

- Si $\Delta > 0$, l'équation admet deux solutions réelles distinctes que l'on calcule : $x_1 = \dfrac{-b-\sqrt{\Delta}}{2a}$ et $x_2 = \dfrac{-b+\sqrt{\Delta}}{2a}$.
- Si $\Delta = 0$, l'équation admet une solution double que l'on calcule : $x_0 = \dfrac{-b}{2a}$.
- Si $\Delta > 0$, l'équation n'admet pas de solution réelle.

Étape 4 : Vérifier que les solutions appartiennent au domaine de définition

Pour chaque racine, on détermine si elle appartient ou non à l'ensemble de définition de l'équation.

On ne retient que la ou les solution(s) appartenant à l'ensemble de définition.

Étape 5 : Conclure

On conclut en donnant, si elle(s) existe(nt), la ou les solution(s) de l'équation appartenant à l'ensemble de définition.

➡ *Exemple*

Résoudre l'équation :

$\sqrt{2x^2 + 4x - 6} = 2x - 1$

Étape 1

D'après le cours, l'équation est définie si et seulement si $2x^2 + 4x - 6 \geq 0$.

On détermine le signe du trinôme $2x^2 + 4x - 6$.

On notera a_1, b_1 et c_1 les coefficients de ce polynôme.

Pour cela, on calcule son discriminant :

$\Delta_1 = b_1^2 - 4a_1c_1$

$\Delta_1 = 4^2 - 4 \times 2 \times (-6)$

$\Delta_1 = 16 + 48$

$\Delta_1 = 64$

$\Delta_1 > 0$, donc le trinôme est du signe de a (positif) sauf entre les racines que l'on détermine :

- $\alpha_1 = \dfrac{-b_1 - \sqrt{\Delta_1}}{2a_1} = \dfrac{-4-8}{4} = -3$
- $\alpha_2 = \dfrac{-b_1 + \sqrt{\Delta_1}}{2a} = \dfrac{-4+8}{4} = 1$

On récapitule le signe du trinôme dans un tableau :

x	$-\infty$		-3		1		$+\infty$
$2x^2+4x-6$		+	0	−	0	+	

Donc, l'ensemble de définition de l'équation est $D =]-\infty;-3] \cup [1;+\infty[$.

Étape 2

On élève les deux membres de l'équation au carré. Pour tout réel x appartenant à D :

$\sqrt{2x^2+4x-6} = 2x-1$

$\Leftrightarrow 2x^2+4x-6 = (2x-1)^2$

$\Leftrightarrow 2x^2+4x-6 = 4x^2-4x+1$

$\Leftrightarrow -2x^2+8x-7 = 0$

Étape 3

Afin de résoudre cette équation, on calcule le discriminant Δ du trinôme $-2x^2+8x-7$:

$\Delta = b^2 - 4ac$

$\Delta = 8^2 - 4\times(-2)\times(-7)$

$\Delta = 64 - 56$

$\Delta = 8$

$\Delta > 0$, donc le trinôme admet deux racines réelles :

- $x_1 = \dfrac{-b-\sqrt{\Delta}}{2a} = \dfrac{-8-\sqrt{8}}{-4} = 2 + \dfrac{\sqrt{2}}{2}$
- $x_2 = \dfrac{-b+\sqrt{\Delta}}{2a} = \dfrac{-8+\sqrt{8}}{-4} = 2 - \dfrac{\sqrt{2}}{2}$

Étape 4

On a $x_1 = 2 + \dfrac{\sqrt{2}}{2} \approx 2{,}707$.

Donc $x_1 \in]-\infty;-3] \cup [1;+\infty[$.

De même, $x_2 = 2 - \dfrac{\sqrt{2}}{2} \approx 1{,}293$.

Donc $x_2 \in]-\infty;-3] \cup [1;+\infty[$.

Étape 5

L'ensemble des solutions de l'équation est :

$$S = \left\{2 - \frac{\sqrt{2}}{2} ; 2 + \frac{\sqrt{2}}{2}\right\}$$

Exercice n° 1

Déterminer la forme canonique du polynôme $P(x) = 2x^2 - 3x + 8$.

Exercice n° 2

Résoudre l'équation suivante :

$$2x^2 + 3x + 3 = x^2 - x - 1$$

Exercice n° 3

Indiquer les solutions réelles de l'équation suivante en fonction de la valeur du réel m :

$$x^2 + 2mx - 3m = 0$$

Exercice n° 4

Résoudre l'équation suivante dans $\mathbb{R}$:

$$(E) : \ x^4 - x^2 - 2 = 0$$

Exercice n° 5

Résoudre l'inéquation suivante :

$$4x^2 - x + 2 > x^2 + 5x$$

Exercice n° 6

Résoudre l'inéquation $\dfrac{-2x^2 + x - 5}{-3x + 7} < 0$.

Exercice n° 7

On se place dans un repère orthonormal $(O;\vec{i};\vec{j})$.

On considère les fonctions f et g définies sur $\mathbb{R}$ par $f(x) = 3x^2 + 5x + 1$ et $g(x) = 2x^2 + x + 6$.

On appelle C_f la courbe représentative de f et C_g celle de g dans le repère $(O;\vec{i};\vec{j})$.

Déterminer la position relative de la parabole C_f par rapport à C_g sur $\mathbb{R}$.

Exercice n° 8

Associer, en justifiant, chaque fonction à sa représentation graphique parmi les courbes tracées sur la figure suivante :

- $f_1(x) = x^2 + 5x + 3$
- $f_2(x) = -3x + 3$
- $f_3(x) = 4x^2 - 2x + 3$
- $f_4(x) = -x^2 + x + 3$

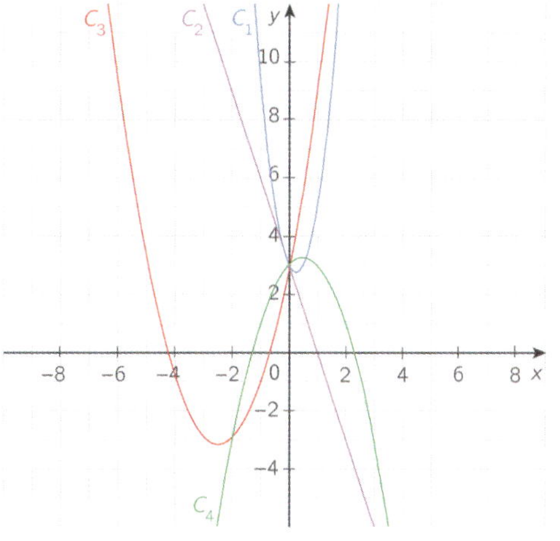

Exercice n° 9

On considère l'équation : $\sqrt{x^2 + x - 2} = 2x + 1$.

1. Déterminer le domaine de définition de l'équation.
2. Résoudre l'équation.

Exercice n° 10

ABCD est un carré de côté 1.

EFGH est un carré tel que :

- Les points *E*, *F*, *G* et *H* appartiennent respectivement aux côtés $[AB]$, $[BC]$, $[CD]$ et $[DA]$;
- $AE = BF = CG = DH = x$, avec $0 \leq x \leq 1$.

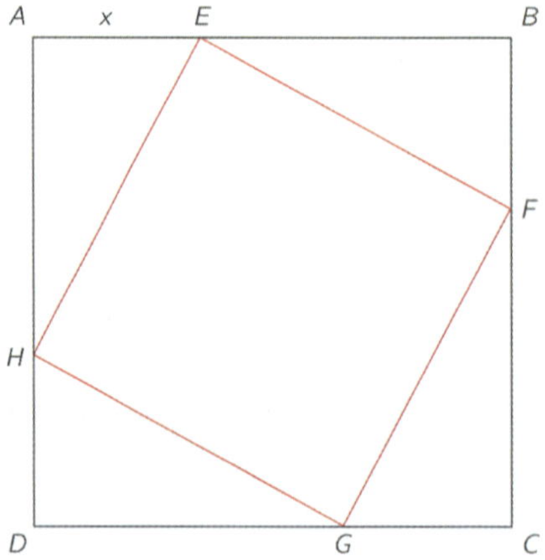

1 Calculer l'aire $A(x)$ de *EFGH*.

2. Déterminer l'aire minimum de *EFGH*. Pour quelle valeur de x cette aire est-elle minimale ?

3. Pour quelles valeurs de x l'aire de *EFGH* est-elle inférieure ou égale à $\frac{5}{9}$?

Encore plus d'exercices sur **Kartable.fr**

Exercice n° 1

Étape 1 : Factorisation par a

On factorise P par $a = 2$:

$$P(x) = 2\left(x^2 - \frac{3}{2}x + 4\right)$$

Étape 2 : Recherche d'une identité remarquable

On cherche à faire apparaître le début d'une identité remarquable à partir des termes en x^2 et en x.

Ici, $x^2 - \frac{3}{2}x$ est le début de la forme développée d'une identité remarquable du type $(x-y)^2$.

- La valeur de y est égale au coefficient du terme en x divisé par 2 : $y = \frac{\frac{3}{2}}{2} = \frac{3}{2} \times \frac{1}{2} = \frac{3}{4}$.
- On retire la constante $y^2 = \left(\frac{3}{4}\right)^2 = \frac{9}{16}$ qui a été ajoutée par l'introduction de cette identité remarquable.

D'où :

$$P(x) = 2\left[\left(x - \frac{3}{4}\right)^2 - \frac{9}{16} + 4\right]$$

$$P(x) = 2\left[\left(x - \frac{3}{4}\right)^2 - \frac{9}{16} + \frac{64}{16}\right]$$

$$P(x) = 2\left[\left(x - \frac{3}{4}\right)^2 + \frac{55}{16}\right]$$

La forme canonique de P est donc : $P(x) = 2\left[\left(x - \frac{3}{4}\right)^2 + \frac{55}{16}\right]$.

Exercice n° 2

Étape 1 : Simplification de l'équation

$2x^2 + 3x + 3 = x^2 - x - 1$

$\Leftrightarrow 2x^2 + 3x + 3 - x^2 + x + 1 = 0$

$\Leftrightarrow x^2 + 4x + 4 = 0$

On reconnaît une équation du second degré. On peut déterminer les solutions de cette équation en calculant les éventuelles racines du trinôme $P(x) = x^2 + 4x + 4$.

Étape 2 : Calcul du discriminant

Le discriminant de $P(x)$ est :

$\Delta = b^2 - 4ac = 4^2 - 4 \times 1 \times 4 = 16 - 16 = 0$

$\Delta = 0$, donc le trinôme possède une seule racine x_0.

Étape 3 : Calcul de la racine du trinôme

$x_0 = \frac{-b}{2a} = \frac{-4}{2 \times 1} = \frac{-4}{2} = -2$

L'équation admet une solution unique : –2.

Exercice n° 3

Il s'agit d'une équation du second degré, donc pour déterminer les solutions, on calcule le discriminant.

Ici, $a = 1$, $b = 2m$ et $c = -3m$.

$\Delta = b^2 - 4ac = (2m)^2 - 4 \times 1 \times (-3m) = 4m^2 + 12m$

On étudie le signe du discriminant en fonction de m.

Δ est un polynôme du second degré d'inconnue m. Étudier le signe de Δ revient donc à étudier le signe de ce trinôme.

On note $a' = 4$, $b' = 10$ et $c' = 0$.

Son discriminant vaut $\Delta' = 12^2 - 4 \times 4 \times 0 = 144$.

$\Delta' > 0$, donc le trinôme est du signe de a' (positif) à l'extérieur de l'intervalle délimité par les racines. On calcule directement les racines :

$4m^2 + 12m = 0 \Leftrightarrow 4m(m+3) = 0 \Leftrightarrow m = 0$ ou $m = -3$

On obtient donc le signe du trinôme :

m	$-\infty$		-3		0		$+\infty$
$4m^2 + 12m$		+	0	–	0	+	

➡ Cas 1 : $m \in]-3;0[$

$\Delta < 0$, donc l'équation n'admet pas de solution dans $\mathbb{R}$.

➡ Cas 2 : $m = -3$ ou $m = 0$

$\Delta = 0$, donc l'équation admet une seule solution :

$x = \frac{-b}{2a} = \frac{-2m}{2} = -m$

➡ Cas 3 : $m \in]-\infty;-3[\cup]0;+\infty[$

$\Delta > 0$, donc l'équation admet deux solutions réelles :

– $x_1 = \frac{-b-\sqrt{\Delta}}{2a} = \frac{-2m-\sqrt{4m^2+12m}}{2} = \frac{-2m-2\sqrt{m^2+3m}}{2} = -m-\sqrt{m^2+3m}$

– $x_2 = \frac{-b+\sqrt{\Delta}}{2a} = \frac{-2m+\sqrt{4m^2+12m}}{2} = \frac{-2m+2\sqrt{m^2+3m}}{2} = -m+\sqrt{m^2+3m}$

En résumé :

– Pour $m \in]-3;0[$, l'équation n'a pas de solution réelle : $S = \varnothing$.
– Pour $m = -3$ et $m = 0$, l'équation admet une unique solution : $S = \{-m\}$.
– Pour $m \in]-\infty;-3[\cup]0;+\infty[$, l'équation admet deux solutions :

$$S = \left\{-m-\sqrt{m^2+3m};-m+\sqrt{m^2+3m}\right\}.$$

Exercice n° 4

En posant $X = x^2$, on peut se ramener à une équation du second degré :

(E') : $X^2 - X - 2 = 0$

(E') étant une équation du second degré, on peut déterminer ses solutions par recherche des racines du trinôme.

Étape 1 : Résolution de *(E')*

Le discriminant du trinôme est :

$\Delta = b^2 - 4ac = (-1)^2 - 4\times 1\times(-2) = 1+8 = 9$

$\Delta > 0$ donc (E') admet deux solutions réelles :

– $X_1 = \frac{-b-\sqrt{\Delta}}{2a} = \frac{1-\sqrt{9}}{2} = \frac{1-3}{2} = \frac{-2}{2} = -1$

– $X_2 = \frac{-b+\sqrt{\Delta}}{2a} = \frac{1+\sqrt{9}}{2} = \frac{1+3}{2} = \frac{4}{2} = 2$

L'équation (E') admet donc deux solutions réelles –1 et 2.

Étape 2 : Déduction des solutions de *(E)*

Comme $X = x^2$, pour déterminer les solutions de *(E)*, on résout les équations suivantes :

– $x^2 = -1$ qui n'a pas de solution réelle, car un carré est toujours positif ;
– $x^2 = 2 \Leftrightarrow x = \sqrt{2}$ ou $x = -\sqrt{2}$.

L'ensemble des solutions réelles de l'équation *(E)* est :

$S = \left\{\sqrt{2};-\sqrt{2}\right\}$

Exercice n° 5

Étape 1 : Simplification de l'inéquation

$4x^2 - x + 2 > x^2 + 5x \Leftrightarrow 3x^2 - 6x + 2 > 0$

On dresse donc le tableau de signes du trinôme du second degré pour résoudre l'inéquation.

Étape 2 : Calcul du discriminant

On considère le trinôme $P(x) = 3x^2 - 6x + 2$.

$\Delta = b^2 - 4ac = (-6)^2 - 4 \times 3 \times 2 = 36 - 24 = 12$

$\Delta > 0$, on en déduit que le trinôme est du signe de a, c'est-à-dire positif ($a = 3$), à l'extérieur de l'intervalle délimité par les racines x_1 et x_2, et du signe contraire, c'est-à-dire négatif, entre les racines.

Étape 3 : Calcul des racines

- $x_1 = \dfrac{-b - \sqrt{\Delta}}{2a} = \dfrac{6 - \sqrt{12}}{2 \times 3} = \dfrac{6 - 2\sqrt{3}}{6} = \dfrac{3 - \sqrt{3}}{3}$
- $x_2 = \dfrac{-b + \sqrt{\Delta}}{2a} = \dfrac{6 + \sqrt{12}}{2 \times 3} = \dfrac{6 + 2\sqrt{3}}{6} = \dfrac{3 + \sqrt{3}}{3}$

Étape 4 : Tableau de signes

On peut alors dresser le tableau de signes du trinôme :

x	$-\infty$		$\frac{3-\sqrt{3}}{3}$		$\frac{3+\sqrt{3}}{3}$		$+\infty$
$3x^2 - 6x + 2$		+	0	−	0	+	

Pour résoudre l'inéquation, on cherche dans le tableau de signes les valeurs de x telles que $3x^2 - 6x + 2 > 0$.

$$S = \left]-\infty; \frac{3-\sqrt{3}}{3}\right[\cup \left]\frac{3+\sqrt{3}}{3}; +\infty\right[$$

Exercice n° 6

Pour résoudre cette inéquation, on étudie le signe du quotient $\dfrac{-2x^2+x-5}{-3x+7}$.

On étudie donc les signes respectifs du numérateur et du dénominateur de ce quotient.

Étape 1 : Étude du signe de $-2x^2+x-5$

Pour déterminer le signe de ce trinôme du second degré, on calcule son discriminant :

$\Delta = b^2 - 4ac = 1^2 - 4\times(-2)\times(-5) = 1-40 = -39$

$\Delta < 0$, donc le trinôme est du signe de a (négatif) pour tout $x \in \mathbb{R}$.

Étape 2 : Étude du signe de $-3x+7$

$-3x+7>0 \Leftrightarrow x<\dfrac{7}{3}$

L'expression $-3x+7$ est donc :

– positive sur $\left]-\infty;\dfrac{7}{3}\right[$

– négative sur $\left]\dfrac{7}{3};+\infty\right[$

On note de plus que $\dfrac{7}{3}$ annule le dénominateur. C'est donc une valeur interdite.

Étape 3 : Tableau de signes

On obtient finalement le tableau de signes suivant :

x	$-\infty$		$\frac{7}{3}$		$+\infty$
$-2x^2+x-5$		$-$	|	$-$	
$-3x+7$		$+$	0	$-$	
$\dfrac{-2x^2+x-5}{-3x+7}$		$-$	||	$+$	

$S = \left]-\infty;\dfrac{7}{3}\right[$

Exercice n° 7

Pour étudier la position relative de la parabole C_f par rapport à la parabole C_g, il faut étudier le signe de la fonction $h(x) = f(x) - g(x)$ sur $\mathbb{R}$.

Étape 1 : Simplification de l'expression

$h(x) = (3x^2+5x+1)-(2x^2+x+6) = x^2+4x-5$

Le signe de h est donc celui du trinôme : x^2+4x-5.

Étape 2 : Calcul du discriminant

Le discriminant de $h(x)$ est :

$\Delta = b^2 - 4ac = 4^2 - 4 \times 1 \times (-5) = 16 + 20 = 36$

$\Delta > 0$, donc le trinôme est du signe de a (c'est-à-dire positif) à l'extérieur de l'intervalle délimité par les racines et du signe de $-a$ (c'est-à-dire négatif) à l'intérieur des racines.

Étape 3 : Calcul des racines

– $x_1 = \dfrac{-b-\sqrt{\Delta}}{2a} = \dfrac{-4-\sqrt{36}}{2\times 1} = \dfrac{-4-6}{2} = \dfrac{-10}{2} = -5$

– $x_2 = \dfrac{-b+\sqrt{\Delta}}{2a} = \dfrac{-4+\sqrt{36}}{2\times 1} = \dfrac{-4+6}{2} = \dfrac{2}{2} = 1$

Étape 4 : Tableau de signes de h

On peut alors dresser le tableau de signes de h :

x	$-\infty$		-5		1		$+\infty$
$x^2 + 4x - 5$		+	0	–	0	+	

– Lorsque $h(x) > 0$, C_f est au-dessus de C_g.

– Lorsque $h(x) < 0$, C_f est en dessous de C_g.

– Lorsque $h(x) = 0$, C_f et C_g se coupent.

On en déduit que :

– Sur $]-\infty;-5[$ et sur $]1;+\infty[$, C_f est au-dessus de C_g.

– Sur $]-5;1[$, C_f est en dessous de C_g.

– Enfin, C_f et C_g se coupent pour $x = -5$ et $x = 1$.

Exercice n° 8

Étape 1 : $f_1(x) = x^2 + 5x + 3$

Le coefficient du terme de degré 2 de la fonction f_1 est positif. Sa représentation graphique est donc une parabole décroissante puis croissante.

$\Delta = b^2 - 4ac = 5^2 - 4 \times 1 \times 3 = 25 - 12 = 13$

$\Delta > 0$, donc le trinôme admet deux racines distinctes, ce qui signifie que la parabole coupe deux fois l'axe des abscisses.

La seule courbe pouvant correspondre est C_3.

Étape 2 : $f_2(x) = -3x + 3$

f_2 est une fonction du premier degré. Sa courbe représentative est donc une droite. La seule qui puisse correspondre est donc C_2.

Étape 3 : $f_3(x) = 4x^2 - 2x + 3$

Le coefficient du terme de degré 2 de la fonction f_3 est positif. Sa représentation graphique est donc une parabole décroissante puis croissante.

$\Delta = b^2 - 4ac = (-2)^2 - 4 \times 4 \times 3 = 4 - 48 = -44$

$\Delta < 0$, donc le trinôme n'admet aucune racine réelle, ce qui signifie que la parabole ne coupe pas l'axe des abscisses.

La seule courbe pouvant correspondre est C_1.

Étape 4 : $f_4(x) = -x^2 + x + 3$

Le coefficient du terme de degré 2 de la fonction f_4 est négatif. Sa représentation graphique est donc une parabole croissante puis décroissante. La seule courbe pouvant correspondre est C_4.

On obtient finalement :

- La courbe représentative de f_1 est C_3.
- La courbe représentative de f_2 est C_2.
- La courbe représentative de f_3 est C_1.
- La courbe représentative de f_4 est C_4.

Exercice n° 9

1. L'équation existe si et seulement si : $x^2 + x - 2 \geq 0$.

   Déterminons le signe du trinôme $x^2 + x - 2$.

   Étape 1 : Calcul du discriminant

   Le discriminant de ce trinôme est :

   $\Delta = b^2 - 4ac = 1^2 - 4 \times 1 \times (-2) = 1 + 8 = 9$

   $\Delta > 0$ et $a > 0$, donc le trinôme est positif à l'extérieur de l'intervalle délimité par les racines et négatif à l'intérieur de cet intervalle.

   Étape 2 : Calcul des racines

   $$x_1 = \frac{-b - \sqrt{\Delta}}{2a} = \frac{-1 - \sqrt{9}}{2 \times 1} = \frac{-1 - 3}{2} = \frac{-4}{2} = -2$$

   $$x_2 = \frac{-b + \sqrt{\Delta}}{2a} = \frac{-1 + \sqrt{9}}{2 \times 1} = \frac{-1 + 3}{2} = \frac{2}{2} = 1$$

Étape 3 : Tableau de signes du trinôme

x	$-\infty$		-2		1		$+\infty$
x^2+x-2		$+$	0	$-$	0	$+$	

L'équation est définie sur $]-\infty;-2]\cup[1;+\infty[$.

2. Sur son ensemble de définition, l'équation $\sqrt{A}=B \Leftrightarrow A=B^2$ et $B \geq 0$.

   Étape 1 : Résolution de $B \geq 0$

   $2x+1 \geq 0 \Leftrightarrow x \geq -\dfrac{1}{2}$

   Étape 2 : Résolution de $A=B^2$

   $x^2+x-2=(2x+1)^2$

   $\Leftrightarrow x^2+x-2=4x^2+4x+1$

   $\Leftrightarrow -3x^2-3x-3=0$

   Étape 3 : Calcul de Δ

   $\Delta=b^2-4ac=(-3)^2-4\times(-3)\times(-3)=9-36=-27$

   $\Delta<0$, donc l'équation n'a pas de solution.

Exercice n° 10

1. *EFGH* est un carré, donc son aire vaut le carré d'un de ses côtés. Ainsi, $A(x)=EF^2$.
   En appliquant le théorème de Pythagore au triangle *EBF*, rectangle en *B*, on détermine la longueur *EF*.

   $EF^2=EB^2+BF^2$

   Or :

   - $BF^2=x^2$;
   - $AB=1$ et $AE=x$, donc $BE=1-x$.

   Ainsi, $EF^2=(1-x)^2+x^2=2x^2-2x+1$.

   Donc $A(x)=2x^2-2x+1$.

2. $A(x)$ étant un trinôme dont le coefficient a est strictement positif, il admet un minimum qui vaut :

   $$\frac{-\Delta}{4a}=\frac{-(b^2-4ac)}{4a}=\frac{4ac-b^2}{4a}=\frac{4\times2\times1-(-2)^2}{4\times2}=\frac{8-4}{8}=\frac{1}{2}$$

   Et ce minimum est atteint pour $x=\dfrac{-b}{2a}=\dfrac{2}{2\times2}=\dfrac{1}{2}$.

L'aire minimum de *EFGH* est donc : $\frac{1}{2}$.

Et elle est atteinte pour $x = \frac{1}{2}$.

3. On résout l'inéquation :

$A(x) \leq \frac{5}{9}$

$\Leftrightarrow 2x^2 - 2x + 1 \leq \frac{5}{9}$

$\Leftrightarrow 2x^2 - 2x + \frac{4}{9} \leq 0$

Il s'agit d'une inéquation du second degré. Le discriminant du trinôme $P(x) = 2x^2 - 2x + \frac{4}{9}$ vaut :

$\Delta = b^2 - 4ac = (-2)^2 - 4 \times 2 \times \frac{4}{9} = 4 - \frac{32}{9} = \frac{4}{9}$

$\Delta > 0$, donc le trinôme admet deux racines réelles :

– $x_1 = \dfrac{-b - \sqrt{\Delta}}{2a} = \dfrac{2 - \sqrt{\frac{4}{9}}}{4} = \dfrac{2 - \frac{2}{3}}{4} = \dfrac{1}{3}$

– $x_2 = \dfrac{-b + \sqrt{\Delta}}{2a} = \dfrac{2 + \sqrt{\frac{4}{9}}}{4} = \dfrac{2 + \frac{2}{3}}{4} = \dfrac{2}{3}$

Le trinôme est négatif (du signe de $-a$) entre les racines.

L'aire de *EFGH* est donc inférieure ou égale à $\frac{5}{9}$ pour tout réel x de $\left[\frac{1}{3}; \frac{2}{3}\right]$.

Chapitre 2

Généralités sur les fonctions

I. Existence et représentation graphique

A. Le domaine de définition

Définition

Le domaine de définition D_f d'une fonction *f* est l'ensemble des réels *x* pour lesquels $f(x)$ existe.

■ ***Exemple***

La fonction *f* d'expression $f(x) = 3x^2 + 1$ est définie sur $\mathbb{R}$, alors que la fonction *g* d'expression $g(x) = \frac{1}{x}$ est définie sur $\mathbb{R}^*$, car la division par 0 n'existe pas.

B. La courbe représentative

Définition

La courbe représentative C_f d'une fonction *f* dans un repère du plan est l'ensemble des points de coordonnées $(x; f(x))$, pour tous les réels *x* du domaine de définition de *f*.

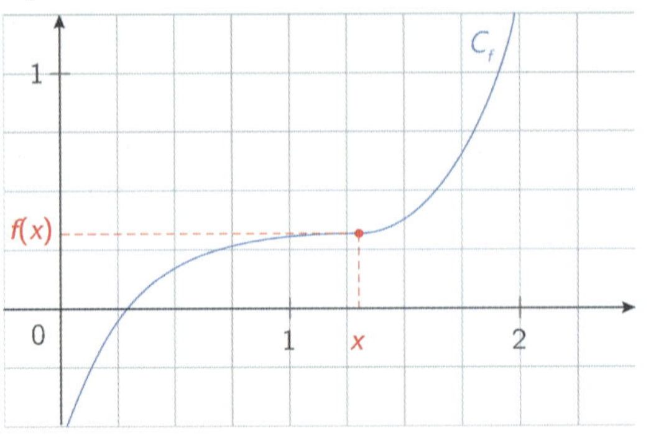

C. Le signe d'une fonction

Théorème

Une fonction *f* est positive sur *I* si et seulement si, pour tout réel *x* de *I* :

$$f(x) \geq 0$$

■ ***Exemple***

Quel que soit le réel *x*, la fonction *f* définie sur $\mathbb{R}$ par $f(x) = x^2$ est positive, car $x^2 \geq 0$.

Propriété

Une fonction est positive sur I si et seulement si sa courbe représentative est située au-dessus de l'axe des abscisses pour tout réel de l'intervalle I.

■ **Exemple**

La fonction représentée ci-dessous est positive sur l'intervalle [0;2].

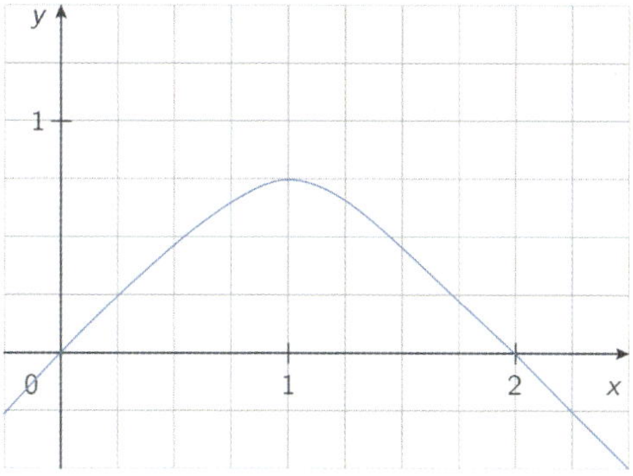

Théorème

Une fonction f est négative sur I si et seulement si, pour tout réel x de I :
$f(x) \leq 0$

■ **Exemple**

Quel que soit le réel x, la fonction f définie sur $\mathbb{R}$ par $f(x) = -x^2$ est négative, car $-x^2 \leq 0$.

Propriété

Une fonction est négative sur I si et seulement si sa courbe représentative est située en dessous de l'axe des abscisses pour tout réel de l'intervalle I.

■ **Exemple**

La fonction représentée ci-dessous est négative sur l'intervalle [0;2].

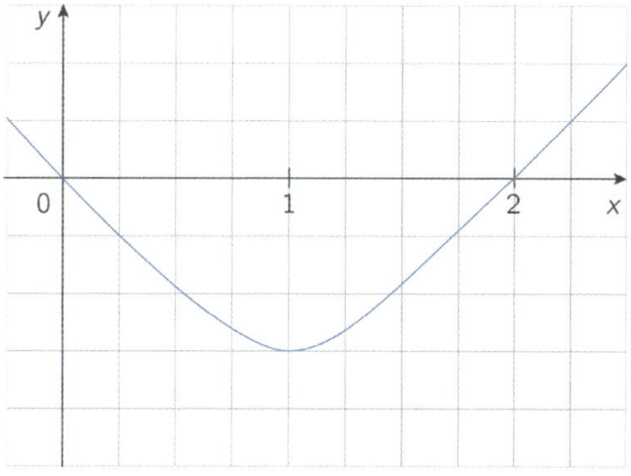

II. Comportement

A. Le sens de variation

Définition

Une fonction f est croissante sur un intervalle I si et seulement si elle est définie sur I, et pour tous réels x et y de I tels que $x < y \ : \ f(x) \leq f(y)$.

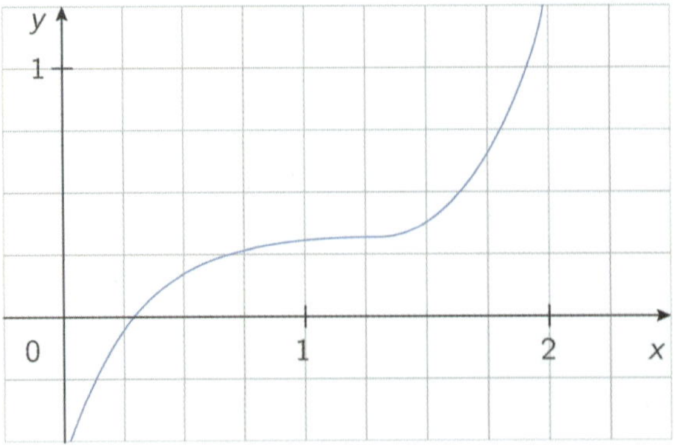

→ Allure de la courbe représentative d'une fonction croissante

Définition

Une fonction f est décroissante sur un intervalle I si et seulement si elle est définie sur I, et pour tous réels x et y de I tels que $x < y \ : \ f(x) \geq f(y)$.

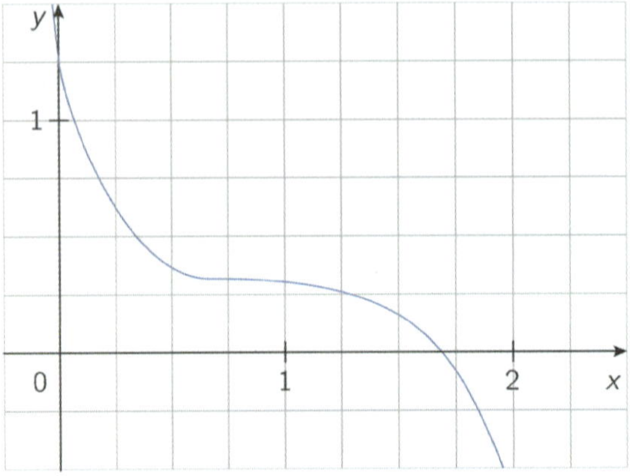

→ Allure de la courbe représentative d'une fonction décroissante

Définition

Une fonction f est strictement croissante sur un intervalle I si et seulement si elle est définie sur I, et pour tous réels x et y de I tels que $x < y$:

$$f(x) < f(y)$$

Définition

Une fonction f est strictement décroissante sur un intervalle I si et seulement si elle est définie sur I, et pour tous réels x et y de I tels que $x < y$:

$$f(x) > f(y)$$

Définition

Une fonction f est constante sur un intervalle I si et seulement si elle est définie sur I et s'il existe un réel a tel que, pour tout réel x de I :

$$f(x) = a$$

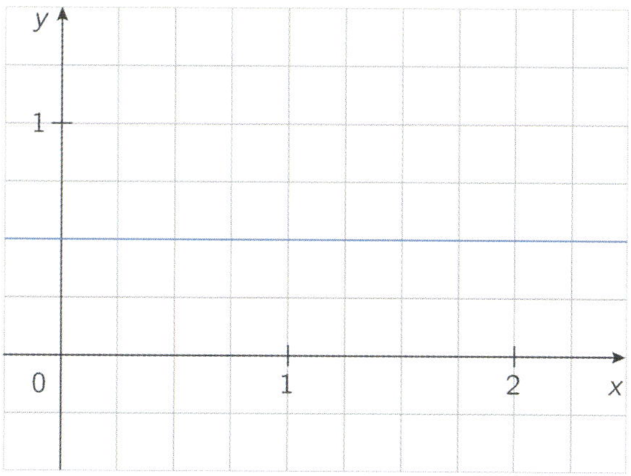

→ Allure de la courbe représentative d'une fonction constante

B. Les majorants et les minorants

Définition

Le réel M est un majorant de la fonction f (ou f est majorée par M) sur l'intervalle I, si et seulement si, pour tout réel x de I :

$$f(x) \leq M$$

■ **Exemple**

Pour tout nombre réel, la fonction f définie sur $\mathbb{R}$ par $f(x) = -2(x-1)^2 + 4$ est majorée par 4, car $f(x) \leq 4$, pour tout réel x.

Définition

Le réel m est un minorant de la fonction f (ou f est minorée par m) sur l'intervalle I, si et seulement si, pour tout réel x de I :

$$f(x) \geq m$$

■ **Exemple**

La fonction f définie sur $\mathbb{R}$ par $f(x) = x^2$ est telle que, pour tout réel x, $f(x) \geq -8$. Donc -8 est un minorant de f.

C. Les extremums

Définition

Le maximum de la fonction f sur l'intervalle I est le plus grand réel $f(x)$ sur I, s'il existe.

■ **Exemple**

La fonction représentée ci-dessous admet un maximum sur l'intervalle [0;2]. Ce maximum vaut 0,5 et est atteint en $x = 1,25$.

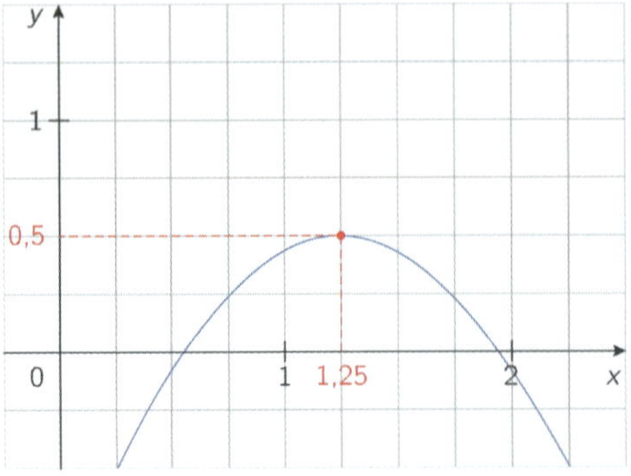

Définition

Le minimum de la fonction f sur l'intervalle I est le plus petit réel $f(x)$ sur I, s'il existe.

■ ***Exemple***

La fonction représentée ci-dessous admet un minimum sur l'intervalle [0;2]. Le minimum vaut 0,25 et est atteint pour $x = 0,75$.

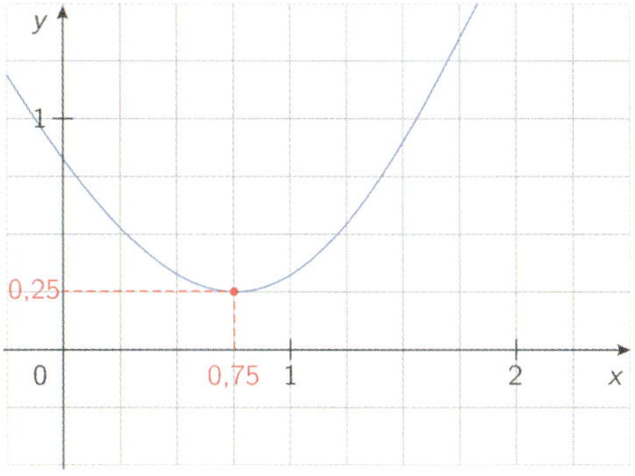

Remarque

Un extremum est un maximum ou un minimum.

Propriété

- Le maximum de la fonction f sur l'intervalle I, s'il existe, est un majorant M qui est atteint par f : il existe un réel x_0 tel que $f(x_0) = M$. Le maximum de f sur I est donc le plus petit majorant de f sur I, s'il existe.
- Le minimum de la fonction f sur l'intervalle I, s'il existe, est un minorant m qui est atteint par f : il existe un réel x_0 tel que $f(x_0) = m$. Le minimum de f sur I est donc le plus grand minorant de f sur I, s'il existe.

Étudier le sens de variation d'une fonction

Pour déterminer le sens de variation d'une fonction sur un intervalle I, on peut comparer les valeurs de $f(a)$ et $f(b)$ où a et b sont deux réels quelconques de l'intervalle I vérifiant $a < b$.

Étape 1 : Poser a et b

On pose a et b deux réels de l'intervalle I vérifiant $a < b$.

Étape 2 : Comparer $f(a)$ et $f(b)$

On compare les valeurs de $f(a)$ et $f(b)$, si besoin en déterminant le signe de la différence $f(b) - f(a)$.

Étape 3 : Conclure sur les variations de f

- Si $f(a) \leq f(b)$, f est croissante sur I (ou strictement croissante si l'inégalité est stricte).
- Si $f(a) \geq f(b)$, f est décroissante sur I (ou strictement décroissante si l'inégalité est stricte).

Exemple

Soit f la fonction définie sur $[1;+\infty[$ par :

$f(x) = x^2 + x + 1$

Donner le sens de variation de f sur $[1;+\infty[$.

Étape 1

Soient a et b deux réels de $[1;+\infty[$ vérifiant $a < b$.

Étape 2

On a :

- $f(a) = a^2 + a + 1$
- $f(b) = b^2 + b + 1$

Donc :

$$f(b) - f(a) = b^2 + b + 1 - (a^2 + a + 1)$$
$$= b^2 + b + 1 - a^2 - a - 1$$
$$f(b) - f(a) = (b^2 - a^2) + (b - a)$$

Or, on a :

- $b - a > 0$, car $a < b$.
- $b^2 - a^2 > 0$, car $1 \leq a < b$ et la fonction carrée est strictement croissante sur $[1;+\infty[$.

Donc, finalement, on peut en déduire :

$f(b) - f(a) > 0$

Étape 3

Si a et b sont deux éléments de $[1;+\infty[$ vérifiant $a < b$, alors $f(a) < f(b)$.

On en déduit que la fonction f est strictement croissante sur $[1;+\infty[$.

Exercice n° 1

Étudier le sens de variation sur l'intervalle $]-\infty;2[$ de la fonction f définie par :

$$f(x)=\frac{3x+4}{x-2}$$

Exercice n° 2

Étudier le sens de variation sur l'intervalle $\left]-\frac{1}{2};+\infty\right[$ de la fonction f définie par :

$$f(x)=\frac{-2}{3+6x}+4$$

Exercice n° 3

On considère la fonction f définie sur $\mathbb{R}$ par :

$$f(x)=5-4x^2(x-3)^2$$

1. Montrer que f est majorée sur $\mathbb{R}$.
2. En déduire que f admet un maximum sur $\mathbb{R}$ et déterminer les valeurs de x pour lesquelles ce maximum est atteint.

Encore plus d'exercices sur **Kartable.fr**

Exercice n° 1

On pose x et x' deux réels tels que $x < x' < 2$.

Pour déterminer le sens de variation f, on peut chercher le signe de $f(x) - f(x')$.

$$f(x) - f(x') = \frac{3x+4}{x-2} - \frac{3x'+4}{x'-2}$$

$$f(x) - f(x') = \frac{(3x+4)(x'-2) - (3x'+4)(x-2)}{(x-2)(x'-2)}$$

$$f(x) - f(x') = \frac{3xx' - 6x + 4x' - 8 - (3xx' - 6x' + 4x - 8)}{(x-2)(x'-2)}$$

$$f(x) - f(x') = \frac{3xx' - 6x + 4x' - 8 - 3xx' + 6x' - 4x + 8}{(x-2)(x'-2)}$$

$$f(x) - f(x') = \frac{-10x + 10x'}{(x-2)(x'-2)}$$

$$f(x) - f(x') = \frac{10(-x + x')}{(x-2)(x'-2)}$$

Comme on a $x < x' < 2$, on en déduit : $\begin{cases} -x + x' > 0 \\ x - 2 < 0 \\ x' - 2 < 0 \end{cases}$.

Donc $f(x) - f(x') > 0$.

Ainsi, si $x < x' < 2$ alors $f(x) - f(x') > 0$.

→ La fonction f est strictement décroissante sur l'intervalle $]-\infty; 2[$.

Exercice n° 2

On pose x et x' deux réels tels que $-\frac{1}{2} < x < x'$.

Pour déterminer le sens de variation f, on peut chercher le signe de $f(x) - f(x')$.

$$\begin{aligned}
f(x) - f(x') &= \frac{-2}{3+6x} + 4 - \left(\frac{-2}{3+6x'} + 4\right) \\
&= \frac{-2}{3+6x} - \frac{-2}{3+6x'} \\
&= \frac{-2(3+6x') - (-2(3+6x))}{(3+6x)(3+6x')} \\
&= \frac{-6-12x' - (-6-12x)}{(3+6x)(3+6x')} \\
&= \frac{-12x' + 12x}{(3+6x)(3+6x')} \\
&= \frac{12(-x'+x)}{(3+6x)(3+6x')}
\end{aligned}$$

Comme on a $-\frac{1}{2} < x < x'$, on en déduit : $\begin{cases} 12(-x'+x) < 0 \\ 3+6x > 0 \\ 3+6x' > 0 \end{cases}$.

Donc $f(x) - f(x') < 0$.

Ainsi, si $-\frac{1}{2} < x < x'$ alors $f(x) - f(x') < 0$.

→ La fonction f est strictement croissante sur l'intervalle $\left]-\frac{1}{2}; +\infty\right[$.

Exercice n° 3

1. On remarque que pour tout $x \in \mathbb{R}$:

   $-4x^2(x-3)^2 \leq 0$, car un carré est toujours positif ou nul.

   En ajoutant 5 à chaque membre, on obtient :

   $5-4x^2(x-3)^2 \leq 5$

   Ainsi, pour tout réel x :

   $f(x) \leq 5$

   → Donc 5 est un majorant de f sur $\mathbb{R}$.

2. 5 étant un majorant de f ; on vérifie que 5 est également maximum. 5 est le maximum de f si et seulement s'il existe un réel x tel que $f(x)=5$.

   On résout donc sur $\mathbb{R}$ l'équation $f(x)=5$:

   $f(x)=5$

   $\Leftrightarrow 5-4x^2(x-3)^2=5$

   $\Leftrightarrow -4x^2(x-3)^2=0$

   Un produit de facteur est nul si et seulement si l'un de ses facteurs au moins est nul.

   $-4x^2(x-3)^2=0$

   $\Leftrightarrow 4x^2=0$ ou $(x-3)^2=0$

   $\Leftrightarrow x=0$ ou $x=3$

   → Donc f admet un maximum sur $\mathbb{R}$. Ce maximum est 5 et il est atteint en 0 et 3.

Chapitre 3

Les fonctions de référence

I. Les fonctions affines

Définition

Une fonction f est dite affine si elle est définie sur $\mathbb{R}$ et si elle admet une expression du type :

$$f(x) = ax + b$$

Où a et b sont des réels quelconques.

Exemple

La fonction f définie sur $\mathbb{R}$ par $f(x) = 2x + 5$ est une fonction affine.

A. Le sens de variation

On considère une fonction f affine d'expression $f(x) = ax + b$.

➡ Cas 1 : Si $a > 0$, f est strictement croissante sur $\mathbb{R}$

x	$-\infty$		$-\frac{b}{a}$		$+\infty$
f	$-\infty$	↗	0	↗	$+\infty$

➡ Cas 2 : Si $a < 0$, f est strictement décroissante sur $\mathbb{R}$

x	$-\infty$		$-\frac{b}{a}$		$+\infty$
f	$+\infty$	↘	0	↘	$-\infty$

Exemples

- La fonction affine f définie par $f(x) = 7x - 1$ est une fonction croissante, car $a = 7 > 0$.
- La fonction affine f définie par $f(x) = -3x + 4$ est une fonction décroissante, car $a = -3 < 0$.

B. La courbe représentative

Propriété

La courbe représentative de la fonction affine *f*, d'expression $f(x) = ax + b$, est la droite d'équation $y = ax + b$.

- Si $a = 0$, la fonction est constante égale à *b*, et sa droite représentative est parallèle à l'axe des abscisses.
- Si $b = 0$, la fonction est dite linéaire, et sa droite représentative passe par l'origine du repère.

On considère une fonction *f* affine d'expression $f(x) = ax + b$.

➡ Cas 1 : Si $a > 0$

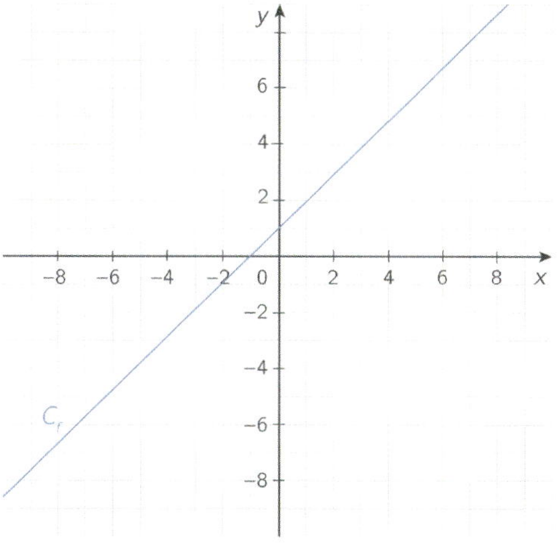

La fonction représentée ci-dessus est la fonction affine définie pour tout réel *x* par : $f(x) = x + 1$.

➡ Cas 2 : Si $a < 0$

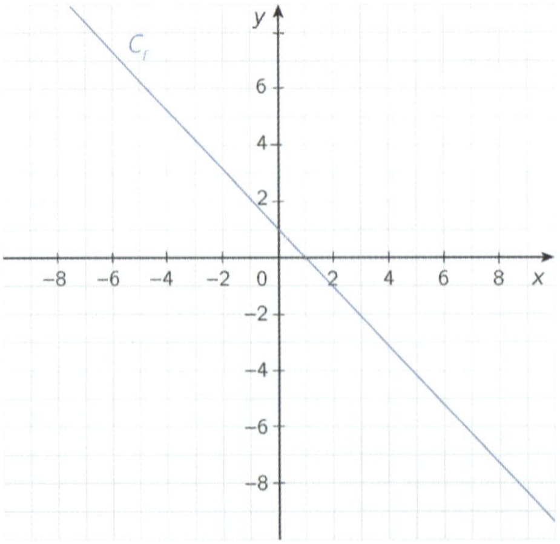

La fonction représentée ci-dessus est la fonction affine définie pour tout réel x par : $f(x) = -x + 1$.

➡ Cas 3 : Si $a = 0$

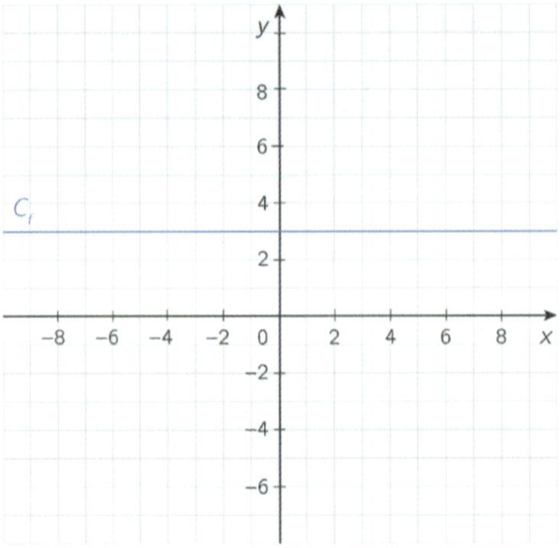

La fonction représentée ci-dessus est la fonction affine définie pour tout réel x par : $f(x) = 3$.

II. La fonction carrée

Définition

La fonction carrée f est définie pour tout réel x par :

$$f(x) = x^2$$

Propriété

La fonction carrée est :

- décroissante sur $]-\infty;0]$;
- croissante sur $[0;+\infty[$.

Son tableau de variations est le suivant :

x	$-\infty$	0	$+\infty$
f	↘	0	↗

Propriété

La courbe représentative de la fonction carrée est une parabole dont le sommet est l'origine O du repère.

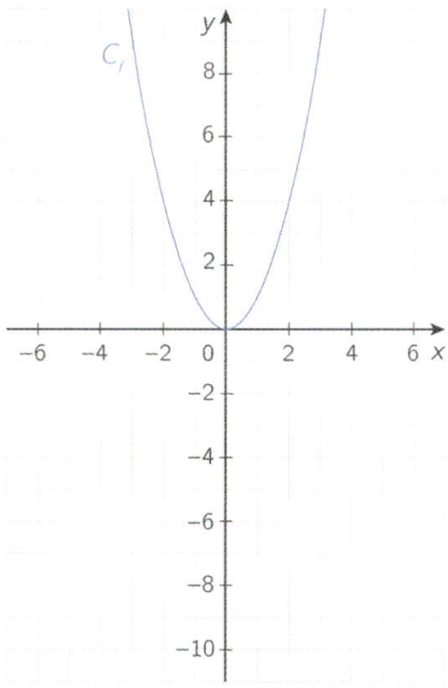

III. La fonction racine carrée

Définition

La fonction racine carrée f est définie sur $\mathbb{R}^+$ par :

$$f(x) = \sqrt{x}$$

Propriété

La fonction racine carrée est croissante sur $\mathbb{R}^+$. Son tableau de variations est le suivant :

x	0		$+\infty$
f	0	↗	

■ ***Démonstration***

Soient deux réels positifs a et b tels que $0 \leq a < b$. Comparons alors $\sqrt{a}$ et $\sqrt{b}$.

$$\sqrt{a} - \sqrt{b} = \frac{\left(\sqrt{a} - \sqrt{b}\right)\left(\sqrt{a} + \sqrt{b}\right)}{\sqrt{a} + \sqrt{b}} = \frac{\left(\sqrt{a}\right)^2 - \left(\sqrt{b}\right)^2}{\sqrt{a} + \sqrt{b}} = \frac{a - b}{\sqrt{a} + \sqrt{b}}$$

Pour tous a et b tels que $0 \leq a < b$, on a $\sqrt{a} + \sqrt{b} > 0$ et $a - b < 0$.

Par conséquent, $\sqrt{a} - \sqrt{b} < 0$, soit $\sqrt{a} < \sqrt{b}$.

La fonction racine carrée est donc croissante sur $\mathbb{R}^+$.

La courbe représentative de la fonction racine carrée est la suivante :

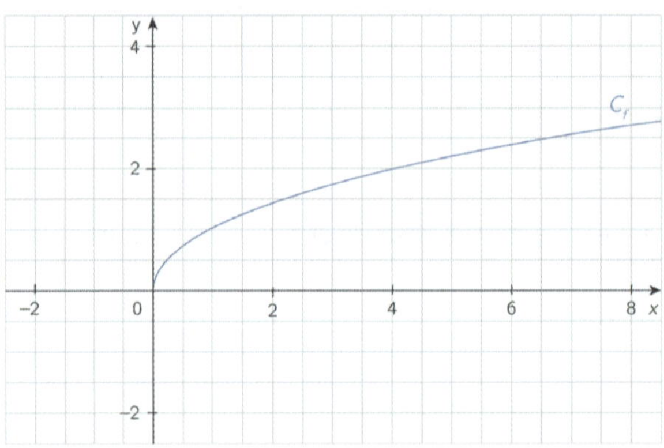

Propriété

Sur $[1,+\infty[$, la fonction carrée croît plus vite que la fonction identité ($f(x)=x$) qui, elle-même, croît plus vite que la fonction racine carrée.
Sur $[0,1[$, la fonction racine carrée croît plus vite que la fonction identité ($f(x)=x$) qui, elle-même, croît plus vite que la fonction carrée.

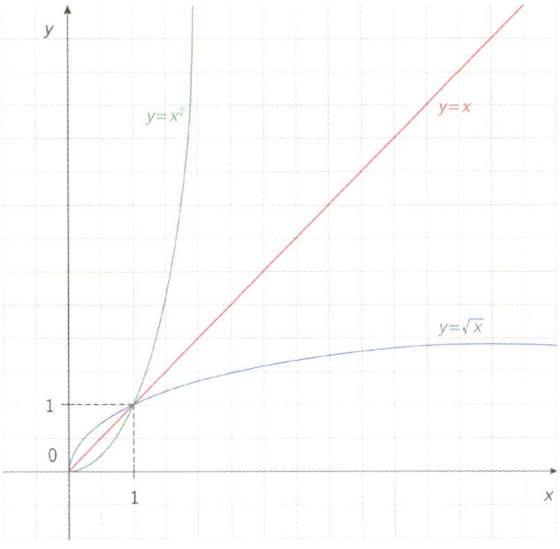

IV. La fonction inverse

Définition

La fonction inverse f est définie sur $\mathbb{R}^*$ par :

$$f(x)=\frac{1}{x}$$

Propriété

La fonction inverse est décroissante sur $]-\infty;0[$ et sur $]0;+\infty[$. Son tableau de variations est le suivant :

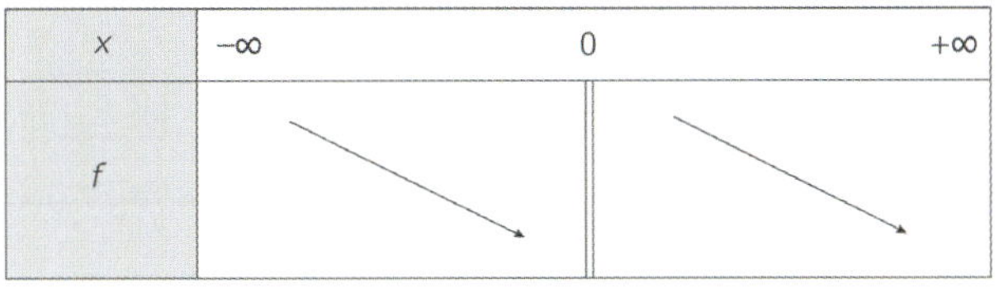

Propriété

La courbe représentative de la fonction inverse est une hyperbole dont le centre est l'origine O du repère.

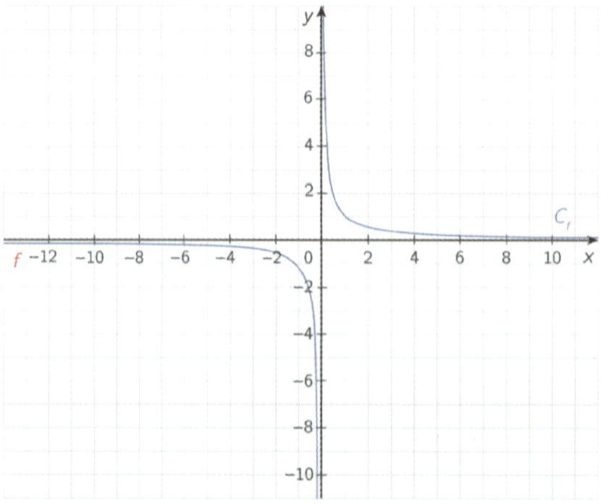

V. La fonction valeur absolue

Définition

La fonction valeur absolue f est définie sur $\mathbb{R}$ par :

$$f(x) = |x|$$

Où :

- $|x| = x$ si $x \geq 0$;
- $|x| = -x$ si $x < 0$.

Définition

Soit a un réel fixé. Pour tout réel x, la distance d entre x et a est la valeur absolue de la différence de x et a.

$$d = |x - a|$$

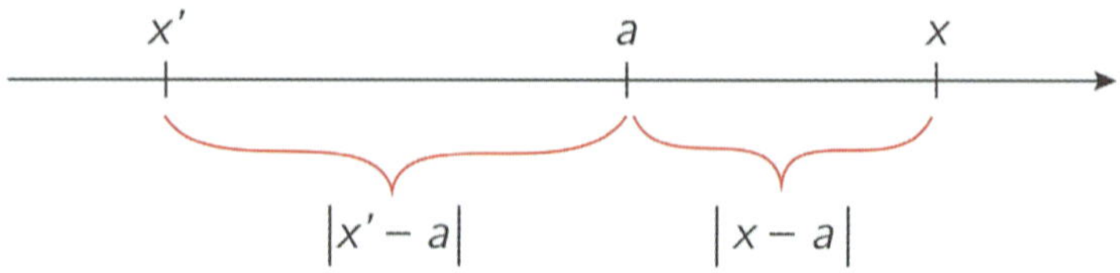

Propriété

Résoudre une inéquation de la forme $|x-a| \leq b$ $(b > 0)$ revient à trouver les valeurs de x telles que la distance entre x et a soit inférieure à b.

■ ***Exemple***

$|x-6| \leq 5$ équivaut à $x \in [1;11]$.

En effet, quelle que soit la valeur de $x \in [1;11]$, la distance entre x et 6 est inférieure ou égale à 5.

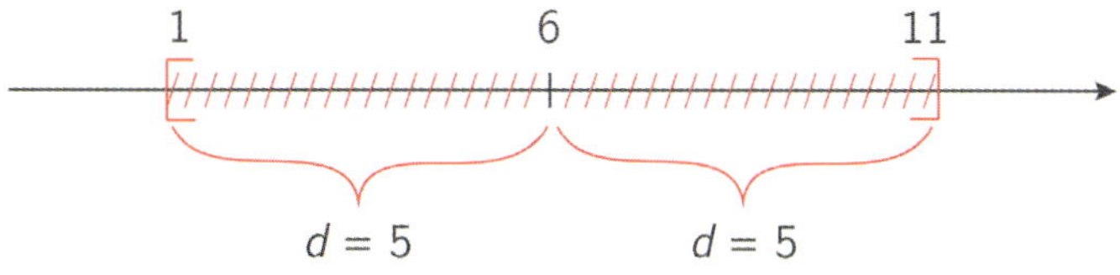

Propriété

La fonction valeur absolue est décroissante sur $]-\infty;0]$ et croissante sur $[0;+\infty[$.

Son tableau de variations est le suivant :

x	$-\infty$	0	$+\infty$
f	↘	0	↗

Propriété

La courbe représentative de la fonction valeur absolue est la suivante :

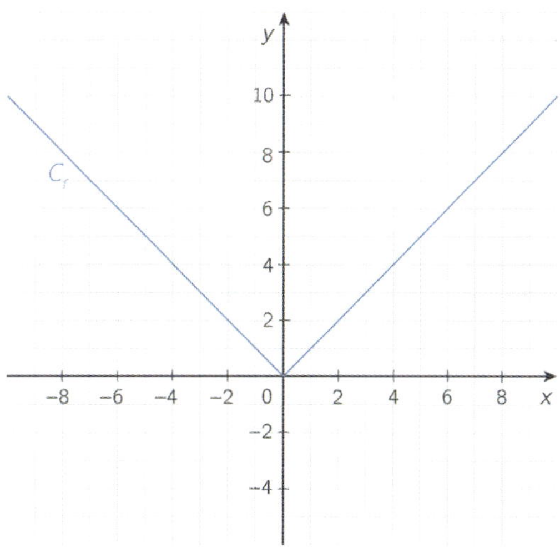

VI. Opérations sur les fonctions et variations

Théorème

Sens de variation de $f+g$

Si deux fonctions f et g ont même sens de variation sur l'intervalle I, la fonction $f+g$ possède également le même sens de variation sur I.

■ **Exemple**

Soient f et g deux fonctions définies sur $[0;+\infty[$ par $f(x)=x^2$ et $g(x)=5x+1$.
Ces deux fonctions sont croissantes sur $[0;+\infty[$.
La fonction h définie sur $[0;+\infty[$ par $h(x)=x^2+5x+1$ est la somme des fonctions f et g.
La fonction h est donc croissante sur $[0;+\infty[$.

Théorème

Sens de variation de kf avec $k>0$

Soit k un réel strictement positif, et soit f une fonction définie sur un intervalle I.
La fonction kf possède ce même sens de variation que la fonction f sur l'intervalle I.

■ **Exemple**

Soit f la fonction définie sur $[0;+\infty[$ par $f(x)=x^2$. Cette fonction est croissante sur $[0;+\infty[$.
La fonction h définie sur $[0;+\infty[$ par $h(x)=7x^2$ est le produit de la fonction f par 7 qui est positif.
La fonction h a donc le même sens de variation que f, donc h est croissante sur $[0;+\infty[$.

Théorème

Sens de variation de kf avec $k<0$

Soit k un réel strictement négatif, et soit f une fonction définie sur un intervalle I.
La fonction kf possède le sens de variation contraire à celui de la fonction f sur l'intervalle I.

■ **Exemple**

Soit f la fonction définie sur $]0;+\infty[$ par $f(x)=\frac{1}{x}$. f est décroissante sur $]0;+\infty[$.
La fonction h définie sur $]0;+\infty[$ par $h(x)=\frac{-5}{x}$ est le produit de la fonction f par -5 qui est négatif.
La fonction h a donc le sens de variation contraire de f, donc h est croissante sur $]0;+\infty[$.

Théorème

Sens de variation de $\frac{1}{f}$

Si la fonction f est de signe constant et ne s'annule pas sur un intervalle I, alors les fonctions f et $\frac{1}{f}$ ont des sens de variation contraires sur I.

■ **Exemple**

Soit $f(x)=\frac{1}{x}$ une fonction définie et décroissante sur $]0;+\infty[$.

Cette fonction est de signe constant et ne s'annule pas sur $]0;+\infty[$.

La fonction $h(x)=\frac{1}{f(x)}$ définie sur $]0;+\infty[$ est l'inverse de la fonction f.

La fonction h a donc le sens de variation contraire de f donc h est croissante sur $]0;+\infty[$.

Théorème

Sens de variation de $\sqrt{f}$

Si la fonction f est positive sur un intervalle I, alors les fonctions f et $\sqrt{f}$ ont le même sens de variation sur I.

■ **Exemple**

Soit f la fonction définie sur $]0;+\infty[$ par $f(x)=\frac{1}{x}$. f est décroissante sur $]0;+\infty[$.

Cette fonction est bien positive sur $]0;+\infty[$.

La fonction h définie sur $]0;+\infty[$ par $h(x)=\sqrt{f(x)}$ est la racine carrée de la fonction f.

La fonction h a donc le même sens de variation que celui de f, donc h est décroissante sur $]0;+\infty[$.

Exprimer une fonction sans valeur absolue

En présence d'une fonction présentant une valeur absolue, afin de l'étudier ou de tracer sa courbe représentative, il faut pouvoir enlever les barres de valeur absolue.

Étape 1 : Réciter le cours

D'après le cours, on sait que :

$$|u(x)| = \begin{cases} u(x) \text{ si } u(x) \geq 0 \\ -u(x) \text{ si } u(x) < 0 \end{cases}$$

Étape 2 : Déterminer la valeur de *f (x)* selon l'intervalle considéré

On a :

$$|u(x)| = \begin{cases} u(x) \text{ si } u(x) \geq 0 \\ -u(x) \text{ si } u(x) < 0 \end{cases}$$

On résout les inéquations $u(x) \geq 0$ et $u(x) < 0$.
Puis, on insère éventuellement la valeur absolue dans la fonction, si elle ne représente pas la totalité de la fonction.
On conclut sur l'expression de $f(x)$ selon l'intervalle considéré.

➡ Exemple

Soit la fonction f définie sur $\mathbb{R}$, par $f(x) = (x+1)|3+2x|$.

Exprimer $f(x)$ sans valeur absolue.

Étape 1

D'après le cours :

$$|3+2x| = \begin{cases} 3+2x \text{ si } 3+2x \geq 0 \\ -3-2x \text{ si } 3+2x < 0 \end{cases}$$

Étape 2

On a :

$$|3+2x| = \begin{cases} 3+2x \text{ si } 3+2x \geq 0 \\ -3-2x \text{ si } 3+2x < 0 \end{cases}$$

Donc :

$$|3+2x| = \begin{cases} 3+2x \text{ si } x \geq -\dfrac{3}{2} \\ -3-2x \text{ si } x < -\dfrac{3}{2} \end{cases}$$

On insère la valeur absolue dans l'expression de f :

$$f(x) = \begin{cases} (x-1)(3+2x) \text{ si } x \geq -\dfrac{3}{2} \\ (x-1)(-3-2x) \text{ si } x < -\dfrac{3}{2} \end{cases}$$

Après calcul, on obtient :

$$f(x) = \begin{cases} 2x^2 + x - 3 \text{ si } x \geq -\dfrac{3}{2} \\ -2x^2 - x + 3 \text{ si } x < -\dfrac{3}{2} \end{cases}$$

Expliciter une fonction définie par deux valeurs absolues et tracer sa courbe représentative

En présence d'une fonction présentant deux valeurs absolues, afin de l'étudier ou de tracer sa courbe représentative, il faut pouvoir enlever les barres des valeurs absolues.

■ Étape 1 : Identifier l'opération entre les deux valeurs absolues

La fonction f peut être la somme, le produit ou le quotient de deux valeurs absolues.

Remarque

Si la fonction f s'exprime comme le quotient de deux valeurs absolues, on pensera bien à déterminer l'ensemble de définition de f.

■ Étape 2 : Écrire la première expression sans les valeurs absolues

On écrit la première expression sans les valeurs absolues en utilisant la formule du cours :

$$|u(x)| = \begin{cases} u(x) \text{ si } u(x) \geq 0 \\ -u(x) \text{ si } u(x) < 0 \end{cases}$$

On résout les inéquations $u(x) \geq 0$ et $u(x) < 0$.

■ Étape 3 : Écrire la deuxième expression sans les valeurs absolues

On écrit la deuxième expression sans les valeurs absolues en utilisant la formule du cours :

$$|v(x)| = \begin{cases} v(x) \text{ si } v(x) \geq 0 \\ -v(x) \text{ si } v(x) < 0 \end{cases}$$

On résout $v(x) \geq 0$ et $v(x) < 0$.

■ Étape 4 : Résumer les résultats dans un tableau

Pour exprimer $f(x)$ sans valeur absolue, on reporte dans un tableau les expressions de $|u(x)|$ et de $|v(x)|$.

On applique ensuite l'opération existante entre les deux valeurs absolues (somme, produit ou quotient) afin d'obtenir l'expression de $f(x)$ suivant les valeurs de x.

■ Étape 5 : Tracer la courbe représentative de la fonction

Sur un même graphique, on effectue le tracé correspondant à l'expression de la fonction sur chaque intervalle.

➧ *Exemple*

Soit la fonction, définie sur $\mathbb{R}$, par :

$f(x) = |x-4| \times |5-2x|$

Exprimer $f(x)$ sans valeur absolue.

Étape 1

On remarque que la fonction f s'exprime comme étant le produit de deux valeurs absolues.

Étape 2

D'après le cours, on a :

$$|x-4| = \begin{cases} x-4 \text{ si } x-4 \geq 0 \\ -x+4 \text{ si } x-4 < 0 \end{cases}$$

Donc :

$$|x-4| = \begin{cases} x-4 \text{ si } x \geq 4 \\ -x+4 \text{ si } x < 4 \end{cases}$$

Étape 3

D'après le cours, on a :

$$|5-2x| = \begin{cases} 5-2x \text{ si } 5-2x \geq 0 \\ -5+2x \text{ si } 5-2x < 0 \end{cases}$$

Donc :

$$|5-2x| = \begin{cases} 5-2x \text{ si } x \leq \dfrac{5}{2} \\ -5+2x \text{ si } x > \dfrac{5}{2} \end{cases}$$

Étape 4

On reporte dans un tableau les expressions de $|x-4|$ et de $|5-2x|$.

On effectue ensuite le produit de chaque colonne que l'on reporte dans la dernière ligne. On obtient :

x	$-\infty$ $\frac{5}{2}$	4	$+\infty$
$\|x-4\|$	$-x+4$	$-x+4$ 0	$x-4$
$\|5-2x\|$	$5-2x$ 0	$-5+2x$	$-5+2x$
$f(x)$	$(-x+4)(5-2x)$	$(-x+4)(-5+2x)$	$(x-4)(-5+2x)$

On en déduit que :

- $\forall x \in \left]-\infty; \dfrac{5}{2}\right]$,

  $f(x) = (-x+4)(5-2x)$

  $\Leftrightarrow f(x) = 2x^2 - 13x + 20$

- $\forall x \in \left[\dfrac{5}{2}; 4\right]$,

  $f(x) = (-x+4)(-5+2x)$

  $\Leftrightarrow f(x) = -2x^2 + 13x - 20$

- $\forall x \in [4; +\infty[$,

  $f(x) = (x-4)(-5+2x)$

  $\Leftrightarrow f(x) = 2x^2 - 13x + 20$

Finalement :

- $\forall x \in \left]-\infty; \dfrac{5}{2}\right] \cup [4; +\infty[$,

  $f(x) = 2x^2 - 13x + 20$

- $\forall x \in \left[\dfrac{5}{2}; 4\right]$, $f(x) = -2x^2 + 13x - 20$

Étape 5

Ici, on trace la courbe représentative de f en deux étapes :

- Sur $\left]-\infty; \dfrac{5}{2}\right] \cup [4; +\infty[$, on trace la courbe représentative de $f(x) = 2x^2 - 13x + 20$.

- Sur $\left[\dfrac{5}{2}; 4\right]$, on trace la courbe représentative de $f(x) = -2x^2 + 13x - 20$.

On obtient :

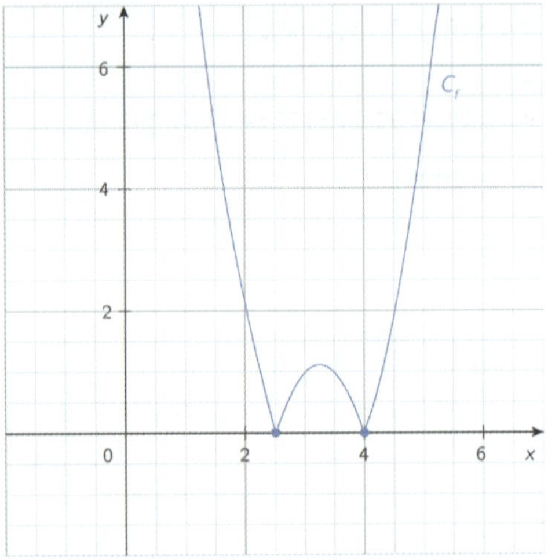

Étudier le domaine de définition d'une fonction

Méthode 1 : Si l'expression donnée de la fonction comporte une racine

Afin d'étudier une fonction comportant une racine, il convient d'abord de déterminer son ensemble de définition.

Étape 1 : Réciter le cours

D'après le cours, on sait que $\sqrt{u(x)}$ est définie si et seulement si $u(x) \geq 0$.

Étape 2 : Résoudre

On résout l'inéquation $u(x) \geq 0$.

Étape 3 : Conclure sur le domaine de définition

La fonction *f* est définie sur l'intervalle (ou les intervalles) des réels *x* tels que $u(x) \geq 0$.

➡ *Exemple*

Soit la fonction *f* telle que :

$f(x) = \sqrt{3x+7}$

Déterminer l'ensemble de définition de *f*.

Étape 1

La fonction *f* est définie si et seulement si $3x+7 \geq 0$.

Étape 2

On a, pour tout réel *x* :

$3x+7 \geq 0$

$\Leftrightarrow 3x \geq -7$

$\Leftrightarrow x \geq -\dfrac{7}{3}$

Étape 3

L'ensemble de définition de la fonction est $D_f = \left[-\dfrac{7}{3};+\infty\right[$.

Méthode 2 : Si l'expression donnée de la fonction comporte un quotient

Afin d'étudier une fonction comportant un quotient, il convient d'abord de déterminer son ensemble de définition.

Étape 1 : Réciter le cours

D'après le cours, on sait que $\dfrac{v(x)}{u(x)}$ est définie si et seulement si $u(x) \neq 0$.

Étape 2 : Résoudre

On résout l'inéquation $u(x) \neq 0$.

Étape 3 : Conclure sur le domaine de définition

La fonction *f* est définie sur l'intervalle (ou les intervalles) des réels *x* tels que $u(x) \neq 0$.

➡ *Exemple*

Soit la fonction *f* telle que :

$f(x) = \dfrac{1}{2x^2+4x+2}$

Déterminer l'ensemble de définition de *f*.

Étape 1

La fonction *f* est définie si et seulement $2x^2+4x+2 \neq 0$.

Étape 2

La fonction *f* est définie si et seulement si $2x^2+4x+2 \neq 0$.

On détermine les racines du trinôme du second degré.

Pour ce faire, on calcule le discriminant :

$\Delta = b^2 - 4ac$

$\Delta = 4^2 - 4 \times 2 \times 2$

$\Delta = 0$

Donc, le trinôme possède une racine unique que l'on calcule :

$x_0 = \frac{-b}{2a}$

$x_0 = \frac{-4}{2 \times 2}$

$x_0 = -1$

Donc le trinôme s'annule pour $x = -1$.

Étape 3

L'ensemble de définition de la fonction est donc : $D_f = \mathbb{R} - \{-1\}$.

Méthode 3 : Si l'expression donnée de la fonction comporte à la fois une racine et un quotient

Afin d'étudier une fonction comportant une racine et un quotient, il convient d'abord de déterminer son ensemble de définition, sachant que les deux contraintes sont à prendre en compte.

Étape 1 : Réciter le cours

D'après le cours, on sait que :

- $\frac{w(x)}{v(x)}$ est définie si et seulement si $v(x) \neq 0$.
- $\sqrt{u(x)}$ est définie si et seulement si $u(x) \geq 0$.

Étape 2 : Déterminer les réels vérifiant la première condition

On résout l'équation $v(x) \neq 0$.

Étape 3 : Déterminer les réels vérifiant la deuxième condition

On résout l'inéquation $u(x) \geq 0$.

Étape 4 : Tenir compte des deux conditions simultanément

On détermine l'ensemble des réels vérifiant les deux conditions.

Étape 5 : Conclure sur le domaine de définition

La fonction *f* est définie sur l'ensemble des réels vérifiant les deux conditions.

➡ ***Exemple***

Soit la fonction *f* telle que :

$f(x) = \sqrt{2x^2 - 12x + 16} + \frac{1}{7x - 4}$

Déterminer l'ensemble de définition de *f*.

Étape 1

La fonction *f* est définie si et seulement si :

- $2x^2 - 12x + 16 \geq 0$
- $7x - 4 \neq 0$

Étape 2

Pour tout réel x :

$7x - 4 = 0$

$\Leftrightarrow 7x = 4$

$\Leftrightarrow x = \frac{4}{7}$

Étape 3

La fonction *f* est définie si et seulement si $x \neq \frac{4}{7}$ et $2x^2 - 12x + 16 \geq 0$.

On détermine le signe du trinôme du second degré. Pour ce faire, on calcule le discriminant :

$\Delta = b^2 - 4ac$

$\Delta = (-12)^2 - 4 \times 2 \times 16$

$\Delta = 16$

Or, d'après le cours, si $\Delta > 0$, le trinôme est du signe de a (positif ici) sauf entre les racines.

On calcule les racines :

- $x_1 = \frac{-b - \sqrt{\Delta}}{2a} = \frac{12 - 4}{4} = 2$

– $x_2 = \dfrac{-b+\sqrt{\Delta}}{2a} = \dfrac{12+4}{4} = 4$

Donc le trinôme est positif ou nul sur $]-\infty;2] \cup [4;+\infty[$.

Étape 4

Ainsi, $f(x)$ existe si et seulement si $x \neq \dfrac{4}{7}$ et $x \in]-\infty;2] \cup [4;+\infty[$.

Ces conditions sont toutes respectées si $x \in \left]-\infty;\dfrac{4}{7}\right[\cup \left]\dfrac{4}{7};2\right] \cup [4;+\infty[$.

Étape 5

Ainsi, l'ensemble de définition de la fonction est : $D_f = \left]-\infty;\dfrac{4}{7}\right[\cup \left]\dfrac{4}{7};2\right] \cup [4;+\infty[$.

Remarque Les fonctions usuelles rencontrées en classe de 1re sans racine ni quotient sont définies sur $\mathbb{R}$.

Donner le sens de variation du produit d'une fonction par un réel

On sait déterminer le sens de variation de $f = k \times g$ où g est une fonction de référence et k est un réel.

Étape 1 : Identifier la fonction usuelle

On identifie la fonction usuelle g telle que $f(x) = k \times g(x)$.

Étape 2 : Dresser son tableau de variations

On dresse le tableau de la fonction usuelle g.

Étape 3 : Réciter le cours

D'après le cours, on sait que :

- La fonction $f = k \times g$ a le même sens de variation que la fonction g si $k > 0$.
- La fonction $f = k \times g$ a le sens de variation contraire à la fonction g si $k < 0$.

Étape 4 : Calculer éventuellement le nouvel extremum

Si la fonction g possède un extremum égal à m alors la fonction f possède un extremum égal à $k \times m$, avec $m \in \mathbb{R}$ et $k \in \mathbb{R}$.

On calcule éventuellement ce nouvel extremum.

Étape 5 : Dresser le tableau de variations de la fonction

On dresse enfin le tableau de variations de la fonction f.

➜ Exemple

Soit la fonction f, définie par :

$\forall x \in \mathbb{R}$, $f(x) = -5x^2$

Dresser le tableau de variations de f.

Étape 1

On a $f(x) = k \times g(x)$ où $g(x) = x^2$ et $k = -5$.

Étape 2

On dresse le tableau de variations de la fonction $x \mapsto x^2$:

x	$-\infty$		0		$+\infty$
g		↘	0	↗	

Étape 3

Ici, $f = k \times g$ avec $k < 0$.

f et g ont donc des sens de variation contraires.

Étape 4

Ici, d'après son tableau de variations, $g(0) = 0$.

On en déduit que l'extremum de la fonction f est égal à : $f(0) = -5 \times 0 = 0$.

Étape 5

On en déduit le tableau de variations de f:

x	$-\infty$		0		$+\infty$
f		↗	0	↘	

Exercice n° 1

Expliciter la fonction suivante sans valeur absolue :

$$f(x) = |-3-9x|$$

Exercice n° 2

On cherche à exprimer f, définie ci-après sur $\mathbb{R}$, sans valeur absolue :

$$f(x) = |3-x|+|2x+4|$$

1. Exprimer $|3-x|$ puis $|2x+4|$ sans valeur absolue.
2. En déduire l'expression de $f(x)$ sans valeur absolue à l'aide d'un tableau.
3. Tracer C_f.

Exercice n° 3

Résoudre l'équation suivante dans $\mathbb{R}$:

$$|4x+3| = -2x+5$$

Exercice n° 4

Résoudre dans $\mathbb{R}$ l'inéquation suivante en utilisant les distances :

$$|x-1| < 1$$

Exercice n° 5

Déterminer le domaine de définition de la fonction f définie par :

$$f(x) = \sqrt{2x^2 - x - 1}$$

Exercice n° 6

Soit la fonction f définie par :

$$f(x) = -x^2 - 2$$

1. Déterminer le domaine de définition de f.
2. Étudier le sens de variation de f à l'aide de fonctions de référence et dresser son tableau de variations.
3. Donner l'allure de la courbe représentative de f.

Exercice n° 1

D'après le cours, on sait que : $|u(x)|=\begin{cases}u(x) \text{ si } u(x)\geq 0\\ -u(x) \text{ si } u(x)\leq 0\end{cases}$

Ainsi, ici, on obtient :

$$f(x)=|-3-9x|=\begin{cases}-3-9x \text{ si } -3-9x\geq 0\\ -(-3-9x) \text{ si } -3-9x\leq 0\end{cases}$$

$$f(x)=|-3-9x|=\begin{cases}-3-9x \text{ si } -9x\geq 3\\ 3+9x \text{ si } -9x\leq 3\end{cases}$$

→ Ainsi, $f(x)=|-3-9x|=\begin{cases}-3-9x \text{ si } x\leq -\dfrac{1}{3}\\ 3+9x \text{ si } x\geq -\dfrac{1}{3}\end{cases}$

Exercice n° 2

On cherche à exprimer *f*, définie ci-après sur $\mathbb{R}$, sans valeur absolue :
$f(x)=|3-x|+|2x+4|$

1. Exprimer $|3-x|$ puis $|2x+4|$ sans valeur absolue.

Étape 1 : Expression de $|3-x|$ sans valeur absolue

$$|3-x|=\begin{cases}3-x \text{ si } 3-x\geq 0\\ -(3-x) \text{ si } 3-x<0\end{cases}$$

$$|3-x|=\begin{cases}3-x \text{ si } 3\geq x\\ -(3-x) \text{ si } 3<x\end{cases}$$

$$|3-x|=\begin{cases}3-x \text{ si } x\leq 3\\ -3+x \text{ si } x>3\end{cases}$$

Étape 2 : Expression de $|2x+4|$ sans valeur absolue

$$|2x+4|=\begin{cases}2x+4 \text{ si } 2x+4\geq 0\\ -(2x+4) \text{ si } 2x+4<0\end{cases}$$

$$|2x+4|=\begin{cases}2x+4 \text{ si } 2x\geq -4\\ -2x-4 \text{ si } 2x<-4\end{cases}$$

$$|2x+4| = \begin{cases} 2x+4 \text{ si } x \geq -2 \\ -2x-4 \text{ si } x < -2 \end{cases}$$

→ $|3-x| = \begin{cases} 3-x \text{ si } x \leq 3 \\ -3+x \text{ si } x > 3 \end{cases}$

→ $|2x+4| = \begin{cases} 2x+4 \text{ si } x \geq -2 \\ -2x-4 \text{ si } x < -2 \end{cases}$

2. Pour exprimer $f(x)$ sans valeur absolue, on reporte dans un tableau les expressions de $|3-x|$ et de $|2x+4|$ sans valeur absolue, et on additionne chaque colonne :

x	$-\infty$		-2		3		$+\infty$
$\lvert 3-x \rvert$		$3-x$		$3-x$	0	$x-3$	
$\lvert 2x+4 \rvert$		$-2x-4$	0	$2x+4$		$2x+4$	
$f(x)$		$-1-3x$		$x+7$		$3x+1$	

→ Finalement :

- $\forall x \in]-\infty;-2]$, $f(x) = -1-3x$
- $\forall x \in [-2;3]$, $f(x) = x+7$
- $\forall x \in [3;+\infty[$, $f(x) = 3x+1$

3. On effectue le tracé de f en 3 parties :
   - une demi-droite d'équation $y = -1-3x$ sur $]-\infty;-2]$;
   - un segment d'équation $y = x+7$ sur $[-2;3]$;
   - une demi-droite d'équation $y = 3x+1$ sur $[3;+\infty[$.

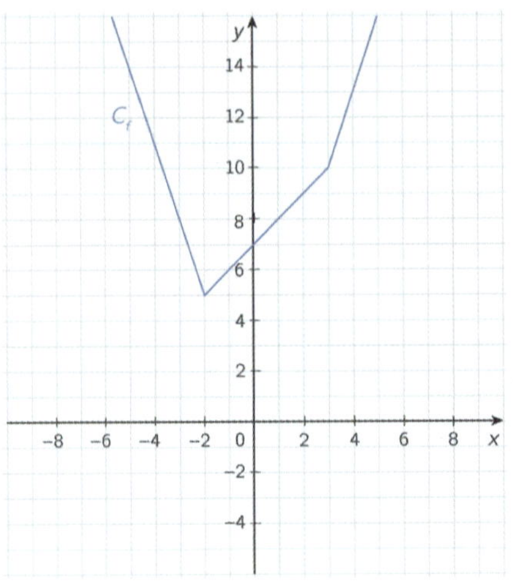

Exercice n° 3

On écrit tout d'abord $|4x+3|$ sans valeur absolue.

$$|4x+3| = \begin{cases} 4x+3 \text{ si } 4x+3 \geq 0 \\ -(4x+3) \text{ si } 4x+3 < 0 \end{cases}$$

$$|4x+3| = \begin{cases} 4x+3 \text{ si } 4x \geq -3 \\ -4x-3 \text{ si } 4x < -3 \end{cases}$$

$$|4x+3| = \begin{cases} 4x+3 \text{ si } x \geq -\dfrac{3}{4} \\ -4x-3 \text{ si } x < -\dfrac{3}{4} \end{cases}$$

➡ Cas 1 : Si $x \in \left[-\dfrac{3}{4};+\infty\right[$

Comme $x \in \left[-\dfrac{3}{4};+\infty\right[$, alors $|4x+3| = 4x+3$.

$|4x+3| = -2x+5$

$\Leftrightarrow 4x+3 = -2x+5$

$\Leftrightarrow 6x = 2$

$\Leftrightarrow x = \dfrac{1}{3}$

$\dfrac{1}{3}$ est bien dans l'intervalle $\left[-\dfrac{3}{4};+\infty\right[$, c'est donc une solution de l'équation.

➡ Cas 2 : Si $x \in \left]-\infty;-\dfrac{3}{4}\right[$

Comme $x \in \left]-\infty;-\dfrac{3}{4}\right[$, alors $|4x+3| = -4x-3$.

$|4x+3| = -2x+5$

$\Leftrightarrow -4x-3 = -2x+5$

$\Leftrightarrow -2x = 8$

$\Leftrightarrow x = -4$

-4 est bien dans l'intervalle $\left]-\infty;-\dfrac{3}{4}\right[$, c'est donc une solution de l'équation.

L'ensemble des solutions de l'équation est donc : $S = \left\{-4;\dfrac{1}{3}\right\}$.

Exercice n° 4

$|x-1|$ est la distance entre le point d'abscisse x et le point d'abscisse 1 notée $d(x;1)$.

$|x-1|<1$

$\Leftrightarrow d(x;1)<1$

On peut résoudre cette inéquation à l'aide du schéma suivant :

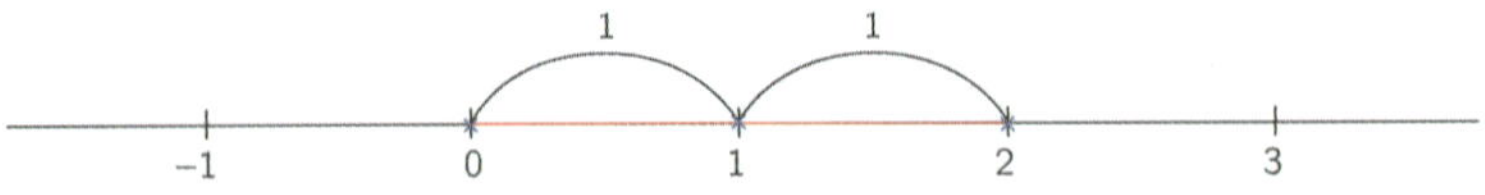

On constate que deux points sont situés à une distance 1 du point 1 : les points 0 et 2.

→ L'ensemble des solutions de l'inéquation est donc : $S=]0;2[$.

Exercice n° 5

On sait que la fonction racine carrée est définie sur $\mathbb{R}_+$.

$f(x)$ existe si et seulement si $2x^2-x-1\geq 0$.

On étudie donc le signe du trinôme du second degré $2x^2-x-1$:

Le discriminant est $\Delta=b^2-4ac=(-1)^2-4\times 2\times(-1)=1+8=9$.

On en déduit que le trinôme est du signe de a (positif) à l'extérieur de l'intervalle délimité par les racines et du signe contraire entre ses racines :

- $x_1=\dfrac{-b-\sqrt{\Delta}}{2a}=\dfrac{1-\sqrt{9}}{2\times 2}=\dfrac{1-3}{4}=\dfrac{-2}{4}=-\dfrac{1}{2}$
- $x_2=\dfrac{-b+\sqrt{\Delta}}{2a}=\dfrac{1+\sqrt{9}}{2\times 2}=\dfrac{1+3}{4}=\dfrac{4}{4}=1$

On peut ainsi dresser le tableau de signes du trinôme :

x	$-\infty$		$-\frac{1}{2}$		1		$+\infty$
$2x^2-x-1$		$+$	0	$-$	0	$+$	

→ $D_f=\left]-\infty;-\dfrac{1}{2}\right]\cup[1;+\infty[$

Exercice n° 6

1. L'expression de $f(x)$ est celle d'un polynôme de degré 2.
   Ainsi, le domaine de définition de f est $\mathbb{R}$.

   → $D_f = \mathbb{R}$

2. On pose $u(x) = x^2$ et on pose $v(x) = -x^2 = -u(x)$.
   u et $-u$ ont des sens de variation contraires, on obtient le tableau de variations suivant :

x	$-\infty$		0		$+\infty$
Variations de u		↘	0	↗	
Variations de v		↗	0	↘	

   Enfin, $f(x) = v(x) - 2$.
   On sait que v et $v-2$ ont les mêmes variations, finalement, on obtient le tableau de variations suivant :

x	$-\infty$		0		$+\infty$
Variations de f		↗	-2	↘	

3. D'après la question précédente, on constate que la courbe représentative de f s'obtient à partir de celle de la fonction $x \mapsto x^2$, en faisant successivement une symétrie d'axe des abscisses, puis une translation de vecteur $-2\vec{j}$.

On obtient donc la courbe suivante :

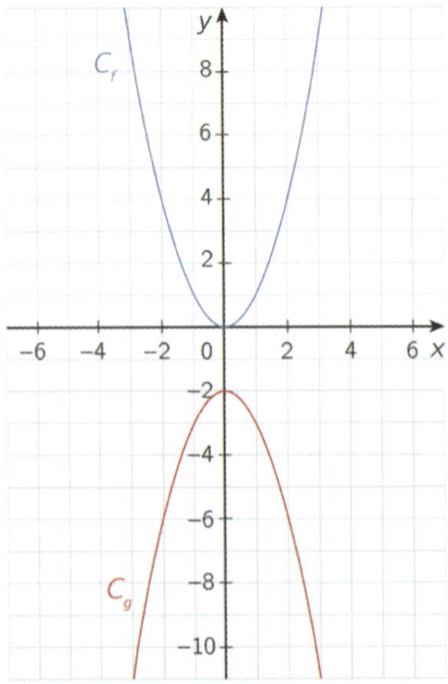

Chapitre 4

La dérivation

I. Le nombre dérivé

Dans cette partie, on considère une fonction f et un intervalle ouvert I inclus dans l'ensemble de définition de f.

A. Le taux d'accroissement

Définition

Soit un réel a appartenant à l'intervalle I.
Pour tout réel h non nul tel que $a+h \in I$, on appelle taux d'accroissement ou taux de variation de f entre a et $a+h$ le quotient :

$$\frac{f(a+h)-f(a)}{h}$$

En posant $x=a+h$, le taux d'accroissement entre a et x s'écrit :

$$\frac{f(x)-f(a)}{x-a}$$

Définition

Nombre dérivé

Soit a un réel de l'intervalle I. La fonction f est dérivable en a si et seulement si son taux d'accroissement en a admet une limite finie quand h tend vers 0 (ou quand x tend vers a dans la deuxième écriture possible du taux d'accroissement).
Cette limite, si elle existe et est finie, est appelée nombre dérivé de f en a, et est notée $f'(a)$:

$$\lim_{h\to 0}\frac{f(a+h)-f(a)}{h}=\lim_{x\to a}\frac{f(x)-f(a)}{x-a}=f'(a)$$

■ ***Exemple***

On considère la fonction f définie pour tout réel x par $f(x)=x^2+1$.
Son taux d'accroissement en 1 est égal à :

$$\forall x\neq 1,\ \frac{(x^2+1)-(1^2+1)}{x-1}=\frac{x^2-1}{x-1}=\frac{(x+1)(x-1)}{x-1}=x+1$$

Or :

$$\lim_{x\to 1}(x+1)=2$$

On en déduit que la fonction f est dérivable en 1 et que le nombre dérivé de f en 1 est $f'(1)=2$.

Remarque

« Une limite finie l quand h tend vers 0 » signifie « devient aussi proche que l'on veut d'un réel l lorsque h est suffisamment proche de 0 ».

B. La tangente à la courbe représentative d'une fonction en un point

Théorème

Soit un réel a de l'intervalle I. Si f est dérivable en a, sa courbe représentative admet une tangente non parallèle à l'axe des ordonnées au point de coordonnées $(a; f(a))$, de coefficient directeur $f'(a)$, dont une équation est :

$$y = f'(a)(x-a) + f(a)$$

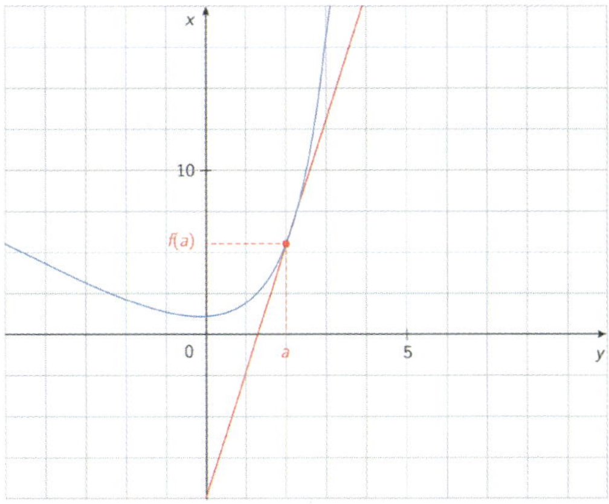

■ *Exemple*

Sachant que la fonction f définie par $f(x) = x^2 + 1$ est dérivable en 1, on peut établir une équation de la tangente à sa courbe au point d'abscisse 1 :

$y = f'(1)(x-1) + f(1)$

Or, on sait que :

- $f'(1) = 2$
- $f(1) = 1^2 + 1 = 2$

Une équation de la tangente cherchée est donc :

$y = 2(x-1) + 2$

$y = 2x - 2 + 2$

$y = 2x$

II. La fonction dérivée

A. La dérivée sur un intervalle

Définition

Fonction dérivée

Une fonction f est dérivable sur un intervalle I si et seulement si elle est dérivable en tout réel de cet intervalle.

On appelle alors fonction dérivée de f sur I la fonction notée f' qui, à tout réel x de I, associe $f'(x)$.

Dérivée seconde

Soit une fonction f dérivable sur un intervalle I.

Si f' est également dérivable sur I, la dérivée de f' sur I, notée f, est appelée dérivée seconde de f sur I ou dérivée d'ordre 2 de f sur I.

B. Les dérivées des fonctions usuelles

Soient un réel λ et un entier naturel n ; on désigne par D_f le domaine de définition de f et par $D_{f'}$ son domaine de dérivabilité.

$f(x)$	$f'(x)$	D_f	$D_{f'}$
λ	0	$\mathbb{R}$	$\mathbb{R}$
x	1	$\mathbb{R}$	$\mathbb{R}$
x^n $(n \geq 1)$	nx^{n-1}	$\mathbb{R}$	$\mathbb{R}$
$\frac{1}{x^n}$ $(n \geq 1)$	$-\frac{n}{x^{n+1}}$	$\mathbb{R}^*$	$\mathbb{R}^*$
$\sqrt{x}$	$\frac{1}{2\sqrt{x}}$	$\mathbb{R}^+$	$\mathbb{R}^{+*}$

C. Les opérations sur les dérivées

Soient λ un réel, u et v deux fonctions dérivables sur un intervalle I.

f	f'
λu	$\lambda u'$
$u+v$	$u'+v'$
uv	$u'v+uv'$
$\frac{1}{v}$ (si v ne s'annule pas sur I)	$-\frac{v'}{v^2}$
$\frac{u}{v}$ (si v ne s'annule pas sur I)	$\frac{u'v-uv'}{v^2}$

III. Les applications de la dérivation

A. Le sens de variation d'une fonction

Théorème

Soit f une fonction dérivable sur un intervalle I :

- Si f' est positive sur I, alors f est croissante sur I.
- Si f' est négative sur I, alors f est décroissante sur I.
- Si f' est nulle sur I, alors f est constante sur I.

■ ***Exemple***

Considérons f la fonction définie sur $\mathbb{R}$ par $f(x)=5x^2-6x+1$. Sa fonction dérivée est f' définie sur $\mathbb{R}$ par $f'(x)=10x-6$.

La dérivée s'annule pour $x=\frac{3}{5}$.

Pour tout $x\in\left]-\infty;\frac{3}{5}\right]$, $10x-6\leq 0$, donc f est décroissante sur $\left]-\infty;\frac{3}{5}\right]$.

Pour tout $x\in\left[\frac{3}{5};+\infty\right[$, $10x-6\geq 0$, donc f est croissante sur $\left[\frac{3}{5};+\infty\right[$.

Théorème

Soit f une fonction dérivable sur un intervalle I :

- Si f' est positive et ne s'annule qu'en un nombre fini de réels sur I, alors f est strictement croissante sur I.
- Si f' est négative et ne s'annule qu'en un nombre fini de réels sur I, alors f est strictement décroissante sur I.

■ ***Exemple***

Considérons la fonction f définie sur $\mathbb{R}$ par $f(x)=5x^2-6x+1$. Sa fonction dérivée est f' définie sur $\mathbb{R}$ par $f'(x)=10x-6$.

La dérivée s'annule pour $x=\frac{3}{5}$.

Pour tout $x\in\left]-\infty;\frac{3}{5}\right[$, $10x-6<0$, donc f est strictement décroissante sur $\left]-\infty;\frac{3}{5}\right]$.

Pour tout $x\in\left]\frac{3}{5};+\infty\right[$, $10x-6>0$, donc f est strictement croissante sur $\left[\frac{3}{5};+\infty\right[$.

B. Les extremums locaux d'une fonction

Théorème

Soit f une fonction dérivable sur un intervalle ouvert I :

- Si f admet un extremum local en un réel a de I, alors $f'(a)=0$ et f' change de signe en a.
- Réciproquement, si f' s'annule en changeant de signe en a, alors $f(a)$ est un extremum local de f.

Si f' s'annule en a et passe d'un signe négatif avant a à un signe positif après a, l'extremum local est un minimum local.

Si f' s'annule en a et passe d'un signe positif avant a à un signe négatif après a, l'extremum local est un maximum local.

■ ***Exemple***

Considérons la fonction f définie sur $\mathbb{R}$ par $f(x)=5x^2-6x+1$. Sa fonction dérivée est f' définie sur $\mathbb{R}$ par $f'(x)=10x-6$.

La dérivée s'annule pour $x=\frac{3}{5}$.

Pour tout $x\in\left]-\infty;\frac{3}{5}\right]$, $10x-6\leq 0$, pour tout $x\in\left[\frac{3}{5};+\infty\right[$, $10x-6\geq 0$. Donc la dérivée s'annule et change de signe en $x=\frac{3}{5}$. La fonction f admet, par conséquent, un extremum local en $\frac{3}{5}$.

Comme la dérivée de f passe d'un signe négatif à un signe positif en $x=\frac{3}{5}$, cet extremum est un minimum local.

Remarque

f' peut s'annuler en un réel a (en ne changeant pas de signe) sans que f admette un extremum local en a. C'est par exemple le cas de la fonction cube en 0.

Corollaire

Si f admet un extremum local en a, alors sa courbe représentative admet une tangente horizontale au point d'abscisse a.

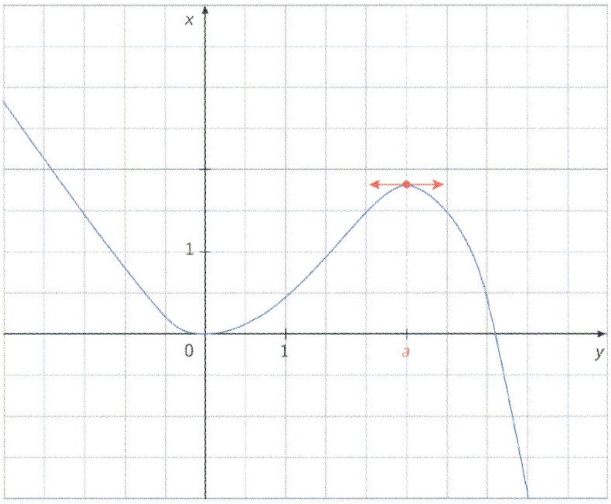

Déterminer le nombre dérivé de *f* en un réel

Méthode 1 : À l'aide du taux d'accroissement

Une fonction *f* est dérivable en un réel a si et seulement si son taux d'accroissement en a admet une limite finie l lorsque h tend vers 0. Dans ce cas, $f'(a) = l$.

Étape 1 : Calculer le taux d'accroissement de *f* en *a*

Soit I un intervalle inclus dans l'ensemble de définition de *f*. Soient $a \in I$ et $h \neq 0$ tels que $(a+h) \in I$.

On écrit le taux d'accroissement de *f* entre a et $a+h$.

Il est égal à :

$$\frac{f(a+h)-f(a)}{h}$$

Étape 2 : Déterminer la limite du taux d'accroissement

On simplifie l'expression du taux d'accroissement au maximum.

En particulier, si possible, on factorise h au numérateur afin de le simplifier au dénominateur.

Étape 3 : Conclure

Deux cas se présentent :

- Il ne reste plus de puissance de h au dénominateur. On peut alors « remplacer » h par 0 et le résultat, noté $\lim\limits_{h \to 0} \frac{f(a+h)-f(a)}{h}$, est égal à $f'(a)$.
- Il reste une puissance de h au dénominateur. On ne peut pas « remplacer » h par 0, *f* n'est pas dérivable en a.

➡ *Exemple*

On considère la fonction *f* qui, à tout réel x associe $f(x) = x^2 - x + 1$.

Montrer que *f* est dérivable en 1 et calculer $f'(1)$.

Étape 1

Le taux d'accroissement de *f* entre 1 et $1+h$ (avec $h \neq 0$) vaut :

$$\frac{f(1+h)-f(1)}{h} = \frac{(1+h)^2-(1+h)+1-(1-1+1)}{h}$$

Étape 2

On simplifie l'expression. Pour tout réel h non nul :

$$\frac{f(1+h)-f(1)}{h} = \frac{1+2h+h^2-1-h+1-1}{h}$$

$$\frac{f(1+h)-f(1)}{h} = \frac{h^2+h}{h}$$

On factorise par h non nul :

$$\frac{f(1+h)-f(1)}{h} = \frac{h(h+1)}{h}$$

On simplifie par h au numérateur et au dénominateur. On obtient, pour tout réel h non nul :

$$\frac{f(1+h)-f(1)}{h} = h+1$$

Étape 3

Il n'y a pas de puissance de h au dénominateur. On peut donc « remplacer » h par 0.

On obtient :

$$\lim_{h \to 0} \frac{f(1+h)-f(1)}{h} = 1 \in \mathbb{R}$$

Donc *f* est dérivable en 1 et $f'(1) = 1$.

Méthode 2 : Graphiquement

$f'(a)$ est le coefficient directeur de la tangente à la courbe représentative de f au point d'abscisse a.

Étape 1 : Rappeler le cours

On rappelle que $f'(a)$ est le coefficient directeur de la tangente à C_f au point d'abscisse a.

Étape 2 : Identifier la tangente à C_f au point d'abscisse a

On repère sur le graphique la tangente à C_f au point d'abscisse a.

Étape 3 : Calculer le coefficient directeur de la tangente

On calcule le coefficient directeur de cette tangente. Pour cela, on choisit deux points $A(x_A;y_A)$ et $B(x_B;y_B)$ appartenant à la tangente.

Le coefficient directeur vaut alors :

$$\frac{y_B-y_A}{x_B-x_A}$$

Remarque Si la tangente est horizontale, son coefficient directeur vaut 0.

Étape 4 : Conclure

$f'(a)$ est égale au coefficient directeur de la tangente à C_f au point d'abscisse a.

On conclut : $f'(a)=\dfrac{y_B-y_A}{x_B-x_A}$.

Exemple

On considère la fonction f, dont la courbe représentative C_f est donnée ci-dessous. Déterminer graphiquement la valeur de $f'(0)$.

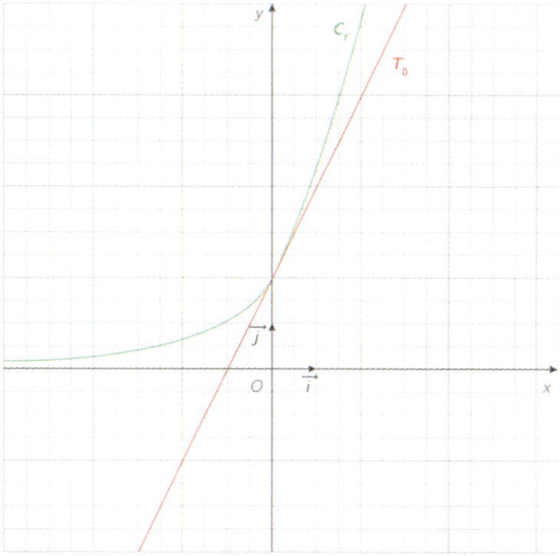

Étape 1

$f'(0)$ est le coefficient directeur de la tangente à C_f au point d'abscisse 0.

Étape 2

T_0 est la tangente à C_f au point d'abscisse 0.

Étape 3

$A(-1;0)$ et $B(2;6)$ appartiennent à T_0.

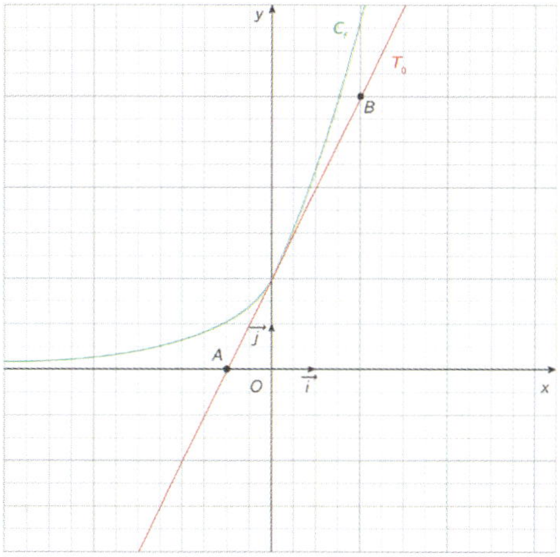

Donc le coefficient directeur de T_0 vaut :

$$\frac{y_B - y_A}{x_B - x_A} = \frac{6-0}{2-(-1)}$$

$$\frac{y_B - y_A}{x_B - x_A} = \frac{6}{3}$$

$$\frac{y_B - y_A}{x_B - x_A} = 2$$

Étape 4

$f'(0)$ est égal au coefficient directeur de la tangente à C_f au point d'abscisse 0.
Ainsi, $f'(0) = 2$.

Méthode 3 : Si l'on connaît la fonction dérivée de *f*

Si *f* est dérivable sur un intervalle *I* et que l'on connaît l'expression de *f '(x)* sur I, on peut alors calculer $f'(a)$, avec $a \in I$.

- **Étape 1 : Rappeler l'expression de *f '(x)***

f ' est la dérivée de *f*, sur un intervalle *I* donné. On rappelle son expression.

- **Étape 2 : Calculer *f '(a)***

On remplace *x* par *a* dans l'expression de *f '(x)*. On obtient ainsi la valeur de *f '(a)*.

➡ *Exemple*

On considère une fonction *f* définie sur $\mathbb{R}$. On donne $\forall x \in \mathbb{R}, f'(x) = 4x - 3$.
Déterminer la valeur de $f'(2)$.

Étape 1

On a :
$\forall x \in \mathbb{R}, f'(x) = 4x - 3$

Étape 2

On remplace *x* par 2 dans l'expression de *f '*. On obtient :
$f'(2) = 4 \times 2 - 3$
Soit :
$f'(2) = 5$

Dériver une fonction à l'aide des formules usuelles

Si la fonction à dériver n'est pas une fonction usuelle, ou une somme de fonctions usuelles, il faut utiliser une formule de dérivation afin de calculer sa fonction dérivée.

- **Étape 1 : Justifier la dérivabilité de *f***

On justifie que *f* est dérivable et on précise son domaine de dérivabilité. En général, *f* est dérivable sur un intervalle donné en tant que somme, produit, quotient (dont le dénominateur ne s'annule pas) de fonctions dérivables sur ce même intervalle.

- **Étape 2 : Identifier la ou les formules à utiliser**

On exprime *f* en fonction d'une ou de deux fonctions intermédiaires selon l'une des formules suivantes :

– $f = uv$

– $f = \frac{u}{v}$

On donne alors l'expression de la ou des fonction(s) intermédiaire(s).

Remarque

Si $f = u + v$ alors $f' = u' + v'$.

Étape 3 : Donner la fonction dérivée des fonctions intermédiaires

On dérive, à part, chacune des fonctions intermédiaires.

Étape 4 : Réciter la formule du cours

On donne ensuite l'expression de la dérivée de *f*. Plusieurs cas sont possibles :

– Si $f = uv$, alors $f' = u'v + uv'$

– Si $f = \dfrac{u}{v}$, alors $f' = \dfrac{u'v - uv'}{v^2}$

Piège

Lorsque *f* se présente sous l'une des formes ci-dessus, il ne faut pas se contenter de remplacer chacune des fonctions intermédiaires *u* et *v* par leur dérivée. Les formules d'opérations sur les dérivées sont à respecter.

Étape 5 : Appliquer la formule

On remplace les valeurs des fonctions intermédiaires et de leur dérivée dans l'expression de $f'(x)$.

On simplifie afin d'aboutir à une forme dont on peut facilement déterminer le signe, puisqu'il s'agit généralement de la tâche à effectuer ensuite.

➡ *Exemple*

On considère la fonction *f* définie sur $\mathbb{R}$ par :

$$\forall x \in \mathbb{R}, f(x) = \frac{x}{1+x^2}$$

Dériver *f*.

Étape 1

La fonction *f* est dérivable sur $\mathbb{R}$ en tant que quotient de fonctions dérivables sur $\mathbb{R}$ dont le dénominateur ne s'annule pas sur $\mathbb{R}$.

Étape 2

Ici, $f = \dfrac{u}{v}$ avec :

– $\forall x \in \mathbb{R}, u(x) = x$

– $\forall x \in \mathbb{R}, v(x) = 1 + x^2$

Étape 3

On a :

$\forall x \in \mathbb{R}, u(x) = x$ donc $\forall x \in \mathbb{R}, u'(x) = 1$.

De plus, on a :

$\forall x \in \mathbb{R}, v(x) = 1 + x^2$ donc $\forall x \in \mathbb{R}, v'(x) = 2x$.

Étape 4

$f = \dfrac{u}{v}$ donc $f' = \dfrac{u'v - uv'}{v^2}$.

Étape 5

On obtient, pour tout $x \in \mathbb{R}$:

$$f'(x) = \frac{1 \times (1+x^2) - x \times 2x}{(1+x^2)^2}$$

$$f'(x) = \frac{1 + x^2 - 2x^2}{(1+x^2)^2}$$

Ainsi :

$$\forall x \in \mathbb{R}, f'(x) = \frac{1-x^2}{(1+x^2)^2}$$

Étudier le sens de variation d'une fonction

Méthode 1 : À l'aide de la fonction dérivée de *f*

Pour étudier le sens de variation d'une fonction *f* dérivable sur *I*, on étudie le signe de sa fonction dérivée.

Étape 1 : Dériver *f*

On justifie que *f* est dérivable sur *I* et on calcule $f'(x)$.

Étape 2 : Étudier le signe de $f'(x)$

On étudie le signe de $f'(x)$ sur I.

Étape 3 : Réciter le cours

On récite ensuite le cours :

- Si $f'(x)>0$ sur un intervalle *I* et s'annule au maximum en un nombre fini de valeurs sur *I*, alors *f* est strictement croissante sur *I*.
- Si $f'(x)<0$ sur un intervalle *I* et s'annule au maximum en un nombre fini de valeurs sur *I*, alors *f* est strictement décroissante sur *I*.

Étape 4 : Conclure sur le sens de variation de *f*

On déduit alors du signe de $f'(x)$ le sens de variation de *f*. On peut récapituler le résultat dans un tableau de variations.

➡ *Exemple*

On considère la fonction *f* définie par :

$\forall x \in \mathbb{R}$, $f(x)=3x^3-x^2-x-4$

Étudier le sens de variation de *f* sur $\mathbb{R}$.

Étape 1

f est dérivable sur $\mathbb{R}$ en tant que fonction polynôme. On a :

$\forall x \in \mathbb{R}$, $f(x)=3x^3-x^2-x-4$

Donc :

$\forall x \in \mathbb{R}$, $f'(x)=9x^2-2x-1$

Étape 2

$f'(x)$ est un trinôme du second degré. Afin d'étudier son signe, on calcule le discriminant Δ :

$\Delta=b^2-4ac$

$\Delta=(-2)^2-4\times(9)\times(-1)$

$\Delta=40$

$\Delta>0$, donc le trinôme est du signe de *a* (positif) sauf entre les racines.

On détermine les racines :

- $x_1=\dfrac{-b-\sqrt{\Delta}}{2a}=\dfrac{2-\sqrt{40}}{18}=\dfrac{1-\sqrt{10}}{9}$
- $x_2=\dfrac{-b+\sqrt{\Delta}}{2a}=\dfrac{2+\sqrt{40}}{18}=\dfrac{1+\sqrt{10}}{9}$

On en déduit le signe de $f'(x)$:

x	$-\infty$		$\frac{1-\sqrt{10}}{9}$		$\frac{1+\sqrt{10}}{9}$		$+\infty$
$f'(x)$		+	0	−	0	+	

Étape 3

On sait que :

- Si $f'(x)>0$ sur un intervalle *I* et s'annule au maximum en un nombre fini de valeurs sur *I*, alors *f* est strictement croissante sur *I*.
- Si $f'(x)<0$ sur un intervalle *I* et s'annule au maximum en un nombre fini de valeurs sur *I*, alors *f* est strictement décroissante sur *I*.

Étape 4

Ici, on a donc :

- f est strictement croissante sur $\left]-\infty;\frac{1-\sqrt{10}}{9}\right]$ et sur $\left[\frac{1+\sqrt{10}}{9};+\infty\right[$.
- f est strictement décroissante sur $\left[\frac{1-\sqrt{10}}{9};\frac{1+\sqrt{10}}{9}\right]$.

On en déduit le tableau de variations de f :

x	$-\infty$		$\frac{1-\sqrt{10}}{9}$		$\frac{1+\sqrt{10}}{9}$		$+\infty$
$f'(x)$		+	0	−	0	+	
f		↗		↘		↗	

Méthode 2 : À l'aide du sens de variation des fonctions de référence

On peut décomposer f en utilisant les fonctions de référence, et déterminer ainsi son sens de variation.

■ Étape 1 : Décomposer f en utilisant les fonctions de référence

On exprime f comme le produit, le quotient ou la composée d'une ou plusieurs fonctions de référence.

■ Étape 2 : On décompose f en utilisant les fonctions de référence

Donner le sens de variation de chaque fonction de référence, et effectuer les opérations successives (et les changements de sens de variation impliqués).

■ Étape 3 : Conclure sur les variations de f

À partir des variations des fonctions de références et des éventuels coefficients multiplicateurs, déterminer les variations de la fonction.

➡ *Exemple*

On considère la fonction f définie pour tout $x \in \mathbb{R}^+$ par :

$f(x) = -2\sqrt{x} + 3$

Étudier le sens de variation de f sur $\mathbb{R}^+$.

Étape 1

Ici, on reconnaît la fonction racine carrée, multipliée par une constante négative et le tout additionné avec une constante.

$x \mapsto \sqrt{x} \mapsto -2\sqrt{x} \mapsto -2\sqrt{x} + 3$

Étape 2

L'addition d'une constante c à une fonction f ne change pas son sens de variation sur l'intervalle où elle est définie.

Les fonctions f et g définies sur $\mathbb{R}$ par $f(x) = x^2$ et $g(x) = x^2 + 3$ ont le même sens de variation sur $\mathbb{R}$.

D'après le cours, on sait que :

- La fonction $x \mapsto \sqrt{x}$ est croissante sur $\mathbb{R}^+$.
- Les fonctions $x \mapsto \sqrt{x}$ et $x \mapsto -2\sqrt{x}$ ont des sens de variation contraires, donc $x \mapsto -2\sqrt{x}$ est décroissante sur $\mathbb{R}^+$.
- L'addition d'une constante ne modifie pas le sens de variation, donc $x \mapsto -2\sqrt{x} + 3$ est également décroissante sur $\mathbb{R}^+$.

Étape 3

Finalement, la fonction f est décroissante sur $\mathbb{R}^+$.

Donner une équation d'une tangente à la courbe d'une fonction dérivable

On sait déterminer par le calcul une équation d'une tangente à la courbe d'une fonction en un point d'abscisse donné.

Étape 1 : Réciter la formule

On énonce l'équation de la tangente donnée dans le cours : si f est une fonction dérivable en a, la tangente à C_f au point d'abscisse a a pour équation :

$y = f'(a)(x-a) + f(a)$

Étape 2 : Calculer $f(a)$

On calcule la valeur de $f(a)$ en remplaçant x par la valeur de a dans l'expression de f.

Étape 3 : Calculer $f'(a)$

Deux cas peuvent se présenter :

Si une expression de $f'(x)$ est connue, on calcule la valeur de $f'(a)$ en remplaçant x par la valeur de a dans l'expression de f'.

Si aucune expression de $f'(x)$ n'est connue, on justifie que f est dérivable sur I et on calcule $f'(x)$. On calcule ensuite la valeur de $f'(a)$ en remplaçant x par la valeur de a dans l'expression de f'.

Étape 4 : Conclure

On remplace, dans l'équation précédente de la tangente, $f'(a)$ et $f(a)$ par leurs valeurs respectives. On simplifie ensuite l'expression.

On obtient une équation de la tangente à la courbe représentative de f au point d'abscisse a.

➡ *Exemple*

On considère la fonction f définie pour tout $x \in \mathbb{R}$ par :

$f(x) = 2x^2 + x$

On appelle C_f sa courbe représentative.

Déterminer une équation de la tangente à C_f au point d'abscisse $x = 1$.

Étape 1

Comme fonction polynôme, f est dérivable sur $\mathbb{R}$, et par conséquent en 1. La tangente T_1 à C_f au point d'abscisse $x = 1$ a pour équation :

$y = f'(1)(x-1) + f(1)$

Étape 2

$\forall x \in \mathbb{R}$, $f(x) = 2x^2 + x$

Donc $f(1) = 2 \times 1^2 + 1 = 3$

Étape 3

Ici, aucune expression de $f'(x)$ n'est connue. On détermine donc une expression de $f'(x)$:

f est dérivable sur $\mathbb{R}$ en tant que fonction polynôme.

$\forall x \in \mathbb{R}$, $f(x) = 2x^2 + x$

Donc $\forall x \in \mathbb{R}$, $f'(x) = 4x + 1$

Ainsi :

$f'(1) = 4 \times 1 + 1 = 5$

Étape 4

On sait que la tangente a pour équation : $y = f'(1)(x-1) + f(1)$ avec $f(1) = 3$ et $f'(1) = 5$.

On en déduit que T_1 admet pour équation :

$T_1 : y = 5(x-1) + 3$

$T_1 : y = 5x - 5 + 3$

$T_1 : y = 5x - 2$

Exercice n° 1

Soit f la fonction définie sur $\mathbb{R}$ par $f(x)=3x-2$.
f est-elle dérivable en 4 ?

Exercice n° 2

La figure suivante représente la courbe C de la fonction f, définie et dérivable sur $\mathbb{R}$, ainsi que ses tangentes aux points A et B.

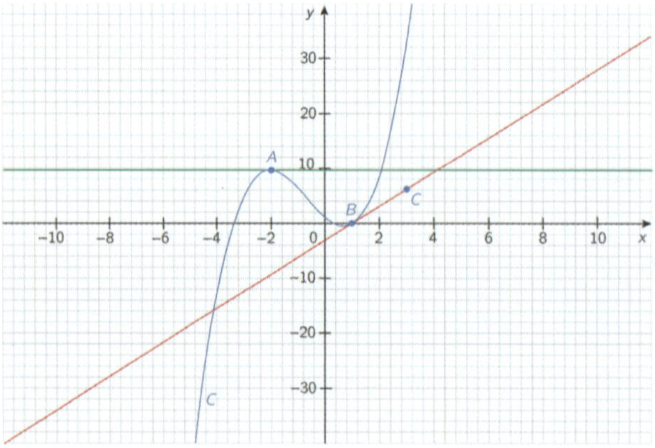

1. Par lecture graphique, déterminer les valeurs de $f(-2)$, $f'(-2)$, $f(1)$ et $f'(1)$.
2. En déduire l'équation réduite de chacune des tangentes.

Exercice n° 3

Soit f la fonction définie sur $\mathbb{R}\setminus\{0\}$ par $f(x)=\dfrac{1}{x}+5x^3-x^2+3$.
Dériver la fonction f.

Exercice n° 4

Soit f la fonction définie sur $\mathbb{R}$ par $f(x)=(-x+2)(x^2+4x+5)$.
Dériver la fonction f.

Exercice n° 5

Soit f la fonction définie sur $\mathbb{R} \setminus \left\{-1; \frac{7}{2}\right\}$ par $f(x) = \frac{2x-3}{-2x^2+5x+7}$.
Dériver la fonction f.

Exercice n° 6

Soit f la fonction définie sur $\mathbb{R}_+$ par $f(x) = \frac{2x-1}{3x+3}\sqrt{x}$.
Dériver la fonction f.

Exercice n° 7

Soit la fonction f définie sur $\mathbb{R}$ par :

$$f(x) = x^3 + x^2 - x + 2$$

Étudier les variations de f sur son ensemble de définition.

Exercice n° 8

Soit f la fonction définie sur $\mathbb{R}$ par :

$$f(x) = x^4 - 3x^3 - 3x^2 - 9x + 2$$

1. Calculer $f'(x)$.
2. Montrer que, pour tout $x \in \mathbb{R}$, $f'(x) = (x-3)(4x^2+3x+3)$.
3. Étudier le signe de $f'(x)$.
4. En déduire les variations de f.

Exercice n° 9

Soit la fonction f définie sur $\mathbb{R}$ par :

$$f(x) = 2x^3 + x^2 - 7x + 3.$$

Déterminer une équation de la tangente à C_f au point d'abscisse 2.

Exercice n° 10

Soit la fonction f définie sur $\mathbb{R}$ par :

$$f(x) = -2x^3 + x^2 - 3x + 5$$

Déterminer des équations des tangentes à C_f parallèles à la droite d'équation $y = -2x - 5$.

Exercice n° 1

Pour étudier la dérivabilité de f en 4, il faut déterminer la limite de son taux d'accroissement en 4.

Étape 1 : Calcul du taux d'accroissement

Soit un réel $x \neq 4$.

$$T_4(x) = \frac{f(x) - f(4)}{x - 4}$$

$$T_4(x) = \frac{3x - 2 - (3 \times 4 - 2)}{x - 4}$$

$$T_4(x) = \frac{3x - 2 - 12 + 2}{x - 4}$$

$$T_4(x) = \frac{3x - 12}{x - 4}$$

$$T_4(x) = \frac{3(x - 4)}{x - 4}$$

$$T_4(x) = 3$$

Étape 2 : Détermination de la limite

Or, lorsque l'on remplace x par 4 dans le taux d'accroissement, on obtient toujours 3, puisque x n'est pas présent dans la valeur de $T_4(x)$.

Donc le taux d'accroissement de f en 4 admet pour limite 3.

→ Donc f est dérivable en 4 et $f'(4) = 3$.

Exercice n° 2

1. Par lecture graphique, déterminer les valeurs de $f(-2)$, $f'(-2)$, $f(1)$ et $f'(1)$.

   Étape 1 : Détermination de $f(-2)$

   $f(-2)$ est égale à l'ordonnée du point de la courbe qui a pour abscisse –2.
   Par lecture graphique, on trouve $f(-2) = 10$.

   Étape 2 : Détermination de $f'(-2)$

   $f'(-2)$ est égale au coefficient directeur de la tangente à la C_f au point d'abscisse –2.
   On remarque que cette tangente est horizontale, donc son coefficient directeur est égal à 0.
   Ainsi, $f'(-2) = 0$.

   Étape 3 : Détermination de $f(1)$

   $f(1)$ est égale à l'ordonnée du point de la courbe qui a pour abscisse 1.
   Par lecture graphique, on trouve $f(1) = 0$.

Étape 4 : Détermination de $f'(1)$

$f'(1)$ est égal au coefficient directeur de la tangente à la C_f au point d'abscisse 1. Les points $B(1;0)$ et $C(3;6)$ appartiennent à cette droite. Le coefficient directeur de cette droite est donc :

$$a=\frac{y_C-y_B}{x_C-x_B}=\frac{6-0}{3-1}=\frac{6}{2}=3$$

Ainsi, $f'(1)=3$.

- $f(-2)=10$ et $f'(-2)=0$
- $f(1)=0$ et $f'(1)=3$

2. En déduire l'équation réduite de chacune des tangentes.

Étape 1 : Équation réduite de la tangente au point d'abscisse –2

Une équation de la tangente au point d'abscisse –2 est :

$y=f'(-2)(x-(-2))+f(-2)$

Or, d'après la question précédente, on a :

- $f(-2)=10$
- $f'(-2)=0$

Ainsi, on obtient :

$T_{-2}: y=0(x+2)+10$

$T_{-2}: y=10$

Étape 2 : Équation réduite de la tangente au point d'abscisse 1

Une équation de la tangente au point d'abscisse 1 est :

$y=f'(1)(x-1)+f(1)$

Or, d'après la question précédente, on a :

- $f(1)=0$
- $f'(1)=3$

Ainsi, on obtient :

$T_1: y=3(x-1)+0$

$T_1: y=3x-3$

- L'équation réduite de la tangente à C_f au point A est : $y=10$.
- L'équation réduite de la tangente à C_f au point B est : $y=3x-3$.

Exercice n° 3

La fonction $x \mapsto \frac{1}{x}$ est dérivable sur tout intervalle inclus dans $\mathbb{R} \setminus \{0\}$. De plus, la fonction $x \mapsto 5x^3 - x^2 + 3$ est dérivable sur $\mathbb{R}$, puisqu'il s'agit d'une fonction polynôme. Donc, par somme, la fonction *f* est dérivable sur tout intervalle inclus dans $\mathbb{R} \setminus \{0\}$.
Ainsi, pour tout $x \in \mathbb{R} \setminus \{0\}$, on a :

$$f'(x) = -\frac{1}{x^2} + 5 \times 3x^2 - 2x + 0$$

$$f'(x) = -\frac{1}{x^2} + 15x^2 - 2x$$

→ Pour tout $x \in \mathbb{R} \setminus \{0\}$, $f'(x) = -\frac{1}{x^2} + 15x^2 - 2x$.

Exercice n° 4

La fonction *f* est dérivable sur $\mathbb{R}$ en tant que produit de fonctions dérivables sur $\mathbb{R}$ (fonctions polynômes).
On remarque que $f = u \times v$ avec pour tout réel x :

- $u(x) = -x + 2$
- $v(x) = x^2 + 4x + 5$

On en déduit que $f' = u'v + uv'$ avec pour tout réel x :

- $u'(x) = -1$
- $v'(x) = 2x + 4$

Ainsi, pour tout $x \in \mathbb{R}$, on a :

$$f'(x) = -1 \times (x^2 + 4x + 5) + (-x + 2) \times (2x + 4)$$

$$f'(x) = -x^2 - 4x - 5 + (-2x^2 - 4x + 4x + 8)$$

$$f'(x) = -3x^2 - 4x + 3$$

→ Pour tout $x \in \mathbb{R}$, $f'(x) = -3x^2 - 4x + 3$.

Exercice n° 5

La fonction f est une fonction rationnelle (quotient de deux fonctions polynômes). Elle est donc dérivable sur tout intervalle inclus dans son ensemble de définition, c'est-à-dire sur tout intervalle inclus dans $\mathbb{R} \setminus \left\{-1; \frac{7}{2}\right\}$.

On remarque que $f = \frac{u}{v}$ avec pour tout x appartenant à $\mathbb{R} \setminus \left\{-1; \frac{7}{2}\right\}$:

- $u(x) = 2x - 3$
- $v(x) = -2x^2 + 5x + 7$

On en déduit que $f' = \frac{u'v - uv'}{v^2}$ avec pour tout x appartenant à $\mathbb{R} \setminus \left\{-1; \frac{7}{2}\right\}$:

- $u'(x) = 2$
- $v'(x) = -4x + 5$

Ainsi, pour tout $x \in \mathbb{R} \setminus \left\{-1; \frac{7}{2}\right\}$, on a :

$$f'(x) = \frac{2(-2x^2 + 5x + 7) - (2x - 3)(-4x + 5)}{(-2x^2 + 5x + 7)^2}$$

$$f'(x) = \frac{-4x^2 + 10x + 14 - (-8x^2 + 10x + 12x - 15)}{(-2x^2 + 5x + 7)^2}$$

$$f'(x) = \frac{-4x^2 + 10x + 14 + 8x^2 - 10x - 12x + 15}{(-2x^2 + 5x + 7)^2}$$

$$f'(x) = \frac{4x^2 - 12x + 29}{(-2x^2 + 5x + 7)^2}$$

→ Pour tout $x \in \mathbb{R} \setminus \left\{-1; \frac{7}{2}\right\}$, $f'(x) = \frac{4x^2 - 12x + 29}{(-2x^2 + 5x + 7)^2}$.

Exercice n° 6

On a $f = u \times v$ avec pour tout x appartenant à $\mathbb{R}_+$:

- $u(x) = \frac{2x - 1}{3x + 3}$
- $v(x) = \sqrt{x}$

La fonction u est une fonction rationnelle (quotient de fonctions polynômes), donc elle est dérivable sur tout intervalle inclus dans son ensemble de définition. Elle est définie si son dénominateur ne s'annule pas. Ainsi, $D_u = \mathbb{R} \setminus \{-1\}$.

La fonction v est la fonction racine carrée, donc elle est dérivable sur $]0; +\infty[$.

Ainsi, comme produit de fonctions dérivables sur $]0; +\infty[$, f est dérivable sur $]0; +\infty[$.

De plus, $f' = u'v + uv'$.

Étape 1 : Calcul de $u'(x)$

On a $u = \dfrac{u_1}{v_1}$ avec :

- $u_1(x) = 2x - 1$
- $v_1(x) = 3x + 3$

Ainsi, $u' = \dfrac{u_1'v_1 - u_1v_1'}{v_1^2}$ avec pour tout $x \in]0;+\infty[$:

- $u_1'(x) = 2$
- $v_1'(x) = 3$

Donc pour tout $x \in]0;+\infty[$, on a :

$$u'(x) = \frac{2(3x+3) - (2x-1)\times 3}{(3x+3)^2}$$

$$u'(x) = \frac{6x + 6 - 6x + 3}{(3x+3)^2}$$

$$u'(x) = \frac{9}{(3x+3)^2}$$

Étape 2 : Calcul de $f'(x)$

$f' = u'v + uv'$ avec pour tout $x \in]0;+\infty[$:

- $u'(x) = \dfrac{9}{(3x+3)^2}$
- $v'(x) = \dfrac{1}{2\sqrt{x}}$

Ainsi, pour tout $x \in]0;+\infty[$:

$$f'(x) = \frac{9}{(3x+3)^2}\sqrt{x} + \frac{2x+1}{3x+3} \times \frac{1}{2\sqrt{x}}$$

→ Ainsi, pour tout $x \in]0;+\infty[$, $f'(x) = \dfrac{9}{(3x+3)^2}\sqrt{x} + \dfrac{2x-1}{3x+3} \times \dfrac{1}{2\sqrt{x}}$.

Exercice n° 7

Étape 1 : Calcul de $f'(x)$

La fonction *f* est une fonction polynôme, donc elle est dérivable sur $\mathbb{R}$.
Ainsi, pour tout $x \in \mathbb{R}$, on a :

$$f'(x) = 3x^2 + 2x - 1$$

Étape 2 : Étude du signe de $f'(x)$

f' est une fonction trinôme du second degré, pour déterminer son signe, on peut calculer son discriminant :

$\Delta = b^2 - 4ac = 2^2 - 4 \times 3 \times (-1) = 4 + 12 = 16$

$\Delta > 0$, donc le trinôme est du signe de son terme de degré 2 (positif) à l'extérieur de l'intervalle délimité par ses deux racines et du signe contraire entre ses racines.

- $x_1 = \dfrac{-b-\sqrt{\Delta}}{2a} = \dfrac{-2-\sqrt{16}}{2\times 3} = \dfrac{-2-4}{6} = \dfrac{-6}{6} = -1$
- $x_2 = \dfrac{-b+\sqrt{\Delta}}{2a} = \dfrac{-2+\sqrt{16}}{2\times 3} = \dfrac{-2+4}{6} = \dfrac{2}{6} = \dfrac{1}{3}$

Une fonction est croissante lorsque sa dérivée est positive, et décroissante lorsque sa dérivée est négative.

On obtient le tableau suivant :

x	$-\infty$		-1		$\frac{1}{3}$		$+\infty$
$f'(x)$		+	0	−	0	+	
f		↗		↘		↗	

Exercice n° 8

1. La fonction f est une fonction polynôme, donc elle est dérivable sur $\mathbb{R}$.
   Pour tout $x \in \mathbb{R}$, on a :

   $f'(x) = 4x^3 - 9x^2 - 6x - 9$

   → Pour tout $x \in \mathbb{R}$, $f'(x) = 4x^3 - 9x^2 - 6x - 9$.

2. Pour tout $x \in \mathbb{R}$, on a :

$$\begin{aligned}(x-3)(4x^2+3x+3) &= 4x^3 + 3x^2 + 3x - 12x^2 - 9x - 9 \\ &= 4x^3 - 9x^2 - 6x - 9 \\ &= f'(x)\end{aligned}$$

   → Pour tout $x \in \mathbb{R}$, $f'(x) = (x-3)(4x^2+3x+3)$.

3. $f'(x)$ est un produit, donc il faut étudier le signe de chacun de ses facteurs.
   $x-3>0 \Leftrightarrow x>3$
   $4x^2+3x+3$ est un trinôme du second degré, pour étudier son signe on peut calculer son discriminant.
   $\Delta = b^2-4ac = 3^2-4\times4\times3 = 9-48 = -39$
   $\Delta<0$, donc le trinôme est du signe de son coefficient de degré 2 (positif) pour tout réel x.
   On obtient le tableau de signes suivant :

x	$-\infty$		3		$+\infty$
$x-3$		$-$	0	$+$	
$4x^2+3x+3$		$+$	|	$+$	
$f'(x)$		$-$	0	$+$	

4. Une fonction est croissante lorsque sa dérivée est positive, et décroissante lorsque sa dérivée est négative.
   On obtient le tableau de variations suivant :

x	$-\infty$		3		$+\infty$
$f'(x)$		$-$	0	$+$	
f		↘		↗	

Exercice n° 9

f est une fonction polynôme, donc elle est dérivable sur $\mathbb{R}$.
La tangente à la C_f au point d'abscisse 2 a pour équation :

$$y = f'(2)(x-2)+f(2)$$

Étape 1 : Calcul de $f'(x)$

Pour tout $x \in \mathbb{R}$, on a :

$$f'(x) = 6x^2+2x-7$$

Étape 2 : Calcul de $f(2)$ et de $f'(2)$

– $f(2) = 2\times2^3+2^2-7\times2+3 = 16+4-14+3 = 9$

– $f'(2) = 6 \times 2^2 + 2 \times 2 - 7 = 24 + 4 - 7 = 21$

Étape 3 : Détermination de l'équation de la tangente

Une équation de la tangente est donc :

$y = 21(x - 2) + 9$

$y = 21x - 33$

→ La tangente à C_f au point d'abscisse 2 a pour équation :

→ $y = 21x - 33$

Exercice n° 10

Comme on cherche des tangentes parallèles à la droite d'équation $y = -2x - 5$, ces tangentes ont forcément pour coefficient directeur –2. En effet, deux droites parallèles ont le même coefficient directeur.

Le coefficient directeur de la tangente à C_f au point d'abscisse x est $f'(x)$. Or, on cherche les éventuelles tangentes à C_f de coefficient directeur –2.

On cherche donc les solutions de l'équation : $f'(x) = -2$.

Étape 1 : Calcul de $f'(x)$

f est une fonction polynôme, donc elle est dérivable sur $\mathbb{R}$.

Pour tout $x \in \mathbb{R}$, on a :

$f'(x) = -6x^2 + 2x - 3$

Étape 2 : Résolution de $f'(x) = -2$

$f'(x) = -2$

$\Leftrightarrow -6x^2 + 2x - 3 = -2$

$\Leftrightarrow -6x^2 + 2x - 1 = 0$

Il s'agit d'une équation du second degré que l'on peut résoudre en calculant son discriminant :

$\Delta = b^2 - 4ac = 2^2 - 4 \times (-6) \times (-1) = 4 - 24 = -20$

$\Delta < 0$, donc l'équation n'admet pas de solution.

Ainsi, pour aucune valeur de x, $f'(x) = -2$.

→ C_f n'admet pas de tangente parallèle à la droite d'équation $y = -2x - 5$.

Chapitre 5

Les suites

I. Étude globale d'une suite

A. Définitions

Définition

Suite numérique

Une suite numérique est une fonction de $\mathbb{N}$ dans $\mathbb{R}$.

■ **Exemple**

La fonction u définie pour tout entier naturel n par $u(n) = 2n + 1$ est une suite.

Remarque

Pour désigner la suite u, on peut écrire (u_n).
L'écriture u_n désigne en revanche le terme de rang n de la suite u, c'est-à-dire $u(n)$.
Une suite u peut n'être définie qu'à partir d'un rang n_0. Dans ce cas, on écrit $(u_n)_{n \geq n_0}$ pour désigner la suite u.

Définition

Modes de génération d'une suite

Il existe trois façons de définir une suite.

1. Définition explicite

   La suite (u_n) est définie directement par son terme général :

   $u_n = f(n)$

   Où f est une fonction au moins définie sur $\mathbb{N}$.

2. Définition par récurrence

   Soient f une fonction définie sur une partie de $\mathbb{R}$ et un réel a.

   Une suite (u_n) peut être définie par récurrence par :

   - $u_0 = a$;
   - pour tout entier n : $u_{n+1} = f(u_n)$.

3. Définition implicite

   La suite (u_n) est définie par une propriété géométrique, économique, etc. au sein d'un problème.

Remarque

Quel que soit le mode de définition d'une suite, il se peut que celle-ci ne soit définie qu'à partir d'un rang n_0.

B. Le sens de variation

Définition

Suite croissante

La suite (u_n) est croissante si et seulement si, pour tout entier naturel n pour lequel u_n est défini :

$$u_{n+1} \geq u_n$$

■ ***Exemple***

Considérons la suite (u_n) définie par récurrence par :

- $u_0 = 12$
- $u_{n+1} = (u_n)^2 + u_n$ pour tout entier n

On a, pour tout entier naturel n :

$$u_{n+1} - u_n = (u_n)^2$$

Or :

$(u_n)^2 \geq 0$

Donc, pour tout entier naturel n, on a :

$$u_{n+1} - u_n \geq 0$$

Ainsi, pour tout entier naturel n :

$$u_{n+1} \geq u_n$$

Donc la suite (u_n) est croissante.

Définition

Suite strictement croissante

La suite (u_n) est strictement croissante si, et seulement si, pour tout entier naturel n pour lequel u_n est défini :

$$u_{n+1} > u_n$$

Définition

Suite décroissante

La suite (u_n) est décroissante si, et seulement si, pour tout entier naturel n pour lequel u_n est défini :

$$u_{n+1} \leq u_n$$

■ ***Exemple***

Considérons la suite définie pour tout entier n non nul par :

$$u_n = \frac{1}{n}$$

Pour tout entier naturel n non nul, on a :

$$u_{n+1} - u_n = \frac{1}{n+1} - \frac{1}{n} = \frac{n-(n+1)}{n(n+1)} = \frac{-1}{n(n+1)}$$

Or, pour tout entier naturel n non nul, on a :

$$\frac{-1}{n(n+1)} < 0$$

Donc, pour tout entier naturel n non nul :

$$u_{n+1} - u_n \leq 0$$

Et ainsi, pour tout entier naturel n non nul :

$$u_{n+1} \leq u_n$$

Par conséquent, la suite (u_n) est décroissante.

Définition

Suite strictement décroissante

La suite (u_n) est strictement décroissante si, et seulement si, pour tout entier naturel n pour lequel u_n est défini :

$$u_{n+1} < u_n$$

Suite constante

La suite (u_n) est constante si et seulement si, pour tout entier naturel n pour lequel u_n est défini :

$$u_{n+1} = u_n$$

Suite monotone

La suite (u_n) est monotone si et seulement si elle est croissante ou décroissante (sans changer de sens de variation).

C. Représentation graphique

Définition

Dans un repère du plan, la représentation graphique d'une suite u est l'ensemble des points de coordonnées $(n;u_n)$ où n décrit les entiers naturels pour lesquels u_n est défini.

■ ***Exemple***

On considère la suite u définie pour tout entier naturel n par $u_n = n^2 - 1$. Les premiers termes de la suite sont donnés dans le tableau suivant :

n	0	1	2	3	4
u_n	-1	0	3	8	15

On obtient la représentation graphique des premiers points de la suite :

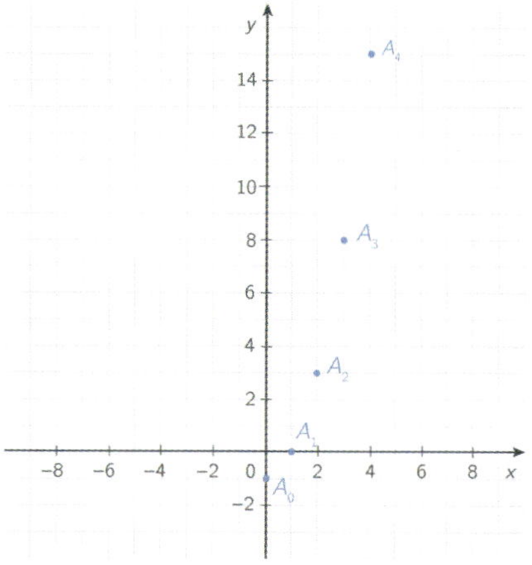

II. Les suites particulières

A. Les suites arithmétiques

Définition

Suites arithmétiques

Une suite (u_n) est arithmétique s'il existe un réel r tel que, pour tout entier n où elle est définie :

$$u_{n+1} = u_n + r$$

■ ***Exemple***

On considère la suite définie par :

- $u_0 = 1$
- $u_{n+1} = u_n - 2$, pour tout entier n

On remarque que l'on passe d'un terme de la suite au suivant en ajoutant –2. Cette suite est ainsi arithmétique.

Définition

Raison

Le réel r est appelé raison de la suite.

■ ***Exemple***

Dans l'exemple précédent, la suite était arithmétique de raison –2.

Propriété

Soit (u_n) une suite arithmétique de raison r.

- Si $r > 0$, la suite est strictement croissante.
- Si $r < 0$, la suite est strictement décroissante.
- Si $r = 0$, la suite est constante.

Théorème

Terme général d'une suite arithmétique

Soit (u_n) une suite arithmétique de raison r, définie à partir du rang p. Pour tout entier n supérieur ou égal à p, son terme général est égal à :

$$u_n = u_p + (n - p)r$$

En particulier, si (u_n) est définie dès le rang 0 :

$$u_n = u_0 + nr$$

■ **Exemple**

On considère la suite arithmétique u de raison $r = -2$ et de premier terme $u_0 = 3$. On a alors, pour tout entier naturel n : $u_n = 3 - 2n$.

Propriété

Somme des entiers de 1 à n

Pour tout entier naturel non nul n :

$$1 + 2 + 3 + \ldots + n = \frac{n(n+1)}{2}$$

■ **Exemple**

$$1 + 2 + 3 + \cdots + 15 = \frac{15 \times (15+1)}{2} = 120$$

Propriété

Soit u une suite arithmétique. Les points de sa représentation graphique sont alignés.

■ **Exemple**

On considère la suite arithmétique de premier terme $u_0 = 3$ et de raison $r = -1$. On constate sur sa représentation graphique que les points sont alignés.

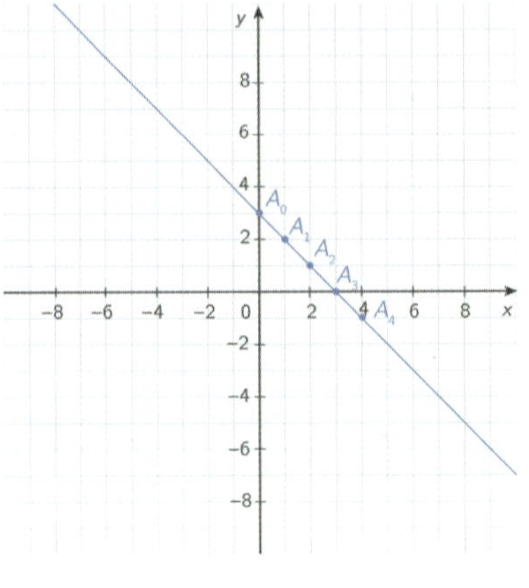

Remarque

Si u est une suite arithmétique de premier terme u_0 et de raison r, les points de sa représentation graphique appartiennent à la droite d'équation $y = rx + u_0$.

B. Les suites géométriques

Définition

Suite géométrique

Une suite (u_n) est géométrique s'il existe un réel q tel que, pour tout entier n où elle est définie :

$$u_{n+1} = u_n \times q$$

■ ***Exemple***

On considère la suite définie par son premier terme $u_0 = 1$ et par, pour tout entier naturel n :

$u_{n+1} = 3u_n$

On remarque que l'on passe d'un terme de la suite au suivant en multipliant par 3. Cette suite est ainsi géométrique.

Définition

Raison

Le réel q est appelé raison de la suite.

■ ***Exemple***

Dans l'exemple précédent, la suite était géométrique de raison 3.

Propriété

Soit q un réel strictement positif.

- Si $q > 1$, la suite (q^n) est strictement croissante.
- Si $0 < q < 1$, la suite (q^n) est strictement décroissante.
- Si $q = 1$, la suite (q^n) est constante.

Théorème

Terme général d'une suite géométrique

Soit (u_n) une suite géométrique de raison q, définie à partir du rang p.

Pour tout entier n supérieur ou égal à p, son terme général est égal à :

$$u_n = u_p \times q^{n-p}$$

En particulier, si (u_n) est définie dès le rang 0 :

$$u_n = u_0 \times q^n$$

■ ***Exemple***

On considère une suite u géométrique de raison $q = 2$ et de premier terme $u_0 = 3$.

On a alors, pour tout entier naturel n : $u_n = 3 \times 2^n$.

Propriété

Pour tout réel q différent de 1 et tout entier naturel non nul n :

$$1+q+q^2+\ldots+q^n=\frac{1-q^{n+1}}{1-q}$$

■ ***Exemple***

$$1+3+3^2+3^3+\cdots+3^{52}=\frac{1-3^{53}}{1-3}=-\frac{1}{2}+\frac{1}{2}\times 3^{53}$$

Propriété

Soit u une suite géométrique de raison $q\neq 1$. Les points de sa représentation graphique ne sont pas alignés.

■ ***Exemple***

On considère la suite géométrique de raison $q=0,5$ et de premier terme $u_0=16$. On constate que les points de sa représentation graphique ne sont pas alignés :

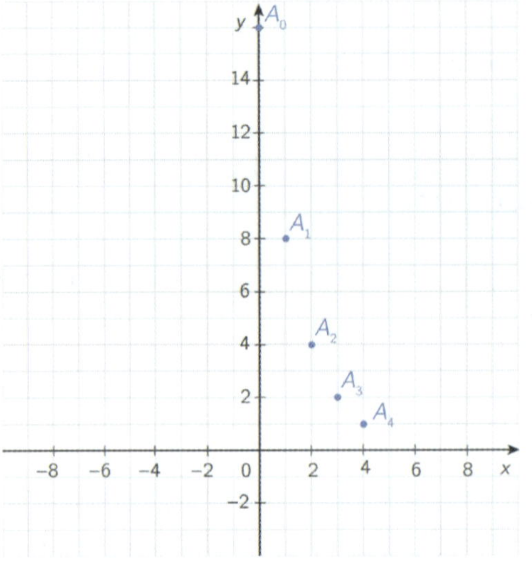

Calculer les premiers termes d'une suite

Méthode 1 : Si la suite est définie de manière explicite

Si (u_n) est définie de manière explicite, il suffit de remplacer n par le numéro voulu pour obtenir la valeur du terme correspondant. On peut alors calculer simplement les premiers termes de la suite.

Étape 1 : Rappeler l'écriture de la suite

On rappelle l'écriture des termes de la suite :
$\forall n \in \mathbb{N}, \ u_n = f(n)$

Étape 2 : Remplacer n

On remplace n dans l'expression de u_n :
- par 0 pour calculer u_0 ;
- par 1 pour calculer u_1 ;
- par 2 pour calculer u_2, etc.

➧ *Exemple*

Soit la suite (u_n) définie par :

$$\forall n \in \mathbb{N}, \ u_n = \frac{1}{n+1} - 1$$

Calculer les valeurs de u_0, u_1 et u_2.

Étape 1
On a, $\forall n \in \mathbb{N}, \ u_n = \frac{1}{n+1} - 1$.

Étape 2
On remplace n par 0 dans l'expression de u_n.
On obtient :

$$u_0 = \frac{1}{0+1} - 1$$

Donc $u_0 = 0$.

On remplace n par 1 dans l'expression de u_n.
On obtient :

$$u_1 = \frac{1}{1+1} - 1$$

Donc $u_1 = -\frac{1}{2}$.

On remplace ensuite n par 2 dans l'expression de u_n.

On obtient :

$$u_2 = \frac{1}{2+1} - 1$$

Donc $u_2 = -\frac{2}{3}$.

Astuce Penser à bien remplacer tous les n de l'expression par le nombre voulu et à respecter les opérations.

Méthode 2 : Si la suite est définie par récurrence

Si (u_n) est définie par récurrence, on calcule chaque terme à partir du (ou des) terme(s) précédent(s). On peut donc calculer un à un les premiers termes de la suite.

Étape 1 : Rappeler l'écriture de la suite

On rappelle l'écriture des termes de la suite :

$$\begin{cases} u_0 = k \\ \forall n \in \mathbb{N}, u_{n+1} = f(u_n) \end{cases}$$

Étape 2 : Calculer u_1 à partir de u_0

On a, pour tout entier naturel n, $u_{n+1} = f(u_n)$

De plus, on connaît la valeur de u_0.

Ainsi, en remplaçant n par 0, on obtient :

$u_1 = f(u_0)$

■ **Étape 3 : Calculer u_2 à partir de u_1**

On a, pour tout entier naturel n, $u_{n+1} = f(u_n)$.

De plus, on connaît désormais la valeur de u_1.

Ainsi, en remplaçant n par 1, on peut calculer :

$u_2 = f(u_1)$

■ **Étape 4 : Calculer les termes suivants**

On procède de la même manière pour calculer les autres termes demandés.

➡ *Exemple*

Soit la suite (u_n) définie par :

$$\begin{cases} u_0 = 1 \\ \forall n \in \mathbb{N},\ u_{n+1} = 3u_n + 2 \end{cases}$$

Donner les valeurs de u_0, u_1 et u_2.

Étape 1

On a :

$$\begin{cases} u_0 = 1 \\ \forall n \in \mathbb{N},\ u_{n+1} = 3u_n + 2 \end{cases}$$

Étape 2

En remplaçant n par 0, on obtient :

$u_1 = 3u_0 + 2$

Ainsi :

$u_1 = 3 \times 1 + 2$

$u_1 = 5$

Étape 3

En remplaçant n par 1, on obtient :

$u_2 = 3u_1 + 2$

Ainsi :

$u_2 = 3 \times 5 + 2$

$u_2 = 17$

Étape 4

Ici, on ne demande pas la valeur de u_3. On peut donc s'arrêter là.

Représenter graphiquement une suite définie par récurrence

On peut représenter graphiquement les termes d'une suite dans un repère. Une démarche spécifique est à suivre lorsqu'elle est définie par récurrence.

■ **Étape 1 : Déterminer l'expression de *f***

On détermine l'expression de la fonction *f* telle que $\forall n \in \mathbb{N}$, $u_{n+1} = f(u_n)$.

■ **Étape 2 : Tracer C_f et la droite d'équation $y = x$**

On trace dans le même repère C_f (la courbe représentative de *f*) et la droite d'équation $y = x$.

■ **Étape 3 : Placer u_0 en abscisse**

On place u_0 en abscisse.

■ **Étape 4 : Placer u_1 en abscisse**

On détermine $u_1 = f(u_0)$ sur la courbe représentative de *f*. On rejoint ensuite « horizontalement » (parallèlement à l'axe des abscisses) la droite d'équation $y = x$, et on place l'abscisse de la valeur trouvée. Cela donne u_1 sur l'axe des abscisses.

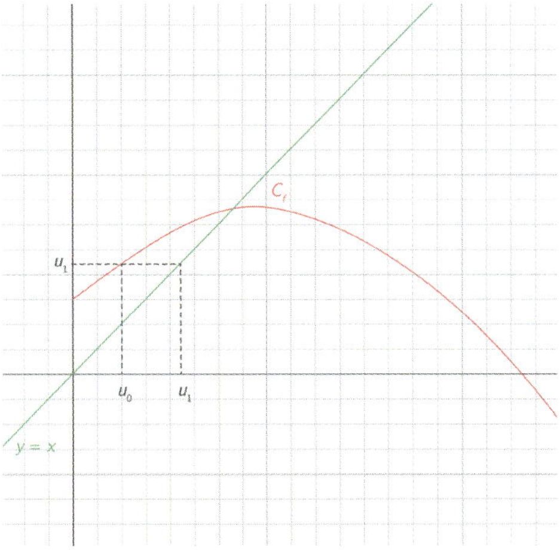

■ **Étape 5 : Placer les autres points**

On répète l'opération pour placer sur l'axe des abscisses les autres points :

– u_2 (qui vaut $f(u_1)$) ;
– u_3 (qui vaut $f(u_2)$), etc.

➡ ***Exemple***

Soit la suite (u_n) définie par :

$$\begin{cases} u_0 = \dfrac{3}{2} \\ \forall n \in \mathbb{N}, u_{n+1} = (u_n)^2 \end{cases}$$

Placer u_0, u_1 et u_2 sur l'axe des abscisses.

Étape 1

On a :

$\forall n \in \mathbb{N}$, $u_{n+1} = f(u_n)$

Avec $\forall x \in \mathbb{R}$, $f(x) = x^2$.

Étape 2

On trace la courbe représentative de f ainsi que la droite d'équation $y = x$ dans un repère.

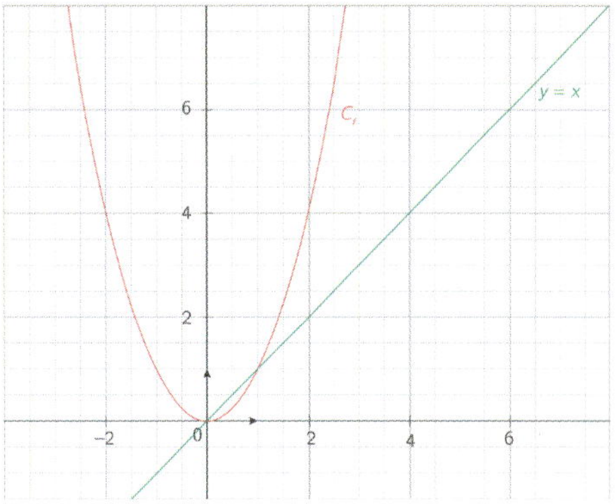

Étape 3

On place $u_0 = \dfrac{3}{2}$ en abscisse.

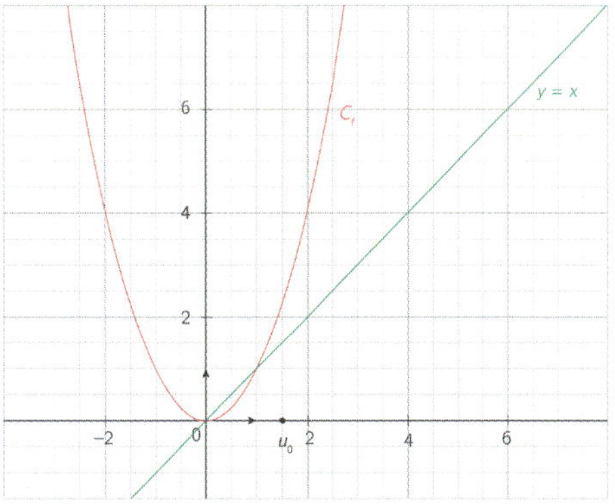

Étape 4

On a $u_1 = f(u_0)$. On place u_1 en s'aidant de C_f et de la droite d'équation $y = x$.

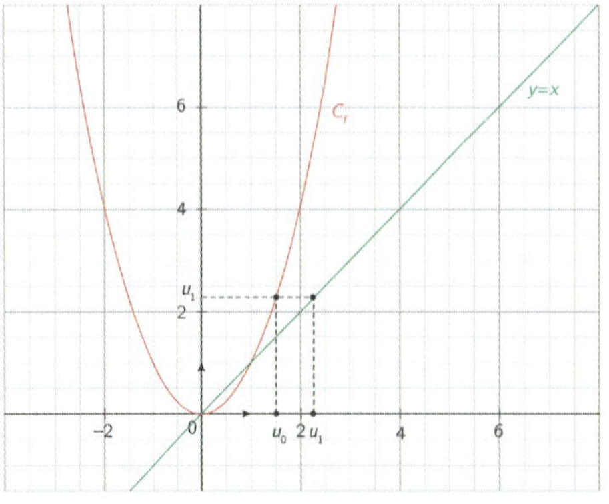

Étape 5

On place ensuite u_2 avec la même technique.

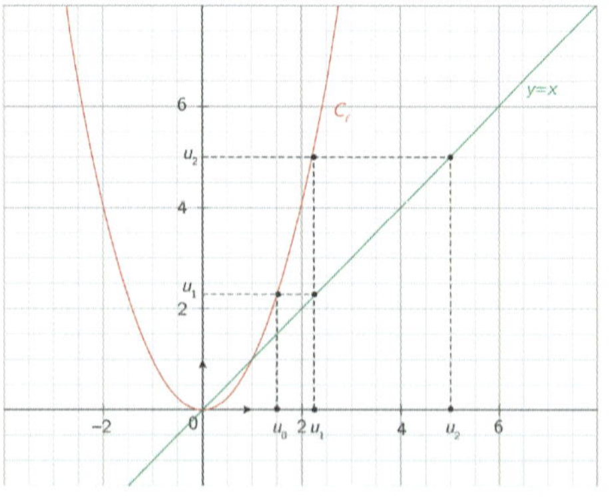

Remarque

En général, on demande de placer les points sur l'axe des abscisses. Si on demande les points $M_n(n;u_n)$, il suffit de conserver la valeur de u_n en ordonnée et de choisir pour abscisse *n*. On obtient alors un nuage de points.

Montrer qu'une suite est arithmétique et donner sa forme explicite

Une suite arithmétique est une suite telle que $\forall n \in \mathbb{R}$, $u_{n+1} = u_n + r$, avec $r \in \mathbb{R}$. On passe d'un terme au suivant en ajoutant toujours le même réel *r*.

Une fois que l'on a identifié une suite arithmétique, on peut donner sa forme explicite.

■ Étape 1 : Calculer $u_{n+1} - u_n$

Pour tout entier *n*, on calcule $u_{n+1} - u_n$.

■ Étape 2 : Conclure que (u_n) est arithmétique

S'il existe un réel *r*, tel que $\forall n \in \mathbb{N}$, $u_{n+1} - u_n = r$, alors on conclut que (u_n) est arithmétique.

On précise la valeur de sa raison *r* et de son premier terme (en général u_0).

Remarque

Lorsque l'on montre que pour tout entier n $u_{n+1} - u_n = r$, la raison *r* doit être un réel qui ne dépend pas de *n*.

Étape 3 : Donner l'écriture explicite de (u_n)

Si (u_n) est arithmétique de raison r et de premier terme u_0, alors :

$\forall n \in \mathbb{N}$, $u_n = u_0 + nr$

Plus généralement, si le premier terme est u_p, alors :

$\forall n \geq p$, $u_n = u_p + (n-p)r$

➡ Exemple

On considère la suite définie par :

$\forall n \in \mathbb{N}$, $u_n = (n+2)^2 - n^2$

Montrer que (u_n) est une suite arithmétique et donner sa forme explicite.

Étape 1

Soit n un entier naturel. On calcule :

$u_{n+1} - u_n$

$= \left[(n+3)^2 - (n+1)^2\right] - \left[(n+2)^2 - n^2\right]$

$u_{n+1} - u_n = \left[n^2 + 6n + 9 - n^2 - 2n - 1\right]$

$- \left[n^2 + 4n + 4 - n^2\right]$

$u_{n+1} - u_n = [4n+8] - [4n+4]$

$u_{n+1} - u_n = 4n + 8 - 4n - 4$

$u_{n+1} - u_n = 4$

Étape 2

$\forall n \in \mathbb{N}$, $u_{n+1} - u_n = 4 \in \mathbb{R}$

Donc (u_n) est arithmétique de raison $r = 4$ et de premier terme $u_0 = (0+2)^2 - 0^2 = 4$.

Étape 3

Comme (u_n) est arithmétique de raison $r = 4$ et de premier terme $u_0 = 4$, alors $\forall n \in \mathbb{N}$, $u_n = u_0 + nr$.

Ainsi :

$\forall n \in \mathbb{N}$, $u_n = 4 + 4n = 4(n+1)$

Montrer qu'une suite est géométrique et donner sa forme explicite

Une suite géométrique est une suite telle que $\forall n \in \mathbb{N}$, $u_{n+1} = u_n \times q$, avec $q \in \mathbb{R}$. On passe d'un terme au suivant en multipliant toujours par le même réel q.

Une fois que l'on a identifié une suite géométrique, on peut donner sa forme explicite.

Étape 1 : Exprimer u_{n+1} en fonction de u_n

Pour tout entier n, on calcule u_{n+1} et on fait apparaître l'expression de u_n, pour pouvoir exprimer u_{n+1} en fonction de u_n.

On cherche à obtenir un résultat de la forme : $u_{n+1} = u_n \times q$, avec $q \in \mathbb{R}$.

Étape 2 : Conclure que (u_n) est géométrique

Si $\forall n \in \mathbb{N}$, $u_{n+1} = u_n \times q$, avec $q \in \mathbb{R}$, alors (u_n) est une suite géométrique.

On précise la valeur de sa raison q et de son premier terme (en général u_0).

Remarque

Lorsque l'on montre que pour tout entier n, $u_{n+1} = u_n \times q$, la raison q doit être un réel qui ne dépend pas de n.

Étape 3 : Donner l'expression de (u_n) en fonction de n

Si (u_n) est géométrique de raison q et de premier terme u_0, alors :

$\forall n \in \mathbb{N}, \; u_n = u_0 \times q^n$

Plus généralement, si le premier terme est u_p, alors :

$\forall n \geq p, \; u_n = u_p \times q^{n-p}$

➡ *Exemple*

Soit la suite (u_n) définie par :

$$\begin{cases} u_0 = 2 \\ \forall n \in \mathbb{N}, u_{n+1} = 3u_n - 1 \end{cases}$$

Soit la suite (v_n) définie par :

$\forall n \in \mathbb{N}, \; v_n = u_n - \dfrac{1}{2}$

Montrer que (v_n) est géométrique. Donner sa forme explicite.

Étape 1

On exprime v_{n+1} :

$\forall n \in \mathbb{N}$,

$$v_{n+1} = u_{n+1} - \frac{1}{2} = 3u_n - 1 - \frac{1}{2} = 3u_n - \frac{3}{2}$$

On exprime ensuite u_n en fonction de v_n.

On sait que :

$\forall n \in \mathbb{N}, \; v_n = u_n - \dfrac{1}{2}$

Donc :

$\forall n \in \mathbb{N}, \; u_n = v_n + \dfrac{1}{2}$

Ainsi :

$\forall n \in \mathbb{N}$,

$$v_{n+1} = 3\left(v_n + \frac{1}{2}\right) - \frac{3}{2} = 3v_n + \frac{3}{2} - \frac{3}{2} = 3v_n$$

Étape 2

Pour tout entier n, on a $v_{n+1} = 3v_n$.

Donc (v_n) est géométrique de raison $q = 3$ et de premier terme $v_0 = u_0 - \dfrac{1}{2} = 2 - \dfrac{1}{2} = \dfrac{3}{2}$.

Étape 3

Comme (v_n) est géométrique de raison $q = 3$ et de premier terme $v_0 = \dfrac{3}{2}$, alors $\forall n \in \mathbb{N}, \; v_n = v_0 \times q^n$.

Ainsi :

$\forall n \in \mathbb{N}, \; v_n = \dfrac{3}{2} \times 3^n$

Remarque

Pour montrer que (u_n) est géométrique, on peut également montrer qu'il existe un réel q tel que pour tout entier n, $\dfrac{u_{n+1}}{u_n} = q$.

Cependant, on ne peut utiliser cette méthode que si l'on a préalablement montré que pour tout entier n, $u_n \neq 0$.

Calculer une somme de termes consécutifs d'une suite

Méthode 1 : Si l'on reconnaît la somme des termes consécutifs d'une suite arithmétique

On sait calculer la somme des entiers naturels de 1 à n, où n est un entier naturel supérieur ou égal à 1.

Étape 1 : Identifier le terme général de la suite

On identifie que $\forall n \in \mathbb{N}$, $S_n = \sum_{k=0}^{n} u_k$ avec (u_n), une suite arithmétique dont on précise la raison r et le premier terme u_0.

Étape 2 : Faire apparaître la somme des entiers de 1 à n

Chaque terme u_k est de la forme $u_0 + kr$.
On sépare la somme en deux :

$$\forall n \in \mathbb{N},\ S_n = \sum_{k=0}^{n} u_0 + \sum_{k=0}^{n} kr$$

En factorisant par r la deuxième somme, on fait apparaître la somme des entiers de 1 à n.

$$\forall n \in \mathbb{N},\ S_n = (n+1)u_0 + r \times \sum_{k=0}^{n} k$$

Étape 3 : Rappeler la formule

On rappelle que, d'après le cours, pour tout entier naturel n supérieur ou égal à 1, on a :

$$\sum_{k=0}^{n} k = 0 + 1 + 2 + \ldots + n = \frac{n(n+1)}{2}$$

Étape 4 : Appliquer la formule

$$\forall n \in \mathbb{N},\ S_n = (n+1)u_0 + r \times \frac{n(n+1)}{2}$$

➡ *Exemple*

Calculer la somme suivante :

$$S = \sum_{k=0}^{n} (3k-2)$$

Étape 1

$\forall n \in \mathbb{N}$, on note $u_n = 3n - 2$.
(u_n) est une suite arithmétique de raison $r = 3$ et de premier terme $u_0 = -2$.

Ainsi, $S = \sum_{k=0}^{n} u_k$.

Étape 2

On sépare en deux sommes :

$$S = \sum_{k=0}^{n} (3k) + \sum_{k=0}^{n} (-2)$$

On factorise la première somme par la raison :

$$S = 3 \times \sum_{k=0}^{n} k - 2(n+1)$$

Étape 3

D'après le cours,

$$\sum_{k=0}^{n} k = 0 + 1 + 2 + \ldots + n = \frac{n(n+1)}{2}$$

Étape 4

$$S = 3 \times \frac{n(n+1)}{2} - 2(n+1)$$

On obtient :

$$S = \frac{(-2 + 3n - 2)(n+1)}{2}$$

$$S = \frac{(3n-4)(n+1)}{2}$$

Méthode 2 : Si l'on reconnaît la somme des termes consécutifs d'une suite géométrique

On sait calculer la somme des q^k pour k variant de 1 à n et $q \neq 1$.

- **Étape 1 : Identifier le terme général de la suite**

On identifie que $\forall n \in \mathbb{N}$, $S_n = \sum_{k=0}^{n} u_k$, avec (u_n) une suite géométrique dont on précise la raison et le premier terme.

- **Étape 2 : Faire apparaître $1 + q + \dots + q^n$**

Chaque terme u_k est du type $u_0 \times q^k$.

$$\forall n \in \mathbb{N},\ S_n = \sum_{k=0}^{n} u_0 \times q^k$$

On factorise par u_0.

$$\forall n \in \mathbb{N},\ S_n = u_0 \times \sum_{k=0}^{n} q^k$$

- **Étape 3 : Rappeler la formule**

Pour tout entier naturel n supérieur ou égal à 1 et pour tout réel $q \neq 1$, on a :

$$\sum_{k=0}^{n} q^k = 1 + q + \dots + q^n = \frac{1 - q^{n+1}}{1 - q}$$

- **Étape 4 : Appliquer la formule**

On obtient, si $q \neq 1$:

$$\forall n \in \mathbb{N},\ S_n = u_0 \times \frac{1 - q^{n+1}}{1 - q}$$

➡ Exemple

Calculer la somme suivante :

$$S = \sum_{k=0}^{n} 3 \times \left(\frac{1}{2}\right)^k$$

Étape 1

$\forall n \in \mathbb{N}$, on note $u_n = 3 \times \left(\frac{1}{2}\right)^n$.

(u_n) est une suite géométrique de raison $q = \frac{1}{2}$ et de premier terme $u_0 = 3$.

Ainsi, $S = \sum_{k=0}^{n} u_k$.

Étape 2

On factorise par u_0 :

$$S = 3 \sum_{k=0}^{n} \left(\frac{1}{2}\right)^k$$

Étape 3

D'après le cours,

$$\sum_{k=0}^{n} q^k = 1 + q + \dots + q^n = \frac{1 - q^{n+1}}{1 - q}.$$

Étape 4

$$S = 3 \times \frac{1 - \left(\frac{1}{2}\right)^{n+1}}{1 - \frac{1}{2}}$$

On obtient :

$$S = 6 \times \left[1 - \left(\frac{1}{2}\right)^{n+1}\right]$$

Méthode 3 : Si le terme général de la somme peut être séparé en un morceau géométrique et un morceau arithmétique ou une constante

On peut calculer la somme des termes consécutifs d'une suite arithmétique et d'une suite géométrique. On peut donc déterminer la somme d'une suite présentant une partie arithmétique et l'autre géométrique.

Étape 1 : Simplifier le terme général

Dans le terme général de la somme, on identifie une partie arithmétique et une partie géométrique.

Si on cherche $\sum w_k$, on écrit que $w_k = u_k + v_k$ avec :

- (u_n), une suite arithmétique dont on précise le premier terme et la raison ;
- (v_n), une suite géométrique dont on précise le premier terme et la raison.

Étape 2 : Utiliser la linéarité

On applique la linéarité de la somme :

$$\sum w_k = \sum (u_k + v_k) = \sum u_k + \sum v_k$$

Étape 3 : Calculer les sommes séparément

On calcule séparément :

- $\sum u_k$, la somme des termes consécutifs d'une suite arithmétique ;
- $\sum v_k$, la somme des termes consécutifs d'une suite géométrique.

Étape 4 : Conclure

On peut alors donner la valeur de $\sum w_k$ en additionnant les deux résultats précédents.

➡ *Exemple*

Calculer la somme suivante :

$$S = \sum_{k=0}^{n} \left[5k + 3 - 4 \times \left(\frac{1}{3} \right)^k \right]$$

Étape 1

On pose $\forall n \in \mathbb{N}$, $u_n = 3 + 2n$ et $\forall n \in \mathbb{N}$, $v_n = -4 \times \left(\frac{1}{3} \right)^n$.

On remarque que $S = \sum_{k=0}^{n} w_k \quad \forall n \in \mathbb{N}$,

$w_n = 3 + 2n - 4 \times \left(\frac{1}{3} \right)^n = u_n + v_n$, où :

(u_n) est une suite arithmétique de raison $r = 2$ et de premier terme $u_0 = 3$.

(v_n) est une suite géométrique de raison $q = \frac{1}{3}$ et de premier terme $u_0 = -4$.

Étape 2

On a :

$$S = \sum_{k=0}^{n} (u_k + v_k)$$

Donc, par linéarité de la somme :

$$S = \sum_{k=0}^{n} u_k + \sum_{k=0}^{n} v_k$$

Étape 3

Comme (u_n) est arithmétique, on sait que :

$$\sum_{k=0}^{n} u_k = \sum_{k=0}^{n} u_0 + r \times \sum_{k=0}^{n} k$$

Ici :

- Le premier terme est $u_0 = 3$.
- La raison est $r = 2$.

On obtient :

$$\sum_{k=0}^{n} u_k = (n+1)\times 3 + 2\times\frac{n(n+1)}{2}$$

$$\sum_{k=0}^{n} u_k = \frac{(6+2n)(n+1)}{2}$$

$$\sum_{k=0}^{n} u_k = (n+3)(n+1)$$

Comme (v_n) est géométrique, on sait que :

$$\sum_{k=0}^{n} v_k = \sum_{k=0}^{n} v_0 q^k$$

$$\sum_{k=0}^{n} v_k = v_0 \times \sum_{k=0}^{n} q^k$$

$$\sum_{k=0}^{n} v_k = v_0 \times \frac{1-q^{n+1}}{1-q}$$

Ici :

- Le premier terme est $v_0 = -4$.
- La raison est $q = \frac{1}{3}$.

On obtient :

$$\sum_{k=0}^{n} v_k = -4\times\frac{1-\left(\frac{1}{3}\right)^{n+1}}{1-\frac{1}{3}}$$

$$\sum_{k=0}^{n} v_k = -4\times\frac{3}{2}\times\left[1-\left(\frac{1}{3}\right)^{n+1}\right]$$

$$\sum_{k=0}^{n} v_k = -6\times\left[1-\left(\frac{1}{3}\right)^{n+1}\right]$$

Étape 4

On obtient finalement :

$$S = \sum_{k=0}^{n} u_k + \sum_{k=0}^{n} v_k$$

$$S = (n+3)(n+1) - 6\times\left[1-\left(\frac{1}{3}\right)^{n+1}\right]$$

Exercice n° 1

Calculer les termes u_0, u_1, u_2 et u_3 pour la suite définie par :

$$\forall n \in \mathbb{N},\ u_n = \frac{1}{n+1} + 3n^2$$

Exercice n° 2

On considère la suite (u_n) définie par :

$$\begin{cases} u_0 = 2 \\ \forall n \in \mathbb{N},\ u_{n+1} = 2u_n + 3 \end{cases}$$

Calculer u_0, u_1, u_2 et u_3.

Exercice n° 3

On considère la suite (u_n) définie par :

$$\begin{cases} u_0 = 0 \\ \forall n \in \mathbb{N},\ u_{n+1} = \sqrt{1 + u_n} \end{cases}$$

1. Déterminer une fonction f définie sur $[-1;+\infty[$ telle que $\forall n \in \mathbb{N}, u_{n+1} = f(u_n)$.
2. Sur un graphique, à l'aide de C_f, placer en abscisse les termes u_0, u_1, u_2 et u_3.

Exercice n° 4

On donne la suite définie par :

$$\forall n \in \mathbb{N}, u_n = 3n - 2$$

La suite (u_n) est-elle arithmétique ? Si oui, donner son premier terme et sa raison.

Exercice n° 5

On donne la suite définie par :

$$\forall n \in \mathbb{N}, u_n = 3 \times 2^n$$

(u_n) est-elle géométrique ? Si oui, préciser sa raison et son premier terme.

Exercice n° 6

Soit (u_n) une suite arithmétique telle que $u_4 = 6$ et $u_{10} = 30$.
Déterminer son premier terme u_0 et sa raison r.

Exercice n° 7

Soit (u_n) une suite géométrique telle que $u_4 = 6$ et $u_6 = 24$. On sait que sa raison est positive.
Déterminer son premier terme u_0 et sa raison q.

Exercice n° 8

Calculer la somme suivante :

$$S = \sum_{k=0}^{n} \left(3k + 2 - 5^k\right)$$

Encore plus d'exercices sur **Kartable.fr**

Exercice n° 1

$$\forall n \in \mathbb{N},\ u_n = \frac{1}{n+1} + 3n^2$$

$$u_0 = \frac{1}{0+1} + 3 \times 0^2 = 1$$

$$u_1 = \frac{1}{1+1} + 3 \times 1^2 = \frac{1}{2} + 3 = \frac{7}{2}$$

$$u_2 = \frac{1}{1+2} + 3 \times 2^2 = \frac{1}{3} + 12 = \frac{37}{3}$$

$$u_3 = \frac{1}{1+3} + 3 \times 3^2 = \frac{1}{4} + 27 = \frac{109}{4}$$

→ $u_0 = 1$

→ $u_1 = \frac{7}{2}$

→ $u_2 = \frac{37}{3}$

→ $u_3 = \frac{109}{4}$

Exercice n° 2

La suite est définie par récurrence, c'est-à-dire que chaque terme se calcule en fonction de celui qui le précède.
D'après l'énoncé, $u_0 = 2$.

Étape 1 : Calcul de u_1

On remplace n par 0 dans la relation de récurrence.
On obtient :

$u_1 = 2u_0 + 3$

Et, comme $u_0 = 2$, on a :

$u_1 = 2 \times 2 + 3$

$u_1 = 7$

Étape 2 : Calcul de u_2

On remplace n par 1 dans la relation de récurrence.

On obtient :

$u_2 = 2u_1 + 3$

Et, comme $u_1 = 7$, on a :

$u_2 = 2 \times 7 + 3$

$u_2 = 17$

Étape 3 : Calcul de u_3

On remplace n par 2 dans la relation de récurrence.

On obtient :

$u_3 = 2u_2 + 3$

Et, comme $u_2 = 17$, on a :

$u_3 = 2 \times 17 + 3$

$u_3 = 37$

Ainsi :

→ $u_0 = 2$, $u_1 = 7$, $u_2 = 17$ et $u_3 = 37$

Exercice n° 3

1. Tracer C_f la courbe représentative de f dans un repère orthonormal.

   On pose la fonction f définie sur $[-1;+\infty[$ par :

   $\forall x \in [-1;+\infty[, f(x) = \sqrt{1+x}$

   On a $f(u_n) = \sqrt{1+u_n}$.

   Donc :

   $\forall n \in \mathbb{N}, u_{n+1} = f(u_n)$, avec $\forall x \in [-1;+\infty[, f(x) = \sqrt{1+x}$

   On trace la courbe représentative de f dans un repère orthonormal :

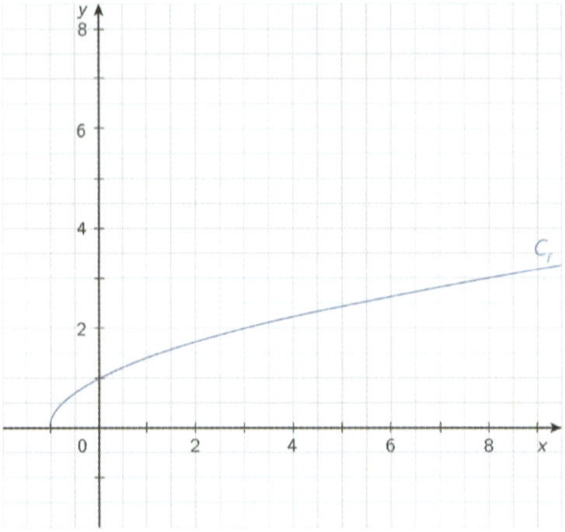

2. On trace d'abord la droite d'équation $y = x$ sur le même graphique.

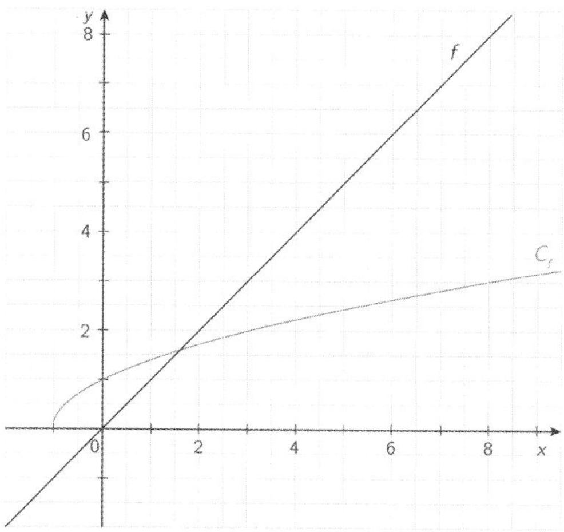

On place ensuite u_0 sur l'axe des abscisses.
On sait que $u_1 = f(u_0)$. On peut donc placer u_1 en ordonnée grâce à la courbe C_f.
Ensuite, on peut reporter u_1 sur l'axe des abscisses en utilisant la droite d'équation $y = x$.
De même, on sait que $u_2 = f(u_1)$. On peut donc placer u_2 en ordonnée grâce à la courbe C_f. Ensuite, on peut reporter u_2 sur l'axe des abscisses en utilisant la droite d'équation $y = x$.
Par la même méthode, on place u_3 sur l'axe des abscisses.
On obtient le graphique suivant :

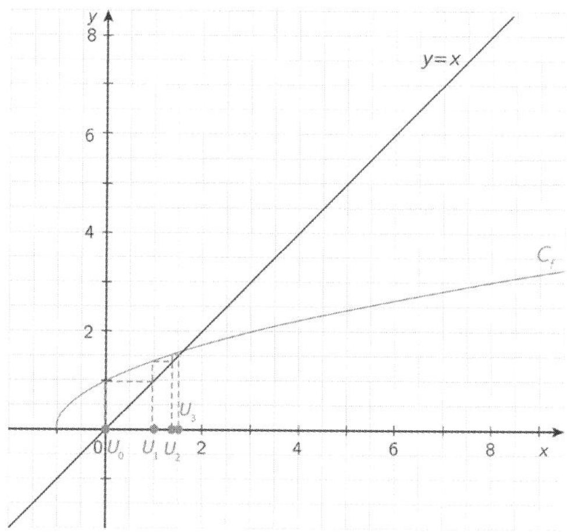

Exercice n° 4

La suite (u_n) est arithmétique si et seulement s'il existe un réel r tel que :

$\forall n \in \mathbb{N},\ u_{n+1} - u_n = r$

Soit $n \in \mathbb{N}$. On calcule :

$u_{n+1} - u_n = 3(n+1) - 2 - (3n-2) = 3$

Donc ici, on a bien :

$\forall n \in \mathbb{N},\ u_{n+1} - u_n = 3$ avec $3 \in \mathbb{R}$

De plus, on a :

$u_0 = -2$

→ La suite (u_n) est donc arithmétique de raison $r = 3$ et de premier terme $u_0 = -2$.

Exercice n° 5

$\forall n \in \mathbb{N},\ u_n = 3 \times 2^n$

On reconnaît l'écriture d'une suite géométrique $u_n = u_0 \times q^n$, avec $u_0 = 3$ et $q = 2$.

→ La suite (u_n) est donc une suite géométrique de premier terme $u_0 = 3$ et de raison $q = 2$.

Exercice n° 6

(u_n) est une suite arithmétique de raison r et de premier terme u_0, donc :

$\forall n \in \mathbb{N},\ u_n = u_0 + nr$

Or, on sait que :

$$\begin{cases} u_4 = 6 \\ u_{10} = 30 \end{cases}$$

On remplace par l'expression de u_n et on obtient le système suivant :

$$\begin{cases} 6 = u_0 + 4r \\ 30 = u_0 + 10r \end{cases}$$

On soustrait les deux lignes pour éliminer u_0 de la deuxième ligne :

$$\begin{cases} 6 = u_0 + 4r \\ 24 = 6r \end{cases}$$

$$\begin{cases} 6 = u_0 + 4r \\ r = 4 \end{cases}$$

On remplace enfin dans la première ligne pour obtenir la valeur de u_0 :

$$\begin{cases} 6 = u_0 + 16 \\ r = 4 \end{cases}$$

$$\begin{cases} u_0 = -10 \\ r = 4 \end{cases}$$

→ Ainsi, (u_n) est une suite arithmétique de raison $r = 4$ et de premier terme $u_0 = -10$.

Exercice n° 7

(u_n) est une suite géométrique de raison q et de premier terme u_0, donc :

$\forall n \in \mathbb{N},\ u_n = u_0 \times q^n$

Or, on sait que :

$$\begin{cases} u_4 = 6 \\ u_6 = 24 \end{cases}$$

On remplace par l'expression de u_n et on obtient le système suivant :

$$\begin{cases} 6 = u_0 \times q^4 \\ 24 = u_0 \times q^6 \end{cases}$$

Or, on sait que $q^6 = q^4 \times q^2$, on obtient donc :

$$\begin{cases} 6 = u_0 \times q^4 \\ 24 = u_0 \times q^4 \times q^2 \end{cases}$$

Et, par substitution :

$$\begin{cases} 6 = u_0 \times q^4 \\ 24 = 6 \times q^2 \end{cases}$$

$$\begin{cases} 6 = u_0 \times q^4 \\ q^2 = \dfrac{24}{6} = 4 \end{cases}$$

Or, d'après l'énoncé, on sait que la raison est positive, on obtient donc :

$$\begin{cases} 6 = u_0 \times q^4 \\ q = 2 \end{cases}$$

$$\begin{cases} 6 = u_0 \times 2^4 \\ q = 2 \end{cases}$$

$$\begin{cases} 6 = 16u_0 \\ q = 2 \end{cases}$$

$$\begin{cases} u_0 = \dfrac{3}{8} \\ q = 2 \end{cases}$$

→ Ainsi, (u_n) est une suite géométrique de raison $q = 2$ et de premier terme $u_0 = \dfrac{3}{8}$.

Exercice n° 8

Étape 1 : Séparation de la somme

$$S = \sum_{k=0}^{n} (3k + 2 - 5^k)$$

On pose :

- $\forall n \in \mathbb{N},\ u_n = 3n + 2$
- $\forall n \in \mathbb{N},\ v_n = 5^n$

On reconnaît que :

- la suite (u_n) est arithmétique de raison $r = 3$ et de premier terme $u_0 = 2$;
- la suite (v_n) est géométrique de raison $q = 5$ et de premier terme $v_0 = 1$.

On sait calculer la somme des termes consécutifs des suites arithmétiques et des suites géométriques. On transforme l'expression de S afin de faire apparaître ces deux types de sommes :

$$S = \sum_{k=0}^{n} (3k + 2 - 5^k)$$

$$S = \sum_{k=0}^{n} (u_k - v_k)$$

$$S = u_0 - v_0 + u_1 - v_1 + ... + u_n - v_n$$

On regroupe les termes respectifs de (u_n) et de (v_n) :

$$S = (u_0 + u_1 + ... + u_n) - (v_0 + v_1 + ... + v_n)$$

$S = S_1 - S_2$, avec :

- S_1 la somme des termes consécutifs de la suite arithmétique (u_n) ;
- S_2 la somme des termes consécutifs de la suite géométrique (v_n).

Étape 2 : Calcul de S_1

On sépare la somme en deux :

$$S_1 = \sum_{k=0}^{n} 3k + \sum_{k=0}^{n} 2$$

On factorise la première somme par u_0 :

$$S_1 = 3 \times \sum_{k=0}^{n} k + 2(n+1)$$

On sait que :

$$\sum_{k=0}^{n} k = \frac{n(n+1)}{2}$$

On obtient finalement :

$$S_1 = 3 \times \frac{n(n+1)}{2} + 2(n+1)$$

$$S_1 = \frac{(3n+4)(n+1)}{2}$$

Étape 3 : Calcul de S_2

On sait que la somme des q^k, avec $q \neq 1$, est donnée par la formule :

$$\sum_{k=0}^{n} q^k = 1 + q + \ldots + q^n = \frac{1-q^{n+1}}{1-q}$$

On obtient donc :

$$S_2 = \frac{1-5^{n+1}}{1-5}$$

$$S_2 = -\frac{1}{4} \times \left(1-5^{n+1}\right)$$

Étape 4 : Calcul de S

$$S = S_1 - S_2$$

$$S = \frac{(3n+4)(n+1)}{2} + \frac{1}{4} \times \left(1-5^{n+1}\right)$$

$$S = \frac{(3n+4)(n+1)}{2} + \frac{1-5^{n+1}}{4}$$

Chapitre 6

La trigonométrie

I. Les angles orientés

A. Les radians

Définition

Le radian est une unité de mesure angulaire, notée rad et définie par :

$$\pi \text{ rad} = 180^\circ$$

Remarque

À partir de ce chapitre, tous les angles sont exprimés par défaut en radians. Les mesures remarquables suivantes sont à connaître :

Radians	0	$\frac{\pi}{6}$	$\frac{\pi}{4}$	$\frac{\pi}{3}$	$\frac{\pi}{2}$	π	2π
Degrés	0	30	45	60	90	180	360

Propriété

La longueur de l'arc de cercle de rayon R et d'angle α rad est égale à : αR

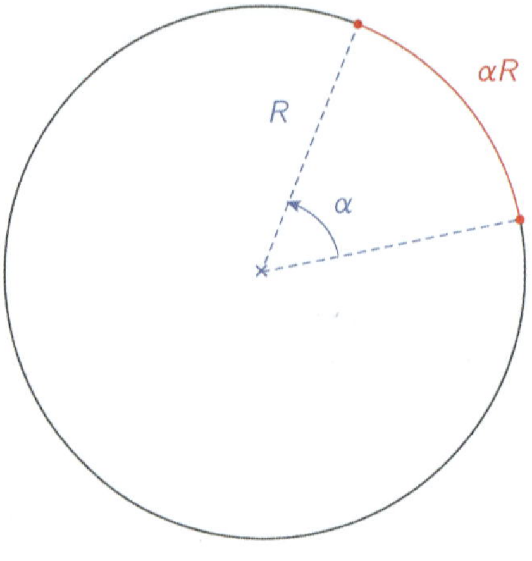

B. Le cercle trigonométrique

Le plan est rapporté à un repère orthonormal $(O;\vec{i};\vec{j})$. On désigne les points $I(1;0)$ et $J(0;1)$.

Définition

On appelle cercle trigonométrique le cercle de centre O, de rayon 1, et dont le sens positif est le sens direct (sens inverse des aiguilles d'une montre).

Propriété

Chaque point A du cercle peut être associé à un réel égal à la longueur de l'arc de cercle $\overset{\frown}{IA}$.

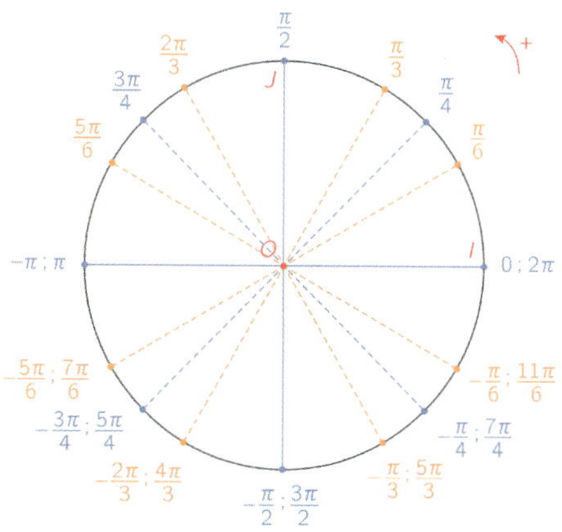

Propriété

Deux réels a et b peuvent être associés au même point du cercle, si et seulement s'il existe un entier k tel que : $a-b=2k\pi$. Le réel a est alors égal au réel b modulo 2π et on note : $a=b\ [2\pi]$.

■ ***Exemple***

$$\frac{8\pi}{3}-\frac{2\pi}{3}=\frac{6\pi}{3}=2\pi$$

Ainsi, on peut écrire :

$$\frac{8\pi}{3}=\frac{2\pi}{3}[2\pi]$$

Les réels $\frac{8\pi}{3}$ et $\frac{2\pi}{3}$ sont donc associés au même point du cercle trigonométrique.

Remarque

Le sens indirect correspond au sens négatif (sens des aiguilles d'une montre).

C. L'angle orienté de deux vecteurs

Le plan est rapporté à un repère orthonormal $(O;\vec{i};\vec{j})$.

Définition

Soient $\vec{u}$ et $\vec{v}$ deux vecteurs non nuls.
On appelle angle orienté des deux vecteurs $\vec{u}$ et $\vec{v}$ le couple $(\vec{u};\vec{v})$.

Définition

Soient $\vec{u}$ et $\vec{v}$ deux vecteurs non nuls. Soient M et N les points du cercle trigonométrique tels que :

- $\overrightarrow{OM}$ est colinéaire à $\vec{u}$ et de même sens.
- $\overrightarrow{ON}$ est colinéaire à $\vec{v}$ et de même sens.

Soient x et y deux réels associés aux points M et N du cercle trigonométrique.
On appelle mesure de l'angle orienté $(\vec{u};\vec{v})$ le réel $y-x$.

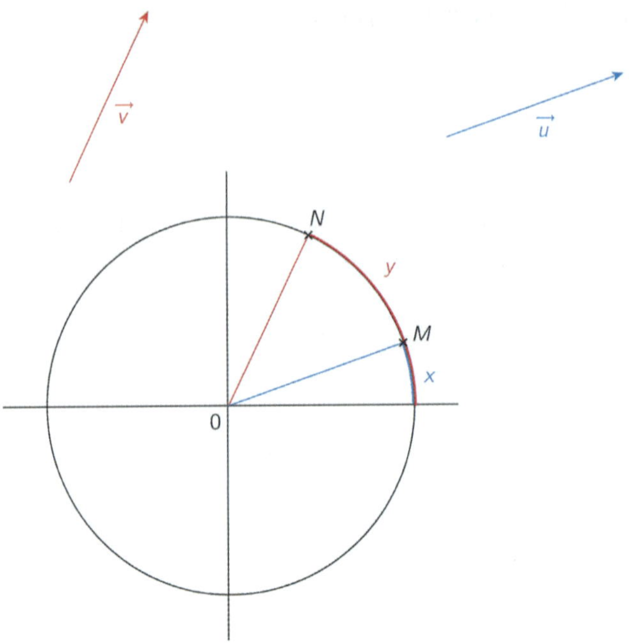

Remarque

Si α est une mesure de l'angle orienté $(\vec{u};\vec{v})$, alors pour tout entier k, le réel $\alpha + 2k\pi$ est également une mesure de l'angle orienté $(\vec{u};\vec{v})$. On dit que l'angle orienté $(\vec{u};\vec{v})$ a pour mesure α $[2\pi]$, et on note :

$$(\vec{u};\vec{v}) = \alpha \ [2\pi]$$

■ **Exemple**

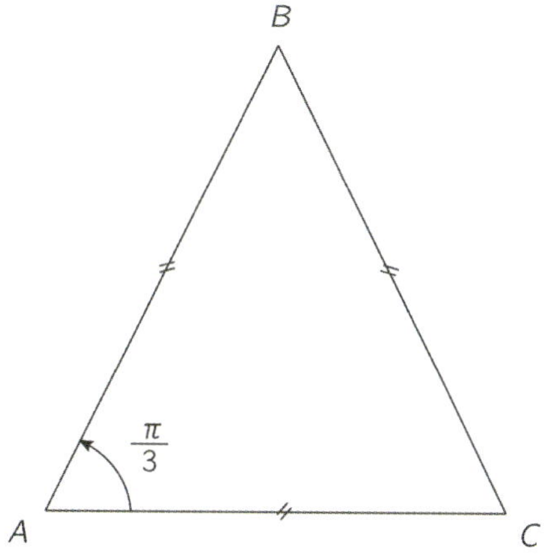

Le triangle ABC est équilatéral, donc $(\overrightarrow{AC};\overrightarrow{AB}) = \frac{\pi}{3}$ $[2\pi]$.

On a également $(\overrightarrow{AB};\overrightarrow{AC}) = -\frac{\pi}{3}$ $[2\pi]$.

Définition

Soient deux vecteurs non nuls $\vec{u}$ et $\vec{v}$.
On appelle mesure principale de l'angle $(\vec{u};\vec{v})$, son unique mesure comprise dans l'intervalle (d'amplitude 2π) :

$$]-\pi;\pi]$$

■ **Exemple**

Soit l'angle orienté $(\vec{u};\vec{v}) = \frac{7\pi}{2}$ $[2\pi]$.

Le réel $\frac{7\pi}{2}$ étant supérieur à π, il ne s'agit pas de la mesure principale de l'angle $(\vec{u};\vec{v})$. Pour la déterminer, on soustrait une première fois la valeur 2π :

$(\vec{u};\vec{v}) = \frac{7\pi}{2} - \frac{4\pi}{2} = \frac{3\pi}{2}$ $[2\pi]$

Le réel $\frac{3\pi}{2}$ étant également supérieur à π, on soustrait une nouvelle fois la valeur 2π :

$(\vec{u};\vec{v}) = \frac{3\pi}{2} - \frac{4\pi}{2} = -\frac{\pi}{2}\ [2\pi]$

De plus :

$-\frac{\pi}{2} \in]-\pi;\pi]$

La mesure principale de l'angle $(\vec{u};\vec{v})$ est donc $-\frac{\pi}{2}$.

Remarque

Un angle orienté admet une infinité de mesures, toutes égales modulo 2π.

D. Propriétés des angles orientés

Théorème

Relation de Chasles

Soient trois vecteurs non nuls $\vec{u}$, $\vec{v}$ et $\vec{w}$. Alors :

$$(\vec{u};\vec{v}) + (\vec{v};\vec{w}) = (\vec{u};\vec{w})[2\pi]$$

■ ***Exemple***

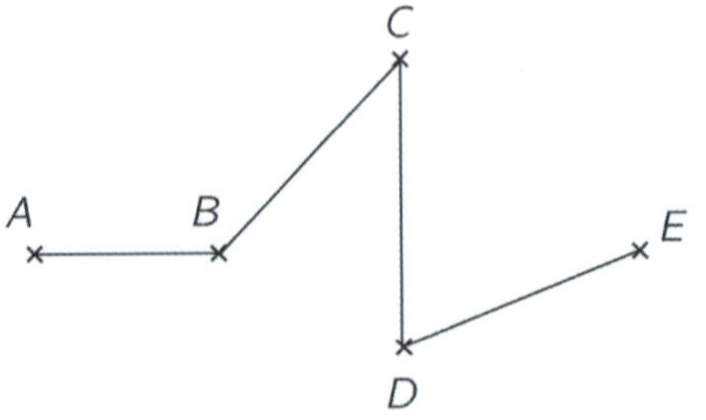

D'après la relation de Chasles :

$(\overrightarrow{AB};\overrightarrow{DE}) = (\overrightarrow{AB};\overrightarrow{BC}) + (\overrightarrow{BC};\overrightarrow{CD}) + (\overrightarrow{CD};\overrightarrow{DE})\ [2\pi]$

Propriété

Soient $\vec{u}$ et $\vec{v}$ deux vecteurs non nuls.

$$(\vec{v};\vec{u}) = -(\vec{u};\vec{v})\ [2\pi]$$

■ ***Exemple***

On admet que :

$(\overrightarrow{AB};\overrightarrow{AC}) = -\frac{\pi}{6}[2\pi]$

Dans ce cas, on a :

$(\overrightarrow{AC};\overrightarrow{AB}) = \frac{\pi}{6}[2\pi]$

Propriété

Soient $\vec{u}$ et $\vec{v}$ deux vecteurs non nuls, a et b deux réels non nuls.

➡ **Cas 1 : Si *ab* > 0**

$(a\vec{u};b\vec{v}) = (\vec{u};\vec{v})\ [2\pi]$

➡ **Cas 2 : Si *ab* < 0**

$(a\vec{u};b\vec{v}) = (\vec{u};\vec{v}) + \pi\ [2\pi]$

■ ***Exemple***

Soit $(\overrightarrow{AB};\overrightarrow{AC}) = -\frac{\pi}{5}\ [2\pi]$.

On a :

$\left(-5\overrightarrow{AB};-\frac{1}{3}\overrightarrow{AC}\right) = (\overrightarrow{AB};\overrightarrow{AC})\ [2\pi] = -\frac{\pi}{5}\ [2\pi]$ car $-5\times\left(-\frac{1}{3}\right) > 0$

En revanche :

$\left(5\overrightarrow{AB};-\frac{1}{3}\overrightarrow{AC}\right) = (\overrightarrow{AB};\overrightarrow{AC}) + \pi\ [2\pi] = -\frac{\pi}{5} + \pi\ [2\pi] = \frac{4\pi}{5}\ [2\pi]$ car $5\times\left(-\frac{1}{3}\right) < 0$

II. Le cosinus et le sinus

A. Caractérisation sur le cercle trigonométrique

Théorème

Soient un réel x et M le point du cercle trigonométrique associé à x. Les coordonnées de M dans le repère sont :

$$M\ (\cos(x);\sin(x))$$

Autrement dit, on a :

$$\overrightarrow{OM} = \cos(x)\vec{i} + \sin(x)\vec{j}$$

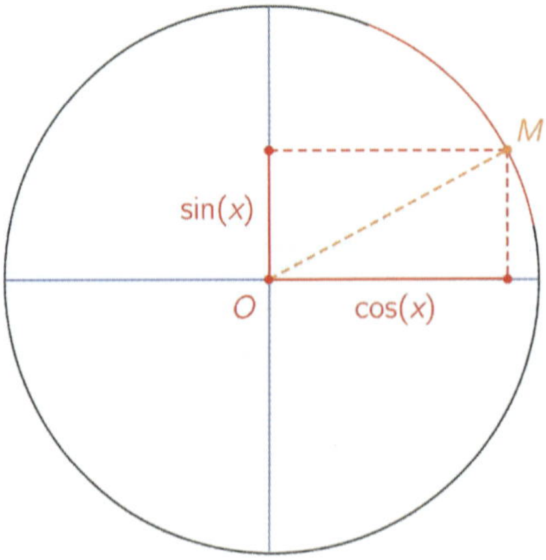

Propriété

Pour tout réel x :

$$\cos^2(x) + \sin^2(x) = 1$$

■ ***Exemple***

$$\sin^2\left(\frac{\pi}{4}\right) + \cos^2\left(\frac{\pi}{4}\right) = \left(\frac{\sqrt{2}}{2}\right)^2 + \left(\frac{\sqrt{2}}{2}\right)^2 = \frac{2}{4} + \frac{2}{4} = 1$$

Propriété

Pour tout réel x :

$$-1 \leq \cos(x) \leq 1$$

$$-1 \leq \sin(x) \leq 1$$

Propriété

Pour tout réel x et pour tout entier k :

$$\cos(x + 2k\pi) = \cos(x)$$

$$\sin(x + 2k\pi) = \sin(x)$$

■ *Exemple*

$$\cos\left(\frac{8\pi}{3}\right)=\cos\left(\frac{2\pi}{3}+2\pi\right)=\cos\left(\frac{2\pi}{3}\right)$$

B. Les valeurs remarquables

Les valeurs remarquables de cos et sin sont les suivantes :

x	0	$\frac{\pi}{6}$	$\frac{\pi}{4}$	$\frac{\pi}{3}$	$\frac{\pi}{2}$
$\sin(x)$	0	$\frac{1}{2}$	$\frac{\sqrt{2}}{2}$	$\frac{\sqrt{3}}{2}$	1
$\cos(x)$	1	$\frac{\sqrt{3}}{2}$	$\frac{\sqrt{2}}{2}$	$\frac{1}{2}$	0

C. Les formules des angles associés

Pour tout réel x :

$$\cos(-x)=\cos(x) \text{ et } \sin(-x)=-\sin(x)$$
$$\cos(\pi-x)=-\cos(x) \text{ et } \sin(\pi-x)=\sin(x)$$
$$\cos(\pi+x)=-\cos(x) \text{ et } \sin(\pi+x)=-\sin(x)$$
$$\cos\left(\frac{\pi}{2}-x\right)=\sin(x) \text{ et } \sin\left(\frac{\pi}{2}-x\right)=\cos(x)$$
$$\cos\left(\frac{\pi}{2}+x\right)=-\sin(x) \text{ et } \sin\left(\frac{\pi}{2}+x\right)=\cos(x)$$

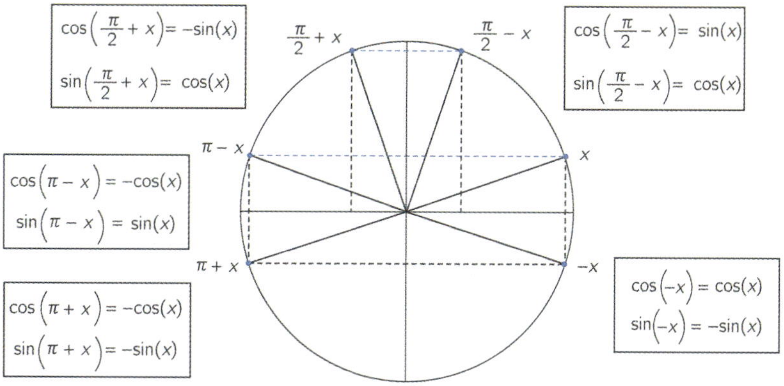

■ **Exemple**

$$\cos\left(\frac{7\pi}{6}\right)=\cos\left(\pi+\frac{\pi}{6}\right)=-\cos\left(\frac{\pi}{6}\right)=-\frac{\sqrt{3}}{2}$$

$$\sin\left(\frac{-7\pi}{6}\right)=\sin\left(\frac{\pi}{2}-\frac{5\pi}{3}\right)=\cos\left(\frac{5\pi}{3}\right)$$

D. Formules d'addition et de duplication

Théorème

Pour tous les réels a et b :

$$\cos(a-b)=\cos(a)\cos(b)+\sin(a)\sin(b)$$
$$\cos(a+b)=\cos(a)\cos(b)-\sin(a)\sin(b)$$
$$\sin(a-b)=\sin(a)\cos(b)-\cos(a)\sin(b)$$
$$\sin(a+b)=\sin(a)\cos(b)+\cos(a)\sin(b)$$

■ **Exemple**

On remarque que :

$$\cos\left(\frac{\pi}{12}\right)=\cos\left(\frac{\pi}{3}-\frac{\pi}{4}\right)=\cos\left(\frac{\pi}{3}\right)\cos\left(\frac{\pi}{4}\right)+\sin\left(\frac{\pi}{3}\right)\sin\left(\frac{\pi}{4}\right)$$

On a donc :

$$\cos\left(\frac{\pi}{12}\right)=\frac{1}{2}\times\frac{\sqrt{2}}{2}+\frac{\sqrt{3}}{2}\times\frac{\sqrt{2}}{2}=\frac{\sqrt{2}+\sqrt{6}}{4}$$

Théorème

Pour tout réel x :

$$\begin{aligned}\cos(2x)&=\cos^2(x)-\sin^2(x)\\&=2\cos^2(x)-1\\&=1-2\sin^2(x)\end{aligned}$$

De plus :

$$\sin(2x)=2\sin(x)\cos(x)$$

■ **Exemple**

$$\sin\left(\frac{2\pi}{3}\right)=\sin\left(2\times\frac{\pi}{3}\right)=2\sin\left(\frac{\pi}{3}\right)\cos\left(\frac{\pi}{3}\right)=2\times\frac{\sqrt{3}}{2}\times\frac{1}{2}=\frac{\sqrt{3}}{2}$$

III. Les équations trigonométriques

A. Les équations du type cos(x) = cos(a)

Théorème

Soit un réel a. On a :

$$\cos(x) = \cos(a) \Leftrightarrow \begin{cases} x = a\ [2\pi] \\ \text{ou} \\ x = -a\ [2\pi] \end{cases}$$

C'est-à-dire :

$$\cos(x) = \cos(a) \Leftrightarrow \begin{cases} x = a + 2k\pi, k \in \mathbb{Z} \\ \text{ou} \\ x = -a + 2k\pi, k \in \mathbb{Z} \end{cases}$$

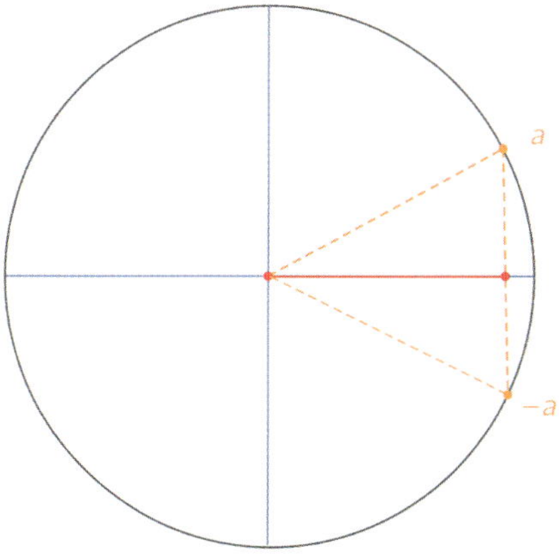

■ ***Exemple***

On se propose de résoudre l'équation $\cos(x) = \cos(\frac{\pi}{4})$ dans $\mathbb{R}$.

Les solutions sont les réels x définis par :

- $x = \frac{\pi}{4} + 2k\pi$ avec $k \in \mathbb{Z}$
- $x = -\frac{\pi}{4} + 2k\pi$ avec $k \in \mathbb{Z}$

B. Les équations du type sin(x) = sin(a)

Théorème

Équation de la forme sin(x) = sin(a)

Soit un réel a.

$$\sin(x)=\sin(a) \Leftrightarrow \begin{cases} x = a\ [2\pi] \\ \text{ou} \\ x = \pi - a\ [2\pi] \end{cases}$$

C'est-à-dire :

$$\sin(x)=\sin(a) \Leftrightarrow \begin{cases} x = a + 2k\pi, k \in \mathbb{Z} \\ \text{ou} \\ x = \pi - a + 2k\pi, k \in \mathbb{Z} \end{cases}$$

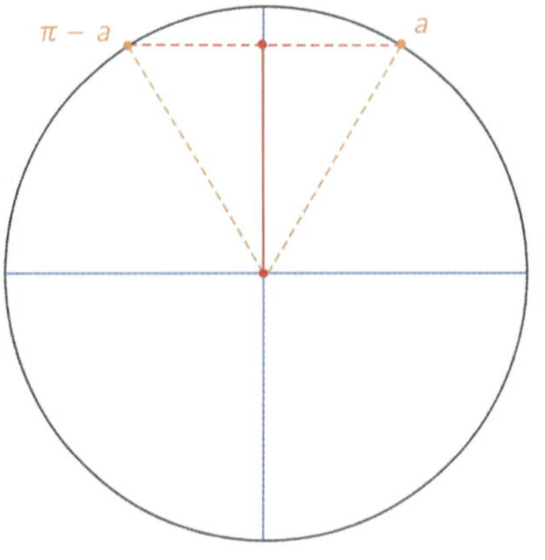

■ ***Exemple***

On se propose de résoudre l'équation $\sin(x)=\sin\left(\frac{\pi}{3}\right)$ dans $\mathbb{R}$.
Les solutions sont les réels x tels que :

- $x=\frac{\pi}{3}+2k\pi$ avec $k \in \mathbb{Z}$
- $x=\pi-\frac{\pi}{3}+2k\pi=\frac{2\pi}{3}+2k\pi$ avec $k \in \mathbb{Z}$

Remarque

Si on a une équation du type $\cos(x) = \sin(a)$ ou $\sin(x) = \cos(a)$, on peut se ramener à une équation des deux types précédents en utilisant des angles associés.

- On peut, par exemple, remplacer $\sin(a)$ par $\cos\left(\frac{\pi}{2} - a\right)$. L'équation devient $\cos(x) = \cos\left(\frac{\pi}{2} - a\right)$.
- On peut également remplacer $\cos(a)$ par $\sin\left(\frac{\pi}{2} - a\right)$. L'équation devient $\sin(x) = \sin\left(\frac{\pi}{2} - a\right)$.

Rechercher la mesure principale d'un angle

Un angle α possède une infinité de mesures en radians. La mesure principale d'un angle est la mesure qui appartient à $]-\pi;\pi]$.

Étape 1 : Chercher $k \in \mathbb{Z}$ tel que $\alpha + 2k\pi \in]-\pi;\pi]$

On cherche à déterminer la mesure principale de l'angle α.

On écrit que l'on cherche $k \in \mathbb{Z}$ tel que :

$-\pi < \alpha + 2k\pi \leq \pi$

On résout cette inéquation pour obtenir un encadrement de k :

$-\pi - \alpha < 2k\pi \leq \pi - \alpha$

Soit :

$$\frac{-\pi-\alpha}{2\pi} < k \leq \frac{\pi-\alpha}{2\pi}$$

On calcule ensuite une valeur approchée de $\frac{-\pi-\alpha}{2\pi}$ et de $\frac{\pi-\alpha}{2\pi}$, et on choisit la valeur de $k \in \mathbb{Z}$ vérifiant l'inégalité.

Piège k doit être un entier relatif.

Étape 2 : Déterminer la mesure principale

Pour la valeur de k déterminée précédemment, on calcule $\alpha + k2\pi$.

La valeur trouvée est la mesure principale de l'angle α.

Exemple

Déterminer la mesure principale de l'angle $\frac{153\pi}{6}$.

Étape 1

On cherche l'entier relatif k tel que $-\pi < \frac{153\pi}{6} + k2\pi \leq \pi$. On résout :

$$-\pi < \frac{153\pi}{6} + k2\pi \leq \pi$$

$$\Leftrightarrow -\pi - \frac{153\pi}{6} < +2k\pi \leq \pi - \frac{153\pi}{6}$$

$$\Leftrightarrow -\frac{159\pi}{6} < 2k\pi \leq -\frac{147\pi}{6}$$

$$\Leftrightarrow -\frac{159\pi}{6\times 2\pi} < k \leq -\frac{147\pi}{6\times 2\pi}$$

$$\Leftrightarrow -\frac{159}{12} < k \leq -\frac{147}{12}$$

Or :

- $-\frac{159}{12} = -13,25$
- $-\frac{147}{12} = -12,25$

On en déduit donc que $k = -13$.

Étape 2

On calcule $\frac{153\pi}{6} + 2k\pi$ avec la valeur de k trouvée précédemment :

$$\frac{153\pi}{6} - 13 \times 2\pi = \frac{153\pi}{6} - 26\pi$$

$$\frac{153\pi}{6} - 13 \times 2\pi = \frac{153\pi}{6} - \frac{26\pi \times 6}{6}$$

$$\frac{153\pi}{6} - 13 \times 2\pi = \frac{153\pi - 156\pi}{6}$$

$$\frac{153\pi}{6} - 13 \times 2\pi = \frac{-3\pi}{6}$$

$$\frac{153\pi}{6} - 13 \times 2\pi = \frac{-\pi}{2}$$

La mesure principale de l'angle $\frac{153\pi}{6}$ est donc $-\frac{\pi}{2}$.

Déterminer le sinus ou le cosinus des angles associés

Les formules des angles associés permettent de calculer les valeurs de cosinus ou de sinus d'angles qui ne font pas partie des angles remarquables.

Étape 1 : Reconnaître l'angle associé

On reconnaît que l'angle β que l'on cherche à déterminer peut s'écrire comme étant un angle associé, soit, avec α, un angle remarquable :

- $\beta = -\alpha$
- $\beta = \pi + \alpha$
- $\beta = \pi - \alpha$
- $\beta = \frac{\pi}{2} + \alpha$
- $\beta = \frac{\pi}{2} - \alpha$

Étape 2 : Réciter la formule du cours

D'après le cours, on connaît les formules des angles associés, récapitulées sur le cercle trigonométrique suivant :

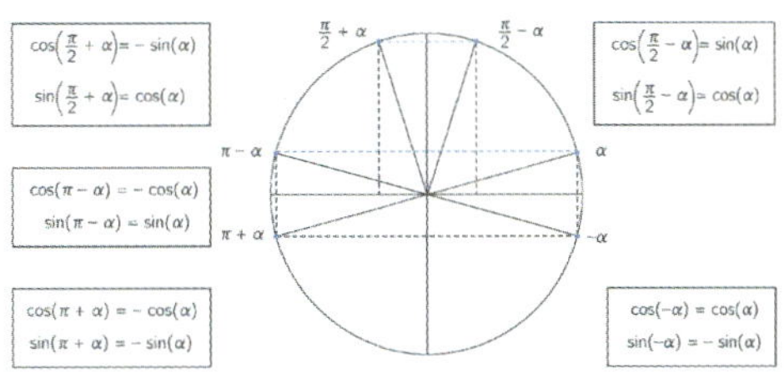

On sélectionne la formule adéquate.

Astuce

Il n'est pas utile de connaître par cœur toutes les formules des angles associés.
En revanche, il faut savoir les retrouver. Pour ce faire, dessiner un cercle trigonométrique est très utile, car il permet de visualiser rapidement la valeur du cosinus ou du sinus de l'angle associé recherché par rapport à la valeur de $\cos(x)$ ou $\sin(x)$.

Étape 3 : Donner la valeur connue du cosinus ou du sinus

On rappelle la valeur du cosinus ou du sinus remarquable dans le membre de droite de l'égalité.

Astuce

La valeur des cos et sin des angles remarquables est donnée dans le tableau suivant :

x	0	$\frac{\pi}{6}$	$\frac{\pi}{4}$	$\frac{\pi}{3}$	$\frac{\pi}{2}$
$\sin(x)$	0	$\frac{1}{2}$	$\frac{\sqrt{2}}{2}$	$\frac{\sqrt{3}}{2}$	1
$\cos(x)$	1	$\frac{\sqrt{3}}{2}$	$\frac{\sqrt{2}}{2}$	$\frac{1}{2}$	0

■ **Étape 4 : Appliquer la formule**

On applique la formule de l'angle associé. On en déduit la valeur de l'angle recherché.

➡ ***Exemple***

À l'aide des formules des angles associés, donner la valeur de :

$$\cos\left(\frac{4\pi}{3}\right)$$

Étape 1

On remarque que :

$$\frac{4\pi}{3} = \pi + \frac{\pi}{3}$$

Étape 2

D'après les formules des angles associés, on sait que :

$\cos(\pi + x) = -\cos(x)$

Donc, ici :

$$\cos\left(\pi + \frac{\pi}{3}\right) = -\cos\left(\frac{\pi}{3}\right)$$

Étape 3

Or, on sait que $\cos\left(\frac{\pi}{3}\right) = \frac{1}{2}$.

Étape 4

On en déduit que :

$$\cos\left(\pi + \frac{\pi}{3}\right) = -\frac{1}{2}$$

Par conséquent :

$$\cos\left(\frac{4\pi}{3}\right) = -\frac{1}{2}$$

Déterminer le cosinus d'un angle à partir de son sinus, et réciproquement

Lorsque l'on connaît la valeur d'un cosinus, on peut déterminer la valeur du sinus correspondant sur un intervalle I donné grâce à la formule $cos^2(x) + sin^2(x) = 1$.

■ **Étape 1 : Rappeler l'égalité $\cos^2(x) + \sin^2(x) = 1$**

On rappelle que, pour tout $x \in \mathbb{R}$:

$$cos^2(x) + sin^2(x) = 1$$

■ **Étape 2 : Remplacer la valeur connue de sin(*x*) ou cos(*x*)**

On distingue deux cas.

Si l'on sait que $\cos(x) = a$, l'équation devient :

$$a^2 + sin^2(x) = 1 \Leftrightarrow sin^2(x) = 1 - a^2$$

Donc, $\sin(x) = \sqrt{1-a^2}$ ou $\sin(x) = -\sqrt{1-a^2}$.

Si l'on sait que $\sin(x) = a$, l'équation devient :

$$cos^2(x) + a^2 = 1 \Leftrightarrow cos^2(x) = 1 - a^2$$

Donc $\cos(x) = \sqrt{1-a^2}$ ou $\cos(x) = -\sqrt{1-a^2}$.

■ **Étape 3 : Rappeler l'intervalle d'étude**

On rappelle que l'on cherche à résoudre l'équation sur l'intervalle *I*. On en conclut le signe de $\cos(x)$ ou de $\sin(x)$, selon ce que l'on cherche. On pourra s'aider d'un cercle trigonométrique.

■ **Étape 4 : Donner la solution cherchée en fonction de l'intervalle donné**

On sélectionne la solution vérifiant la condition de signe précédente et on conclut.

➡ ***Exemple***

Soit $x \in \left[0; \frac{\pi}{2}\right]$. On sait que $\cos(x) = \frac{1+\sqrt{2}}{3}$.

Déterminer $\sin(x)$.

Étape 1

D'après le cours, on sait que, pour tout $x \in \mathbb{R}$:

$$cos^2(x) + sin^2(x) = 1$$

Étape 2

On sait que $\cos(x) = \frac{1+\sqrt{2}}{3}$.

Donc l'équation devient :

$$\left(\frac{1+\sqrt{2}}{3}\right)^2 + sin^2(x) = 1$$

$$\Leftrightarrow sin^2(x) = 1 - \left(\frac{1+\sqrt{2}}{3}\right)^2$$

$$\Leftrightarrow sin^2(x) = 1 - \frac{1+2\sqrt{2}+2}{9}$$

$$\Leftrightarrow sin^2(x) = \frac{9}{9} - \frac{3+2\sqrt{2}}{9}$$

$$\Leftrightarrow sin^2(x) = \frac{6-2\sqrt{2}}{9}$$

On en déduit que :

$$\sin(x) = \sqrt{\frac{6-2\sqrt{2}}{9}} \text{ ou } \sin(x) = -\sqrt{\frac{6-2\sqrt{2}}{9}}$$

Étape 3

D'après l'énoncé, on sait que $x \in \left[0; \frac{\pi}{2}\right]$.

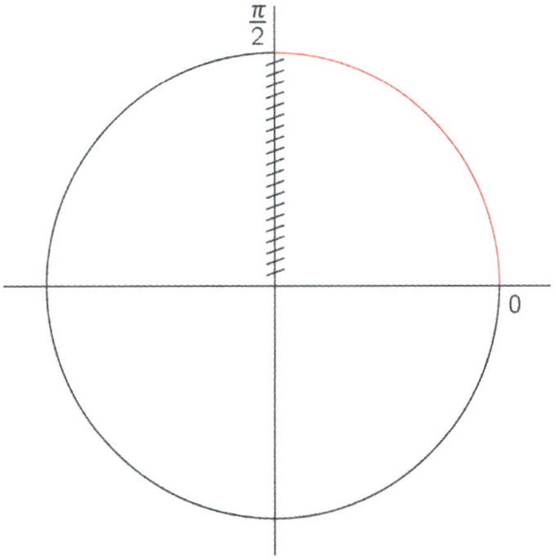

Donc $\sin(x) \geq 0$.

Étape 4

On obtient donc :

$$\sin(x) = \sqrt{\frac{6-2\sqrt{2}}{9}}$$

Donner les solutions d'une équation trigonométrique dans un intervalle donné

Lorsque l'on résout une équation trigonométrique, on obtient souvent une infinité de solutions sur $\mathbb{R}$. L'énoncé peut demander de restreindre l'ensemble de ces solutions à un intervalle *I* donné.

Étape 1 : Résoudre l'équation dans $\mathbb{R}$

On résout l'équation trigonométrique sur $\mathbb{R}$.

On obtient un ensemble de solutions de la forme $S=\left\{a+k\frac{\pi}{b}\right\}$, avec $a\in\mathbb{R}$, $b\in\mathbb{R}^*$ et $k\in\mathbb{Z}$.

Étape 2 : Rappeler l'intervalle demandé

On rappelle l'intervalle sur lequel on cherche les solutions de l'équation.

Étape 3 : Déterminer les valeurs de *k* pour lesquelles la solution appartient à l'intervalle demandé

On cherche à déterminer *k* tel que les solutions de l'équation appartiennent à $[c;d]$.

On écrit que l'on cherche $k\in\mathbb{Z}$ tel que :

$$-\pi<a+k\frac{\pi}{b}\leq\pi$$

On résout cette inéquation afin d'avoir un encadrement de k :

$$-\pi<a+k\frac{\pi}{b}\leq\pi$$

$$\Leftrightarrow -\pi-a<k\frac{\pi}{b}\leq\pi-a$$

Donc $(-\pi-a)\times\frac{b}{\pi}<k\leq(\pi-a)\times\frac{b}{\pi}$.

On calcule ensuite une valeur approchée de $(-\pi-a)\times\frac{b}{\pi}$ et de $(\pi-a)\times\frac{b}{\pi}$, et on choisit les valeurs de $k\in\mathbb{Z}$ vérifiant l'inégalité.

Étape 4 : Conclure

Pour les valeurs de k déterminées précédemment, on calcule $a+k\frac{\pi}{b}$.

Les valeurs trouvées sont les solutions de l'équation trigonométrique sur $[c;d]$.

➡ *Exemple*

Résoudre l'équation trigonométrique suivante sur $]-\pi;\pi]$:

$\cos(3x)=-1$

Étape 1

On remarque que $\cos(\pi)=-1$

Donc, pour tout réel x :

$\cos(3x)=-1$

$\Leftrightarrow \cos(3x)=\cos(\pi)$

D'après le cours, on sait que pour tous les réels a et b :

$$\cos(a)=\cos(b)\Leftrightarrow\begin{cases}a=b+2k\pi,\ k\in\mathbb{Z}\\ a=-b+2k\pi,\ k\in\mathbb{Z}\end{cases}$$

Ici, en posant $a=3x$ et $b=\pi$, on obtient, pour tout réel x :

$$\cos(3x)=\cos(\pi)$$

$$\Leftrightarrow\begin{cases}3x=\pi+2k\pi,\ k\in\mathbb{Z}\\ 3x=-\pi+2k\pi,\ k\in\mathbb{Z}\end{cases}$$

$$\Leftrightarrow\begin{cases}x=\frac{\pi}{3}+k\frac{2\pi}{3},\ k\in\mathbb{Z}\\ x=-\frac{\pi}{3}+k\frac{2\pi}{3},\ k\in\mathbb{Z}\end{cases}$$

Or, $-\dfrac{\pi}{3}+1\times\dfrac{2\pi}{3}=\dfrac{\pi}{3}$

D'où, pour tout réel x :

$\cos(3x)=\cos(\pi)$

$\Leftrightarrow x=\dfrac{\pi}{3}+k\dfrac{2\pi}{3},\ k\in\mathbb{Z}$

On en déduit que les solutions de l'équation sur $\mathbb{R}$ sont :

$S=\left\{\dfrac{\pi}{3}+k\dfrac{2\pi}{3},\ k\in\mathbb{Z}\right\}$

Étape 2

On cherche les solutions de l'équation sur $]-\pi;\pi]$.

Étape 3

On cherche l'entier relatif k tel que $-\pi<\dfrac{\pi}{3}+k\dfrac{2\pi}{3}\leq\pi$:

$-\pi<\dfrac{\pi}{3}+k\dfrac{2\pi}{3}\leq\pi$

$\Leftrightarrow -\pi-\dfrac{\pi}{3}<k\dfrac{2\pi}{3}\leq\pi-\dfrac{\pi}{3}$

$\Leftrightarrow -\dfrac{4\pi}{3}<k\dfrac{2\pi}{3}\leq\dfrac{2\pi}{3}$

$\Leftrightarrow -\dfrac{4\pi}{3}\times\dfrac{3}{2\pi}<k\leq\dfrac{2\pi}{3}\times\dfrac{3}{2\pi}$

$\Leftrightarrow -2<k\leq 1$

On en déduit donc que k peut prendre les valeurs $k=-1$; $k=0$ et $k=1$.

Étape 4

On calcule $\dfrac{\pi}{3}+k\dfrac{2\pi}{3}$ avec les valeurs de k trouvées précédemment :

- $\dfrac{\pi}{3}-1\times\dfrac{2\pi}{3}=-\dfrac{\pi}{3}$
- $\dfrac{\pi}{3}+0\times\dfrac{2\pi}{3}=\dfrac{\pi}{3}$
- $\dfrac{\pi}{3}+1\times\dfrac{2\pi}{3}=\dfrac{3\pi}{3}=\pi$

On en déduit que les solutions de l'équation $\cos(3x)=-1$ sur $]-\pi;\pi]$ sont :

$S=\left\{-\dfrac{\pi}{3};\dfrac{\pi}{3};\pi\right\}$

Exercice n° 1

Placer les points suivants sur le cercle trigonométrique :

$$-\frac{11\pi}{3},\ \frac{40\pi}{6},\ \frac{5\pi}{2},\ \frac{7\pi}{3} \text{ et } -\frac{15\pi}{6}$$

Exercice n° 2

Déterminer la mesure principale de l'angle $\theta = \frac{109\pi}{3}$.

Exercice n° 3

À l'aide des formules des angles associés, calculer $\cos(\frac{7\pi}{6})$ et $\sin(\frac{7\pi}{6})$.

Exercice n° 4

Soit $x \in [0, \frac{\pi}{2}]$. On sait que $\cos(x) = \frac{\sqrt{2+\sqrt{2}}}{2}$, déterminer $\sin(x)$.

Exercice n° 5

En utilisant les formules d'addition, calculer $\sin\left(\frac{5\pi}{12}\right)$.

Exercice n° 6

À l'aide des formules de duplication, montrer l'égalité suivante, valable quel que soit le réel x :

$$\sin(6x) = 2\cos(3x)\sin(3x)$$

Exercice n° 7

Résoudre l'équation trigonométrique suivante sur $\mathbb{R}$:

$$\sin(2x) = \cos\left(\frac{\pi}{6}\right)$$

Exercice n° 8

On considère le triangle orienté ABC suivant :

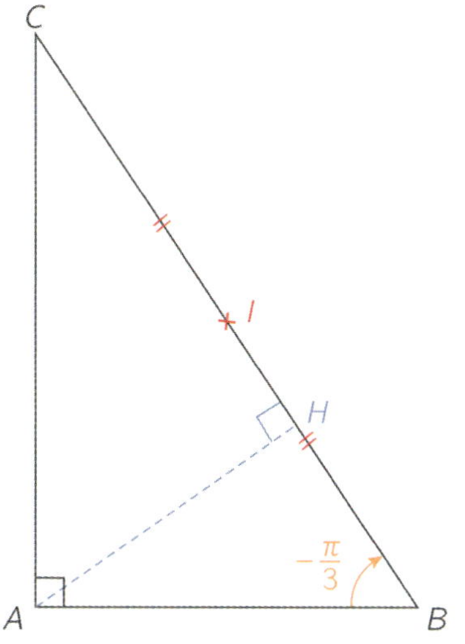

On sait que :

$(\overrightarrow{AB};\overrightarrow{AC})=\frac{\pi}{2}\ [2\pi]$ et $(\overrightarrow{BA};\overrightarrow{BC})=-\frac{\pi}{3}\ [2\pi]$

On pose I le milieu de $[BC]$ et H le pied de la hauteur issue de A.

1. Déterminer une mesure de l'angle orienté $(\overrightarrow{CA};\overrightarrow{CB})$.
2. Déterminer une mesure de l'angle orienté $(\overrightarrow{AH};\overrightarrow{AC})$.
3. Déterminer une mesure de l'angle orienté $(\overrightarrow{AH};\overrightarrow{AB})$.
4. Déterminer une mesure de l'angle orienté $(\overrightarrow{IA};\overrightarrow{IB})$.

Encore plus d'exercices sur **Kartable.fr**

Exercice n° 1

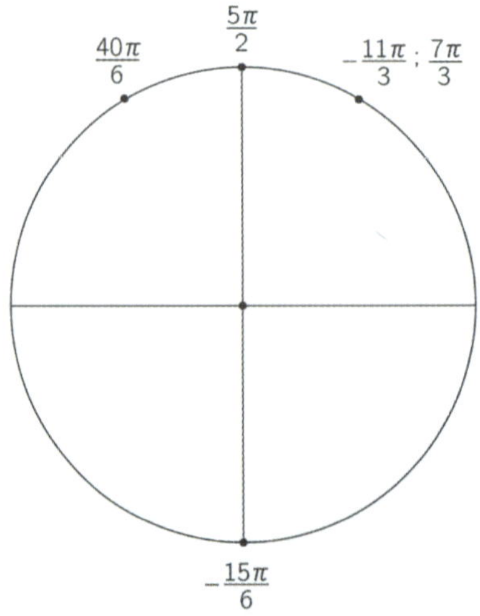

Exercice n° 2

La mesure principale de l'angle $\frac{109\pi}{3}$ est l'angle θ tel que $\theta \in]-\pi;\pi]$, avec $\theta = \frac{109\pi}{3} + 2k\pi, k \in \mathbb{Z}$.

On cherche donc un entier relatif k tel que :

$$-\pi < \frac{109\pi}{3} + 2k\pi \leq \pi$$

Le but du calcul est d'encadrer k par opérations successives sur cet encadrement.

En retirant $\frac{109\pi}{3}$ à chaque membre :

$$-\pi < \frac{109\pi}{3} + 2k\pi \leq \pi$$

$$\Leftrightarrow -\pi - \frac{109\pi}{3} < 2k\pi \leq \pi - \frac{109\pi}{3}$$

$$\Leftrightarrow \frac{-112\pi}{3} < 2k\pi \leq \frac{-106\pi}{3}$$

Puis, en divisant par 2π (réel positif) chaque membre :

$$\frac{-112\pi}{3} < 2k\pi \leq \frac{-106\pi}{3}$$

$\Leftrightarrow \dfrac{-112\pi}{3\times 2\pi} < k \leq \dfrac{-106\pi}{3\times 2\pi}$

$\Leftrightarrow -\dfrac{56}{3} < k \leq \dfrac{-53}{3}$

À la calculatrice, on obtient : $-\dfrac{56}{3} \approx -18{,}6$ et $-\dfrac{53}{3} \approx -17{,}6$.

k étant un entier, on en déduit que $k = -18$.

Finalement : $\theta = \dfrac{109\pi}{3} - 18\times 2\pi = \dfrac{109\pi}{3} - \dfrac{108\pi}{3} = \dfrac{\pi}{3}$.

→ La mesure principale de θ est donc $\dfrac{\pi}{3}$.

Exercice n° 3

On a :

$\dfrac{7\pi}{6} = \dfrac{6\pi + \pi}{6} = \pi + \dfrac{\pi}{6}$

Or, d'après le cercle trigonométrique, on sait que :

– $\cos\left(\pi + \dfrac{\pi}{6}\right) = -\cos\left(\dfrac{\pi}{6}\right)$

– $\sin\left(\pi + \dfrac{\pi}{6}\right) = -\sin\left(\dfrac{\pi}{6}\right)$

Or, on a :

– $\cos\left(\dfrac{\pi}{6}\right) = \dfrac{\sqrt{3}}{2}$, d'où $\cos\left(\dfrac{7\pi}{6}\right) = -\dfrac{\sqrt{3}}{2}$

– $\sin\left(\dfrac{\pi}{6}\right) = \dfrac{1}{2}$, d'où $\sin\left(\dfrac{7\pi}{6}\right) = -\dfrac{1}{2}$

→ $\cos\left(\dfrac{7\pi}{6}\right) = -\dfrac{\sqrt{3}}{2}$ et $\sin\left(\dfrac{7\pi}{6}\right) = -\dfrac{1}{2}$

Exercice n° 4

On sait que pour tout réel x : $\cos^2(x)+\sin^2(x)=1$. On a donc :

$\sin^2(x)=1-\cos^2(x)$

Or, $\cos(x)=\dfrac{\sqrt{2+\sqrt{2}}}{2}$. On obtient donc :

$$\begin{aligned}\sin^2(x) &= 1-\left(\frac{\sqrt{2+\sqrt{2}}}{2}\right)^2\\ &= 1-\frac{2+\sqrt{2}}{4}\\ &= \frac{4-2-\sqrt{2}}{4}\\ &= \frac{2-\sqrt{2}}{4}\end{aligned}$$

Ainsi, $\sin(x)=\dfrac{\sqrt{2-\sqrt{2}}}{2}$ ou $\sin(x)=-\dfrac{\sqrt{2-\sqrt{2}}}{2}$.

Or, on sait que $x\in[0,\frac{\pi}{2}]$, donc $\sin(x)\geq 0$.

Ainsi, $\sin(x)$ ne peut pas valoir $-\dfrac{\sqrt{2-\sqrt{2}}}{2}$, car ce nombre est négatif.

→ On obtient donc $\sin(x)=\dfrac{\sqrt{2-\sqrt{2}}}{2}$.

Exercice n° 5

On peut écrire $\dfrac{5\pi}{12}$ comme une somme de deux angles de référence :

$$\frac{5\pi}{12}=\frac{3\pi}{12}+\frac{2\pi}{12}=\frac{\pi}{4}+\frac{\pi}{6}$$

On a donc :

$$\sin\left(\frac{5\pi}{12}\right)=\sin\left(\frac{\pi}{4}+\frac{\pi}{6}\right)$$

On applique la formule d'addition :

$$\sin(a+b)=\sin(a)\cos(b)+\sin(b)\cos(a)$$

On obtient :

$$\sin\left(\frac{5\pi}{12}\right)=\sin\left(\frac{\pi}{4}\right)\cos\left(\frac{\pi}{6}\right)+\sin\left(\frac{\pi}{6}\right)\cos\left(\frac{\pi}{4}\right)$$

Or, on sait que :

- $\sin\left(\frac{\pi}{4}\right)=\frac{\sqrt{2}}{2}$
- $\cos\left(\frac{\pi}{4}\right)=\frac{\sqrt{2}}{2}$
- $\cos\left(\frac{\pi}{6}\right)=\frac{\sqrt{3}}{2}$
- $\sin\left(\frac{\pi}{6}\right)=\frac{1}{2}$

On obtient donc :

$$\sin\left(\frac{5\pi}{12}\right)=\frac{\sqrt{2}}{2}\times\frac{\sqrt{3}}{2}+\frac{1}{2}\times\frac{\sqrt{2}}{2}$$

$$\sin\left(\frac{5\pi}{12}\right)=\frac{\sqrt{2}(\sqrt{3}+1)}{4}$$

Finalement :

→ $\sin\left(\frac{5\pi}{12}\right)=\frac{\sqrt{6}+\sqrt{2}}{4}$

Exercice n° 6

D'après le cours, on sait que :

$$\sin(2a)=2\cos(a)\sin(a)$$

En posant $a=3x$, on obtient :

$$\sin(2\times 3x)=2\cos(3x)\sin(3x)$$

→ Ainsi, pour tout réel x, $\sin(6x)=2\cos(3x)\sin(3x)$.

Exercice n° 7

D'après le cours, on sait que :

$$\cos(a)=\sin\left(\frac{\pi}{2}-a\right)$$

On en déduit ici que $\cos\left(\frac{\pi}{6}\right)=\sin\left(\frac{\pi}{2}-\frac{\pi}{6}\right)=\sin\left(\frac{\pi}{3}\right)$.

L'équation $\sin(2x)=\cos\left(\frac{\pi}{6}\right)$ devient ainsi :

$$\sin(2x)=\sin\left(\frac{\pi}{3}\right)$$

D'après le cours, on sait que :

$$\sin(a) = \sin(b) \Leftrightarrow \begin{cases} a = b + k2\pi, k \in \mathbb{Z} \\ a = \pi - b + k2\pi, k \in \mathbb{Z} \end{cases}$$

Ici, en posant $a = 2x$ et $b = \frac{\pi}{3}$, on obtient :

$$\sin(2x) = \sin\left(\frac{\pi}{3}\right) \Leftrightarrow \begin{cases} 2x = \frac{\pi}{3} + k2\pi, k \in \mathbb{Z} \\ 2x = \pi - \frac{\pi}{3} + k2\pi, k \in \mathbb{Z} \end{cases}$$

$$\Leftrightarrow \begin{cases} x = \frac{\pi}{6} + k\pi, k \in \mathbb{Z} \\ x = \frac{\pi}{3} + k\pi, k \in \mathbb{Z} \end{cases}$$

→ L'ensemble des solutions de l'équation est : $S = \left\{\frac{\pi}{6} + k\pi k \in \mathbb{Z}; \frac{\pi}{3} + k\pi k \in \mathbb{Z}\right\}$.

Exercice n° 8

1. On sait que la somme des mesures des angles directs d'un triangle est égale à π $[2\pi]$.
   Donc, en considérant le triangle ABC, on a :
   $(\overrightarrow{CA};\overrightarrow{CB}) + (\overrightarrow{BC};\overrightarrow{BA}) + (\overrightarrow{AB};\overrightarrow{AC}) = \pi\ [2\pi]$

   $(\overrightarrow{CA};\overrightarrow{CB}) = \pi - (\overrightarrow{BC};\overrightarrow{BA}) - (\overrightarrow{AB};\overrightarrow{AC})\ [2\pi]$

   Or, d'après l'énoncé :

   – $(\overrightarrow{BA};\overrightarrow{BC}) = -\frac{\pi}{3}\ [2\pi]$

   – $(\overrightarrow{AB};\overrightarrow{AC}) = \frac{\pi}{2}\ [2\pi]$

   Comme, de plus :
   $(\overrightarrow{BC};\overrightarrow{BA}) = -(\overrightarrow{BA};\overrightarrow{BC})\ [2\pi]$

   On a finalement :
   $(\overrightarrow{CA};\overrightarrow{CB}) = \pi - \frac{\pi}{3} - \frac{\pi}{2}\ [2\pi] = \frac{6\pi}{6} - \frac{2\pi}{6} - \frac{3\pi}{6}\ [2\pi]$

   On peut donc conclure :

   → $(\overrightarrow{CA};\overrightarrow{CB}) = \frac{\pi}{6}\ [2\pi]$

2. On sait que la somme des mesures des angles directs d'un triangle est égale à π $[2\pi]$.
   Donc, en considérant le triangle AHC, on a :
   $(\overrightarrow{AH};\overrightarrow{AC}) + (\overrightarrow{CA};\overrightarrow{CH}) + (\overrightarrow{HC};\overrightarrow{HA}) = \pi\ [2\pi]$

   $(\overrightarrow{AH};\overrightarrow{AC}) = \pi - (\overrightarrow{CA};\overrightarrow{CH}) - (\overrightarrow{HC};\overrightarrow{HA})\ [2\pi]$

Or, dans le triangle direct AHC, on a :

- $(\overrightarrow{CA};\overrightarrow{CH}) = \frac{\pi}{6}\ [2\pi]$
- $(\overrightarrow{HC};\overrightarrow{HA}) = \frac{\pi}{2}\ [2\pi]$

On en déduit que :

$$(\overrightarrow{AH};\overrightarrow{AC}) = \pi - \frac{\pi}{6} - \frac{\pi}{2}\ [2\pi] = \frac{6\pi}{6} - \frac{\pi}{6} - \frac{3\pi}{6}\ [2\pi] = \frac{\pi}{3}\ [2\pi]$$

On peut donc conclure :

→ $(\overrightarrow{AH};\overrightarrow{AC}) = \frac{\pi}{3}\ [2\pi]$

3. On sait que la somme des mesures des angles directs d'un triangle est égale à $\pi\ [2\pi]$.
Donc, en considérant le triangle ABH, on a :
$(\overrightarrow{AB};\overrightarrow{AH}) + (\overrightarrow{HA};\overrightarrow{HB}) + (\overrightarrow{BH};\overrightarrow{BA}) = \pi\ [2\pi]$
$-(\overrightarrow{AB};\overrightarrow{AH}) = (\overrightarrow{HA};\overrightarrow{HB}) + (\overrightarrow{BH};\overrightarrow{BA}) - \pi\ [2\pi]$
Or, dans le triangle direct ABH, on a :
   - $(\overrightarrow{BH};\overrightarrow{BA}) = \frac{\pi}{3}\ [2\pi]$
   - $(\overrightarrow{HA};\overrightarrow{HB}) = \frac{\pi}{2}\ [2\pi]$

   De plus :
$-(\overrightarrow{AB};\overrightarrow{AH}) = (\overrightarrow{AH};\overrightarrow{AB})\ [2\pi]$
On en déduit que :
$$(\overrightarrow{AH};\overrightarrow{AB}) = \frac{\pi}{2} + \frac{\pi}{3} - \pi\ [2\pi] = \frac{3\pi}{6} + \frac{2\pi}{6} - \frac{6\pi}{6}\ [2\pi]$$
On peut donc conclure :
→ $(\overrightarrow{AH};\overrightarrow{AB}) = -\frac{\pi}{6}\ [2\pi]$

4. Le triangle ABC étant rectangle en A, le milieu I de l'hypoténuse $[BC]$ est le centre du cercle circonscrit au triangle ABC.
On en déduit que $IA = IB$.
Par conséquent, le triangle AIB est isocèle en I, donc ses angles à la base sont de même mesure.
Cela signifie que :
$(\overrightarrow{AB};\overrightarrow{AI}) = (\overrightarrow{BI};\overrightarrow{BA})\ [2\pi] = \frac{\pi}{3}\ [2\pi]$
On sait que la somme des mesures des angles directs d'un triangle est égale à $\pi\ [2\pi]$.

Donc, en considérant le triangle ABI :
$(\overrightarrow{IA};\overrightarrow{IB})+(\overrightarrow{AB};\overrightarrow{AI})+(\overrightarrow{BI};\overrightarrow{BA})=\pi\ [2\pi]$

On en déduit que :
$(\overrightarrow{IA};\overrightarrow{IB})=\pi-(\overrightarrow{AB};\overrightarrow{AI})-(\overrightarrow{BI};\overrightarrow{BA})\ [2\pi]$

Soit :
$$(\overrightarrow{IA};\overrightarrow{IB})=\pi-\frac{\pi}{3}-\frac{\pi}{3}\ [2\pi]=\frac{3\pi-\pi-\pi}{3}\ [2\pi]=\frac{\pi}{3}\ [2\pi]$$

→ $(\overrightarrow{IA};\overrightarrow{IB})=\frac{\pi}{3}\ [2\pi]$

Chapitre 7

Les vecteurs

I. Les coordonnées cartésiennes dans le repère

Le plan est rapporté à un repère $(O;\vec{i};\vec{j})$.

A. Les coordonnées d'un point

Définition

Soit un point M du plan.
Il existe un unique couple de réels $(x;y)$ tels que :

$$\overrightarrow{OM} = x\vec{i} + y\vec{j}$$

On appelle coordonnées du point M dans le repère $(O;\vec{i};\vec{j})$ le couple $(x;y)$.

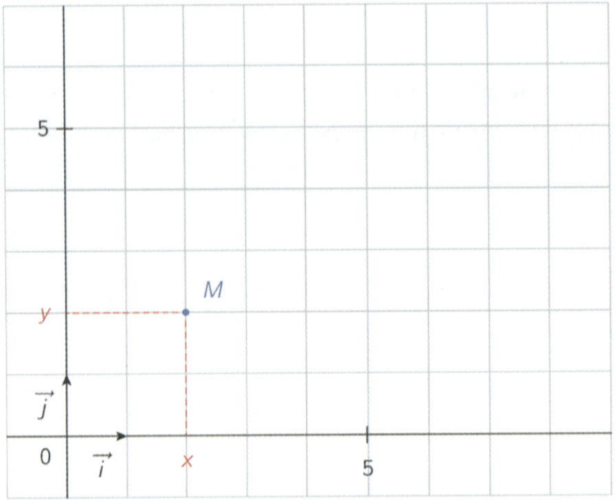

■ ***Exemple***

Si $\overrightarrow{OA} = 5\vec{i} - \frac{1}{3}\vec{j}$, alors les coordonnées de A sont $\left(5;-\frac{1}{3}\right)$.

Définition

Avec les notations précédentes, le réel x est l'abscisse et le réel y est l'ordonnée du point M.

B. Les coordonnées d'un vecteur

Définition

Soit $\vec{u}$ un vecteur du plan. Il existe un unique couple de réels $(x;y)$ tels que :

$$\vec{u} = x\vec{i} + y\vec{j}$$

On appelle coordonnées du vecteur $\vec{u}$ dans le repère $(O;\vec{i};\vec{j})$ le couple $\begin{pmatrix} x \\ y \end{pmatrix}$.

■ **Exemple**

Si $\overrightarrow{AB} = \frac{5}{6}\vec{i} - 3\vec{j}$, alors les coordonnées de $\overrightarrow{AB}$ sont $\left(\frac{5}{6};-3\right)$.

Définition

Avec les notations précédentes, si $\vec{u}$ est un vecteur de coordonnées $\vec{u}\begin{pmatrix} x \\ y \end{pmatrix}$, alors le réel x est l'abscisse et le réel y est l'ordonnée du vecteur $\vec{u}$.

Remarque

À la différence d'un point, un vecteur du repère n'est pas « fixe ». Il peut être représenté d'une infinité de manières puisqu'il admet une infinité de représentants.

Théorème

Soient deux points du plan $A(x_A;y_A)$ et $B(x_B;y_B)$. Les coordonnées $\begin{pmatrix} x \\ y \end{pmatrix}$ du vecteur $\overrightarrow{AB}$ vérifient :

$$x = x_B - x_A$$
$$y = y_B - y_A$$

■ **Exemple**

On considère les points $A(2;2)$ et $B(4;5)$.

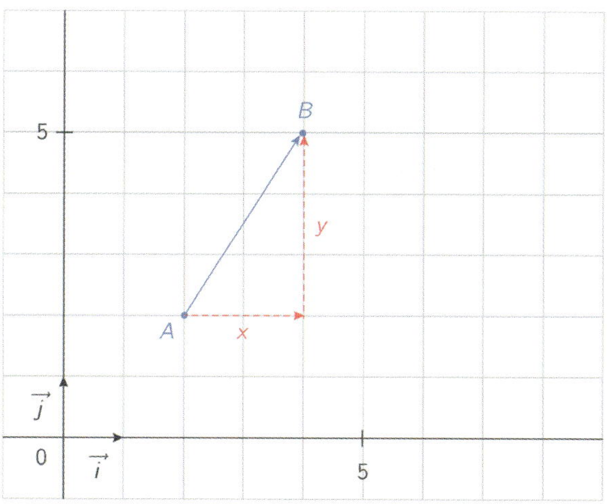

On en déduit :

$\overrightarrow{AB}\begin{pmatrix}4-2\\5-2\end{pmatrix}$

Finalement :

$\overrightarrow{AB}\begin{pmatrix}2\\3\end{pmatrix}$

Propriété

Les coordonnées du vecteur $\vec{u}$ tel que $\vec{u}=\overrightarrow{OM}$ sont celles du point M.

■ ***Exemple***

Soient A le point de coordonnées $A(5;1)$ et les points B et C tels que $\overrightarrow{BC}=\overrightarrow{OA}$. Les coordonnées de $\overrightarrow{BC}$ sont celles de A. Donc, les coordonnées de $\overrightarrow{BC}$ sont $(5;1)$.

II. Les vecteurs colinéaires

A. Définition

Définition

Deux vecteurs $\vec{u}$ et $\vec{v}$ sont colinéaires si et seulement s'il existe un réel k tel que :

$$\vec{u}=k\vec{v}$$

■ ***Exemple***

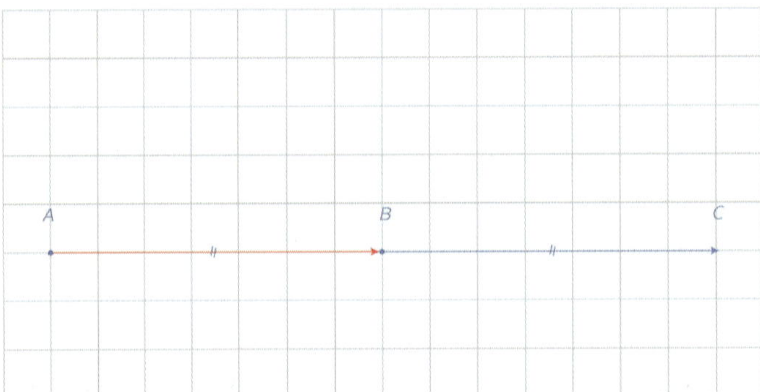

Sur la figure ci-dessus, B est le milieu de $[AC]$. On peut donc écrire : $\overrightarrow{AB}=\frac{1}{2}\overrightarrow{AC}$. Ainsi, les vecteurs $\overrightarrow{AB}$ et $\overrightarrow{AC}$ sont colinéaires.

Théorème

Deux vecteurs non nuls sont colinéaires si et seulement si leurs directions sont parallèles.

■ ***Exemple***

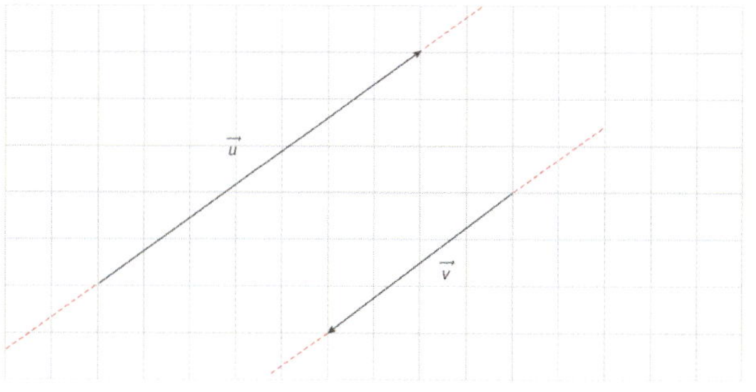

Les vecteurs $\vec{u}$ et $\vec{v}$ ont des directions parallèles, ils sont donc colinéaires.

Propriété

Soient A, B, C et D quatre points du plan. Les droites (AB) et (CD) sont parallèles si et seulement si les vecteurs $\overrightarrow{AB}$ et $\overrightarrow{CD}$ sont colinéaires.

■ ***Exemple***

Dans le trapèze $ABCD$ ci-dessous, les droites (BC) et (AD) sont parallèles. Les vecteurs $\overrightarrow{BC}$ et $\overrightarrow{AD}$ sont donc colinéaires.

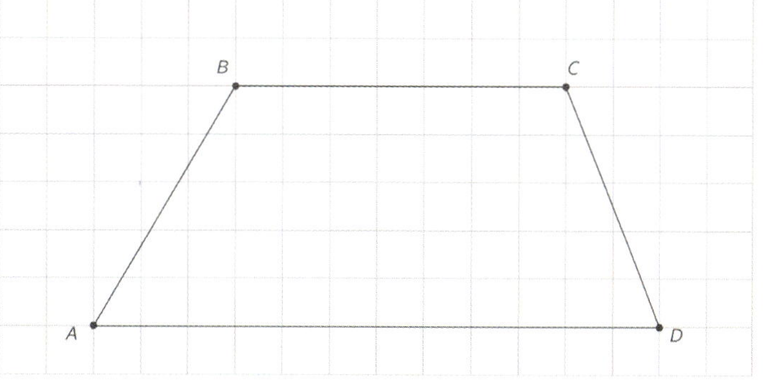

Propriété

Soient A, B et C trois points du plan. Les points A, B et C sont alignés si et seulement si les vecteurs $\overrightarrow{AB}$ et $\overrightarrow{BC}$ sont colinéaires.

■ ***Exemple***

Soient les vecteurs $\overrightarrow{AB}\begin{pmatrix}1\\-4\end{pmatrix}$ et $\overrightarrow{AC}\begin{pmatrix}-5\\20\end{pmatrix}$.

On peut remarquer que :

$\overrightarrow{AC} = -5\overrightarrow{AB}$

Donc, les vecteurs $\overrightarrow{AB}$ et $\overrightarrow{AC}$ sont colinéaires et les points A, B et C sont alignés.

B. La caractérisation analytique

Théorème

Deux vecteurs $\vec{u}\begin{pmatrix} x \\ y \end{pmatrix}$ et $\vec{v}\begin{pmatrix} x' \\ y' \end{pmatrix}$ sont colinéaires si et seulement si :

$$xy' = x'y$$

Remarque

Cela revient à montrer que $xy' - x'y = 0$.

■ ***Exemple***

Pour savoir si les vecteurs $\vec{u}\ (2;-1)$ et $\vec{v}\ (-6;3)$ sont colinéaires, on calcule :

$2 \times 3 - (-1) \times (-6) = 6 - 6 = 0$

Les vecteurs $\vec{u}$ et $\vec{v}$ sont donc colinéaires.

Déterminer les coordonnées d'un vecteur

À l'aide des coordonnées de deux points A et B, on sait déterminer les coordonnées du vecteur $\overrightarrow{AB}$.

Étape 1 : Réciter le cours

On rappelle que si $A(x_A\,;y_A)$ et $B(x_B\,;y_B)$, alors le vecteur $\overrightarrow{AB}$ a pour coordonnées $(x_B - x_A\,;y_B - y_A)$.

Étape 2 : Rappeler les coordonnées des deux points

On rappelle les coordonnées des deux points A et B.

Étape 3 : Appliquer la formule et conclure

On calcule les coordonnées du vecteur.

➡ *Exemple*

On considère le plan muni d'un repère $(O;I;J)$. Soient les points $A(7;-2)$ et $B(-1;-3)$.

Déterminer les coordonnées du vecteur $\overrightarrow{AB}$.

Étape 1

Si $A(x_A\,;y_A)$ et $B(x_B\,;y_B)$, alors $\overrightarrow{AB}$ a pour coordonnées $(x_B - x_A\,;y_B - y_A)$.

Étape 2

On sait que :

- $A(7;-2)$
- $B(-1;-3)$

Étape 3

On en déduit que :

$\overrightarrow{AB}(x_B - x_A\,;y_B - y_A)$

Soit :

$\overrightarrow{AB}(-1-7;-3-(-2))$

Finalement :

$\overrightarrow{AB}(-8;-1)$

Astuce Les coordonnées d'un vecteur $\vec{u}$ peuvent s'écrire en ligne $(x;y)$ ou en colonne $\begin{pmatrix} x \\ y \end{pmatrix}$.

Montrer que deux vecteurs sont colinéaires

Méthode 1 : Avec les coordonnées

On peut montrer que deux vecteurs sont colinéaires en utilisant leurs coordonnées. La colinéarité de deux vecteurs permet de démontrer que trois points sont alignés ou que deux droites sont parallèles.

Étape 1 : Calculer les coordonnées de chaque vecteur

On calcule les coordonnées des deux vecteurs.

■ **Étape 2 : Appliquer la formule**

On rappelle que deux vecteurs $\vec{u}\begin{pmatrix} x \\ y \end{pmatrix}$ et $\vec{v}\begin{pmatrix} x' \\ y' \end{pmatrix}$ sont colinéaires si et seulement si $xy' - x'y = 0$.

On détermine si cette égalité est vérifiée.

■ **Étape 3 : Conclure**

On conclut sur la colinéarité des deux vecteurs.

➡ *Exemple*

Soit un repère $(O;I,J)$. On considère les points $A(1;2)$; $B(3;-1)$ et $C(-3;8)$. Montrer que $\overrightarrow{AB}$ et $\overrightarrow{AC}$ sont colinéaires.

Étape 1

On détermine les coordonnées de $\overrightarrow{AB}$ et $\overrightarrow{AC}$:

– $\overrightarrow{AB}\begin{pmatrix} x_B - x_A \\ y_B - y_A \end{pmatrix}$, d'où $\overrightarrow{AB}\begin{pmatrix} 3-1 \\ -1-2 \end{pmatrix}$, donc $\overrightarrow{AB}\begin{pmatrix} 2 \\ -3 \end{pmatrix}$.

– $\overrightarrow{AC}\begin{pmatrix} x_C - x_A \\ y_C - y_A \end{pmatrix}$, d'où $\overrightarrow{AC}\begin{pmatrix} -3-1 \\ 8-2 \end{pmatrix}$, donc $\overrightarrow{AC}\begin{pmatrix} -4 \\ 6 \end{pmatrix}$.

Étape 2

Deux vecteurs $\vec{u}\begin{pmatrix} x \\ y \end{pmatrix}$ et $\vec{v}\begin{pmatrix} x' \\ y' \end{pmatrix}$ sont colinéaires si et seulement si $xy' - x'y = 0$.

Ici, on a :

$2 \times 6 - (-4) \times (-3) = 12 - 12 = 0$

Étape 3

On en déduit que les vecteurs $\overrightarrow{AB}$ et $\overrightarrow{AC}$ sont colinéaires.

Méthode 2 : Avec une égalité vectorielle

On peut montrer que deux vecteurs $\vec{u}$ et $\vec{v}$ sont colinéaires en démontrant que $\vec{u} = k\vec{v}$.

■ **Étape 1 : Rappeler le cours**

On rappelle que deux vecteurs $\vec{u}$ et $\vec{v}$ sont colinéaires si et seulement s'il existe un réel k tel que $\vec{u} = k\vec{v}$.

■ **Étape 2 : Exprimer $\vec{u}$ en fonction de $\vec{v}$**

On utilise les informations de l'énoncé afin d'obtenir une égalité de type $\vec{u} = k\vec{v}$.

Astuce

Il est souvent nécessaire d'utiliser la relation de Chasles.

■ **Étape 3 : Conclure**

On conclut sur la colinéarité des deux vecteurs.

➡ *Exemple*

Soient un triangle ABC et deux points D et E tels que $\overrightarrow{AD} = 3\overrightarrow{AB}$ et $\overrightarrow{DE} = 3\overrightarrow{BC}$.

Montrer que $\overrightarrow{AC}$ et $\overrightarrow{AE}$ sont colinéaires.

Étape 1

Afin de montrer que $\overrightarrow{AC}$ et $\overrightarrow{AE}$ sont colinéaires, on doit montrer qu'il existe un réel k tel que $\overrightarrow{AE} = k\overrightarrow{AC}$.

Étape 2

D'après la relation de Chasles :

$\overrightarrow{AE} = \overrightarrow{AD} + \overrightarrow{DE}$

Or, d'après l'énoncé :

– $\overrightarrow{AD} = 3\overrightarrow{AB}$

– $\overrightarrow{DE} = 3\overrightarrow{BC}$

Donc :

$\overrightarrow{AE} = 3\overrightarrow{AB} + 3\overrightarrow{BC}$

$\overrightarrow{AE} = 3(\overrightarrow{AB} + \overrightarrow{BC})$

Et, encore d'après la relation de Chasles :

$\overrightarrow{AE} = 3\overrightarrow{AC}$

Étape 3

Les vecteurs $\overrightarrow{AE}$ et $\overrightarrow{AC}$ sont donc colinéaires.

Exercice n° 1

Soient les points $A(4;-3)$ et $B(-2;-1)$. Quelles sont les coordonnées du vecteur $\overrightarrow{AB}$?

Exercice n° 2

Soit le repère $(O;I;J)$.
On considère les points $A(2;-3)$, $B(6;-1)$ et $C(8;0)$.

Les points A, B et C sont-ils alignés ?

Exercice n° 3

Soient $[AB]$ un segment, C le milieu de $[AB]$ et $CBDE$ un parallélogramme. On considère le point F tel que $\overrightarrow{EF} = \frac{1}{3}\overrightarrow{EB}$.

1. Représenter cette configuration sur une figure.
2. Exprimer le vecteur $\overrightarrow{AF}$ en fonction des vecteurs $\overrightarrow{ED}$ et $\overrightarrow{EB}$.
3. Exprimer le vecteur $\overrightarrow{FD}$ en fonction des vecteurs $\overrightarrow{ED}$ et $\overrightarrow{EB}$.
4. Montrer que les points A, F et D sont alignés.

Exercice n° 4

Soit le repère $(O;I;J)$.
On considère les points $A(2;-3)$, $B(6;-1)$ et $C(7;3)$.

Les droites (AB) et (IC) sont-elles parallèles ?

Exercice n° 5

On considère un triangle ABC quelconque et les points E et F tels que :

$$\overrightarrow{AE} = \frac{1}{3}\overrightarrow{AB} \text{ et } \overrightarrow{AF} = 3\overrightarrow{AC}$$

1. Représenter cette configuration sur une figure.
2. Exprimer $\overrightarrow{CE}$ en fonction de $\overrightarrow{AB}$ et $\overrightarrow{AC}$.
3. Exprimer $\overrightarrow{FB}$ en fonction de $\overrightarrow{AB}$ et $\overrightarrow{AC}$.
4. Montrer que les droites (CE) et (FB) sont parallèles.

Exercice n° 1

D'après le cours, si $A(x_A; y_A)$ et $B(x_B; y_B)$, alors l'abscisse du vecteur $\overrightarrow{AB}$ est $x_B - x_A$,

et l'ordonnée du vecteur $\overrightarrow{AB}$ est $y_B - y_A$.

Ici, $A(4;-3)$ et $B(-2;-1)$. Les coordonnées de $\overrightarrow{AB}$ sont donc :

$$\overrightarrow{AB}\begin{pmatrix} x_B - x_A \\ y_B - y_A \end{pmatrix}$$

$$\overrightarrow{AB}\begin{pmatrix} -2-4 \\ -1-(-3) \end{pmatrix}$$

Ainsi

→ $\overrightarrow{AB}\begin{pmatrix} -6 \\ 2 \end{pmatrix}$

Exercice n° 2

Pour vérifier si les points A, B et C sont alignés, on peut étudier les vecteurs $\overrightarrow{AB}$ et $\overrightarrow{BC}$.

On calcule donc les coordonnées de ces vecteurs :

– $\overrightarrow{AB}\begin{pmatrix} x_B - x_A \\ y_B - y_A \end{pmatrix}$, donc $\overrightarrow{AB}\begin{pmatrix} 6-2 \\ -1-(-3) \end{pmatrix}$, c'est-à-dire $\overrightarrow{AB}\begin{pmatrix} 4 \\ 2 \end{pmatrix}$

– $\overrightarrow{BC}\begin{pmatrix} x_C - x_B \\ y_C - y_B \end{pmatrix}$, donc $\overrightarrow{BC}\begin{pmatrix} 8-6 \\ 0-(-1) \end{pmatrix}$, c'est-à-dire $\overrightarrow{BC}\begin{pmatrix} 2 \\ 1 \end{pmatrix}$

En calculant le rapport des coordonnées de $\overrightarrow{BC}$ sur celles de $\overrightarrow{AB}$, on remarque : $\frac{2}{4} = \frac{1}{2}$.

Donc : $\overrightarrow{AB} = 2\overrightarrow{BC}$.

Les vecteurs $\overrightarrow{AB}$ et $\overrightarrow{BC}$ sont donc colinéaires.

→ Les vecteurs $\overrightarrow{AB}$ et $\overrightarrow{BC}$ sont donc colinéaires et les représentants $\overrightarrow{AB}$ et $\overrightarrow{BC}$ ont un point commun : les points A, B et C sont donc alignés.

Exercice n° 3

1.

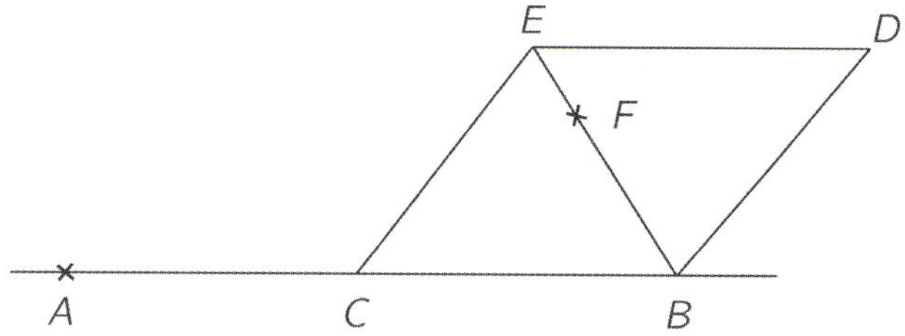

2. D'après la relation de Chasles, on a :

$\overrightarrow{AF} = \overrightarrow{AB} + \overrightarrow{BE} + \overrightarrow{EF}$

Or, on sait que C est le milieu de $[AB]$, donc :

$\overrightarrow{AB} = 2\overrightarrow{CB}$

$CBDE$ étant un parallélogramme, on en déduit que :

$\overrightarrow{CB} = \overrightarrow{ED}$

L'égalité devient ainsi :

$\overrightarrow{AF} = 2\overrightarrow{ED} + \overrightarrow{BE} + \overrightarrow{EF}$

Or, on sait que :

$\overrightarrow{EF} = \frac{1}{3}\overrightarrow{EB}$

Par conséquent :

$\overrightarrow{AF} = 2\overrightarrow{ED} - \overrightarrow{EB} + \frac{1}{3}\overrightarrow{EB}$

Finalement :

→ $\overrightarrow{AF} = 2\overrightarrow{ED} - \frac{2}{3}\overrightarrow{EB}$

3. D'après la relation de Chasles, on a :

$\overrightarrow{FD} = \overrightarrow{FE} + \overrightarrow{ED}$

Or, on sait que :

$\overrightarrow{EF} = \frac{1}{3}\overrightarrow{EB}$

On en déduit que :

→ $\overrightarrow{FD} = \overrightarrow{ED} - \frac{1}{3}\overrightarrow{EB}$

4. D'après les questions précédentes, on sait que :
   - $\overrightarrow{AF} = 2\overrightarrow{ED} - \frac{2}{3}\overrightarrow{EB}$
   - $\overrightarrow{FD} = \overrightarrow{ED} - \frac{1}{3}\overrightarrow{EB}$

   On en déduit que :

   $\overrightarrow{AF} = 2\overrightarrow{FD}$

   Or, d'après le cours, on sait que deux vecteurs $\vec{u}$ et $\vec{v}$ sont colinéaires si et seulement s'il existe un réel k tel que $\vec{u} = k\vec{v}$.

   On en déduit que les vecteurs $\overrightarrow{AF}$ et $\overrightarrow{FD}$ sont colinéaires et donc que les droites (AF) et (FD) sont parallèles.

   Ces deux droites possédant un point en commun, elles sont confondues.

   On peut donc conclure :

   → Les points A, F et D sont alignés.

Exercice n° 4

Pour savoir si les droites (AB) et (IC) sont parallèles, on détermine si les vecteurs $\overrightarrow{AB}$ et $\overrightarrow{IC}$ sont colinéaires.

Sachant que $I(1;0)$, les coordonnées de ces vecteurs sont :

- $\overrightarrow{AB}\begin{pmatrix} x_B - x_A \\ y_B - y_A \end{pmatrix} \Rightarrow \overrightarrow{AB}\begin{pmatrix} 6-2 \\ -1-(-3) \end{pmatrix} \Rightarrow \overrightarrow{AB}\begin{pmatrix} 4 \\ 2 \end{pmatrix}$
- $\overrightarrow{IC}\begin{pmatrix} x_C - x_I \\ y_C - y_I \end{pmatrix} \Rightarrow \overrightarrow{IC}\begin{pmatrix} 7-1 \\ 3-0 \end{pmatrix} \Rightarrow \overrightarrow{IC}\begin{pmatrix} 6 \\ 3 \end{pmatrix}$

En calculant le rapport des coordonnées de $\overrightarrow{IC}$ sur celles de $\overrightarrow{AB}$, on remarque : $\frac{6}{4} = \frac{3}{2}$.

Donc : $\overrightarrow{IC} = \frac{3}{2}\overrightarrow{AB}$.

Les vecteurs $\overrightarrow{AB}$ et $\overrightarrow{IC}$ sont donc colinéaires.

→ Les droites (AB) et (IC) sont donc parallèles.

Exercice n° 5

1.

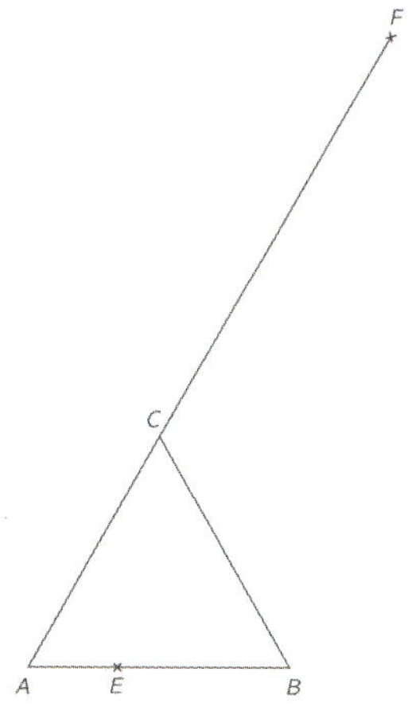

2. D'après la relation de Chasles, on sait que :

$\overrightarrow{CE} = \overrightarrow{CA} + \overrightarrow{AE}$

Or :

$\overrightarrow{AE} = \frac{1}{3}\overrightarrow{AB}$

On en déduit donc :

$\overrightarrow{CE} = \overrightarrow{CA} + \frac{1}{3}\overrightarrow{AB}$

Finalement :

→ $\overrightarrow{CE} = -\overrightarrow{AC} + \frac{1}{3}\overrightarrow{AB}$

3. D'après la relation de Chasles, on sait que :

$\overrightarrow{FB} = \overrightarrow{FA} + \overrightarrow{AB}$

Or :

$\overrightarrow{AF} = 3\overrightarrow{AC}$

D'où :

$\overrightarrow{FA} = -3\overrightarrow{AC}$

On en déduit donc :

→ $\overrightarrow{FB} = -3\overrightarrow{AC} + \overrightarrow{AB}$

4. D'après les questions précédentes, on sait que :

- $\overrightarrow{CE} = -\overrightarrow{AC} + \frac{1}{3}\overrightarrow{AB}$
- $\overrightarrow{FB} = -3\overrightarrow{AC} + \overrightarrow{AB}$

On en déduit que :

$\overrightarrow{FB} = 3\overrightarrow{CE}$

Or, d'après le cours, on sait que deux vecteurs $\vec{u}$ et $\vec{v}$ sont colinéaires si et seulement s'il existe un réel k tel que $\vec{u} = k\vec{v}$.

On en déduit que les vecteurs $\overrightarrow{FB}$ et $\overrightarrow{CE}$ sont colinéaires.

→ Les droites (CE) et (FB) sont parallèles.

Chapitre 8

Les équations de droites

I. Les vecteurs directeurs d'une droite

Définition

Soient A et B deux points distincts du plan. Un vecteur non nul $\vec{u}$ est un vecteur directeur de la droite (AB) si et seulement si les vecteurs $\vec{u}$ et $\overrightarrow{AB}$ sont colinéaires.

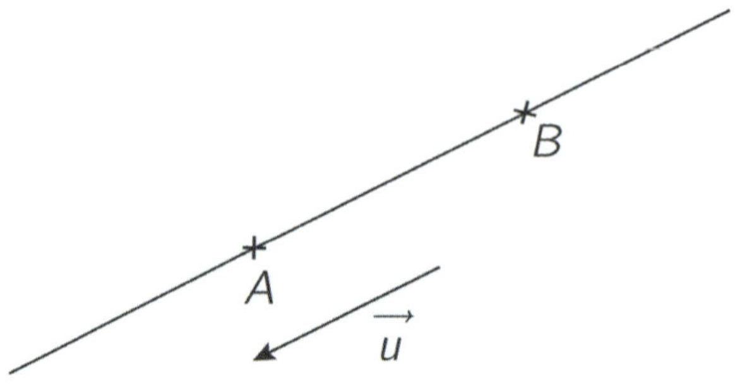

A. Les propriétés

Théorème

Toute droite admet un nombre infini de vecteurs directeurs.

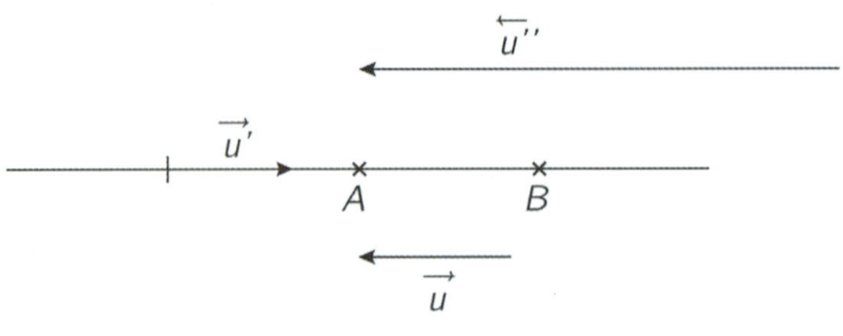

■ ***Exemple***

Sur la figure ci-dessus, les vecteurs $\vec{u}$, $\vec{u}$' et $\vec{u}$'' sont tous vecteurs directeurs de la droite (AB).

Théorème

Soient A et B deux points distincts du plan. Il existe une et une seule droite passant par les points A et B.

Théorème

Soient un point A et un vecteur non nul $\vec{u}$. Il existe une et une seule droite passant par A et de vecteur directeur $\vec{u}$.

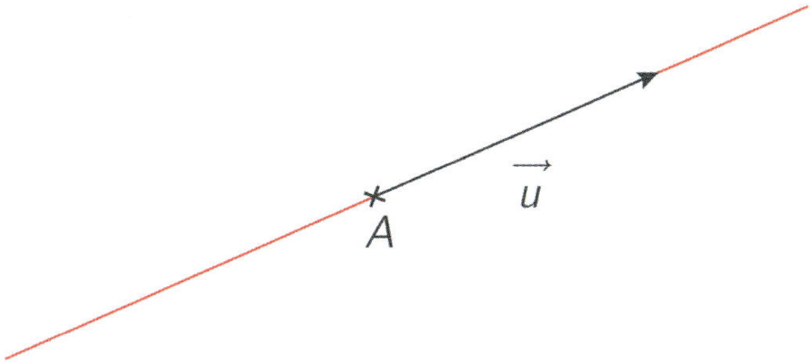

Théorème

Soit (d) une droite non parallèle à l'axe des ordonnées, de coefficient directeur a. Un vecteur directeur de (d) est le vecteur :

$$\vec{u}\begin{pmatrix}1\\a\end{pmatrix}$$

■ ***Exemple***

La droite d'équation $y=-2x-6$ a pour coefficient directeur -2. Un vecteur directeur $\vec{u}$ de cette droite a pour coordonnées $\vec{u}\begin{pmatrix}1\\-2\end{pmatrix}$.

II. Les équations d'une droite

Le plan est rapporté à un repère $(O;\vec{i};\vec{j})$.

A. L'équation réduite

Théorème

Soit une droite D.

Si D est verticale (parallèle à l'axe des ordonnées), l'équation réduite de D est de la forme :

$$x=k$$

Où k est un réel.

Sinon, l'équation réduite de D est de la forme :

$$y=mx+p$$

Où le réel m est le coefficient directeur de D et le réel p est son ordonnée à l'origine.

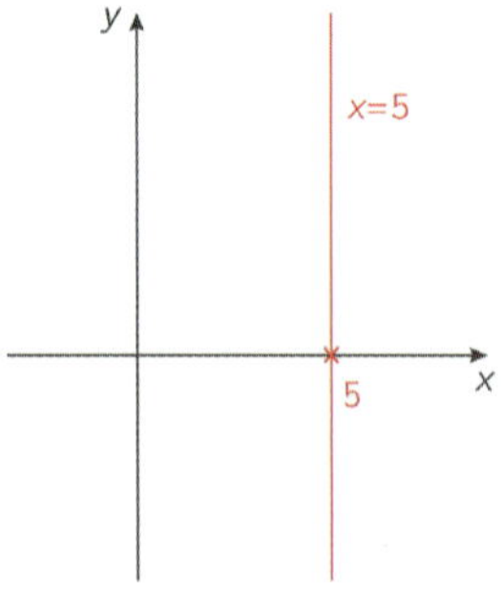

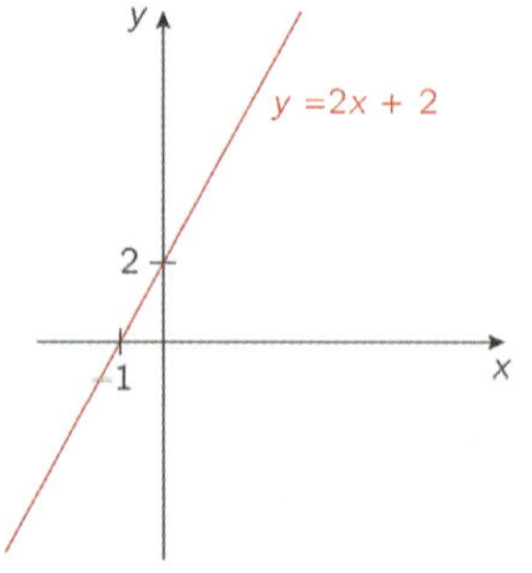

Théorème

Deux droites, non parallèles à l'axe des ordonnées, sont parallèles, si et seulement si elles ont le même coefficient directeur.

■ **Exemple**

Les droites (d) et (d'), d'équations respectives $y=-2x+6$ et $y=-2x+\frac{1}{3}$, sont parallèles, car elles ont le même coefficient directeur –2.

B. Les équations cartésiennes

Théorème

Soit une droite D. Une équation cartésienne de la droite D est une équation de la forme :

$$ax+by+c=0$$

Où a, b et c sont trois réels, a et b ne pouvant être tous les deux nuls.
Un vecteur directeur de D est le vecteur :

$$\vec{u}\begin{pmatrix}-b\\a\end{pmatrix}$$

■ **Exemple**

La droite d'équation cartésienne $-x-5y+7=0$ a pour vecteur directeur $\vec{u}\begin{pmatrix}5\\-1\end{pmatrix}$.

Propriété

Soit D une droite d'équation cartésienne $ax+by+c=0$.

- Si $b=0$, la droite D est parallèle à l'axe des ordonnées.
- Si $b\neq 0$, la droite D a pour coefficient directeur $m=-\frac{a}{b}$.

■ **Exemple**

La droite d'équation cartésienne $-x-5y+7=0$ est une droite ayant pour coefficient directeur :

$$m=\frac{-(-1)}{-5}=-\frac{1}{5}$$

Remarque

Une droite admet une infinité d'équations cartésiennes et une seule équation réduite.

■ **Exemple**

La droite (d) a pour équation cartésienne :

$3x-4y+1=0$

En multipliant chaque membre par −4, on obtient une deuxième équation cartésienne :

$-12x+16y-4=0$

En revanche, l'équation réduite de (d) est unique. En isolant y dans le membre de gauche, on obtient :

$y=\frac{3}{4}x+\frac{1}{4}$

Théorème

Les droites d'équations $ax+by+c=0$ et $a'x+b'y+c'=0$ sont parallèles si et seulement si $ab'-a'b=0$.

■ **Exemple**

Considérons les droites (d) et (d') d'équations respectives $-4x+y-7=0$ et $x-\frac{1}{4}y+15=0$.

Calculons :

$-4\times\left(-\frac{1}{4}\right)-1\times1=1-1=0$

Par conséquent, les droites (d) et (d') sont parallèles.

Donner un vecteur directeur d'une droite dont on connaît une équation cartésienne

Un vecteur directeur d'une droite (d) d'équation cartésienne $ax+by+c=0$ est $\vec{u}(-b;a)$.

■ **Étape 1 : Rappeler une équation cartésienne de la droite**

On rappelle l'équation cartésienne de la droite connue.

■ **Étape 2 : Réciter le cours**

D'après le cours, si une droite (d) a pour équation $ax+by+c=0$, a, b et c étant trois réels quelconques, alors le vecteur $\vec{u}(-b;a)$ est un vecteur directeur de (d).

■ **Étape 3 : Identifier *a* et *b***

On identifie les coefficients a et b.

■ **Étape 4 : Conclure**

On donne les coordonnées de $\vec{u}(-b;a)$, vecteur directeur de (d).

Remarque Tout vecteur $\vec{v}$ non nul colinéaire à $\vec{u}$ est également un vecteur directeur de (d).

➡ *Exemple*

Soit la droite (d) d'équation cartésienne $-3x+4y-2=0$.

Déterminer un vecteur directeur de (d).

Étape 1

(d) admet pour équation cartésienne : $-3x+4y-2=0$

Étape 2

Si une droite (d) a pour équation $ax+by+c=0$, a, b et c étant trois réels quelconques, alors le vecteur $\vec{u}(-b;a)$ est un vecteur directeur de (d).

Étape 3

Ici :

- $a=-3$
- $b=4$

Étape 4

$\vec{u}(-4;-3)$ est donc un vecteur directeur de (d).

Astuce Toute droite admet une infinité de vecteurs directeurs.

Représenter une droite dans un repère

Méthode 1 : Si l'on connaît l'équation réduite de la droite

Lorsque l'on connaît son équation réduite, on peut représenter une droite en utilisant l'ordonnée à l'origine et le coefficient directeur.

■ **Étape 1 : Rappeler l'équation de la droite**

On rappelle l'équation réduite de la droite.

■ **Étape 2 : Placer l'ordonnée à l'origine**

Pour obtenir l'ordonnée à l'origine, on pose $x = 0$.

On obtient $y = a \times 0 + b = b$.

On place donc le point $(0;b)$.

■ **Étape 3 : Utiliser le coefficient directeur pour placer un second point**

On sait que le coefficient directeur de la droite (d) vaut a.

Donc, lorsque l'on se déplace de 1 unité vers la droite sur l'axe des abscisses à partir d'un point de (d), on doit se déplacer de a verticalement pour placer un autre point de (d).

En partant du point obtenu à partir de l'ordonnée à l'origine, on peut ainsi placer un deuxième point de (d).

■ **Étape 4 : Tracer la droite**

On relie les deux points trouvés. On obtient la représentation de la droite d.

➡ *Exemple*

Tracer la droite (d) d'équation réduite $y = -4x + 6$ dans un repère.

Étape 1

L'équation réduite de (d) est : $y = -4x + 6$.

Étape 2

On remplace x par 0 dans l'équation réduite de (d).

On obtient $y = -4 \times 0 + 6$.

On place donc le point $A(0;6)$.

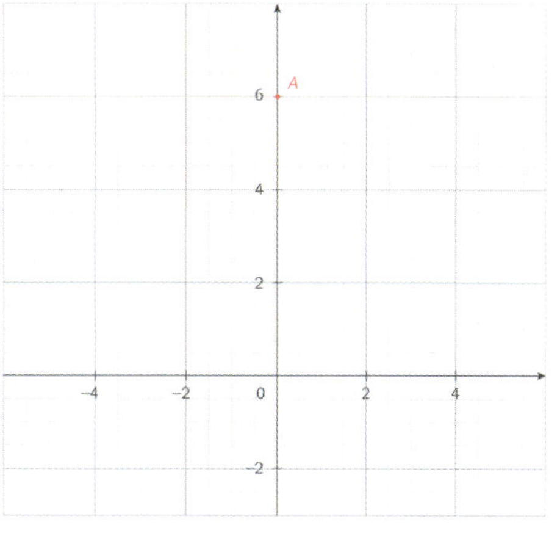

Étape 3

Le coefficient directeur de (d) est égal à -4.

Donc, lorsque l'on se déplace de 1 unité vers la droite sur l'axe des abscisses à partir d'un point de la droite, on doit se déplacer de 4 vers le bas afin de retomber sur un point de la droite.

On représente cette situation sur un graphique :

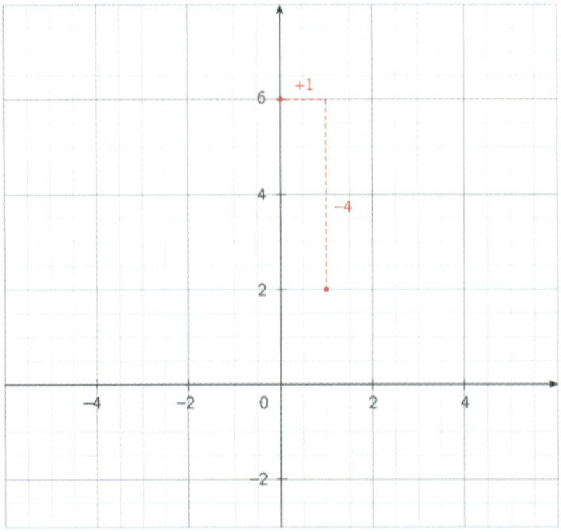

Étape 4

On relie les deux points pour obtenir la représentation de (d).

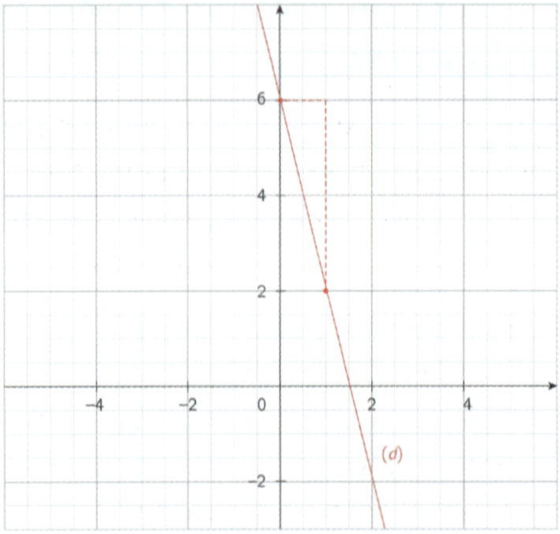

Méthode 2 : Si l'on connaît une équation cartésienne de la droite

Lorsque l'on connaît une équation cartésienne de la droite, il suffit, pour la représenter, de déterminer les coordonnées de deux points de cette droite et de les relier.

■ **Étape 1 : Rappeler une équation de la droite**

On rappelle l'équation cartésienne de la droite donnée dans l'énoncé.

■ **Étape 2 : Déterminer les coordonnées d'un point de la droite**

On choisit une valeur simple pour x. On la remplace dans l'expression de l'équation cartésienne de (d). On obtient la valeur de y correspondante.

On place le point $(x; y)$ obtenu.

■ **Étape 3 : Déterminer les coordonnées d'un second point de la droite**

On choisit une valeur x différente de la précédente. On la remplace dans l'expression de l'équation cartésienne de (d). On obtient la valeur de y correspondante.

On place le point obtenu.

■ **Étape 4 : Tracer la droite**

On relie les deux points trouvés. On obtient la représentation de la droite (d).

➡ *Exemple*

Tracer la droite (d) d'équation cartésienne $2x+3y-1=0$ dans un repère orthonormé.

Étape 1

Une équation cartésienne de (d) est $2x+3y-1=0$.

Étape 2

On pose $x = 2$.

On obtient :

$2 \times 2 + 3y - 1 = 0$

$3y = -3$

$y = -1$

On place le point $(2;-1)$.

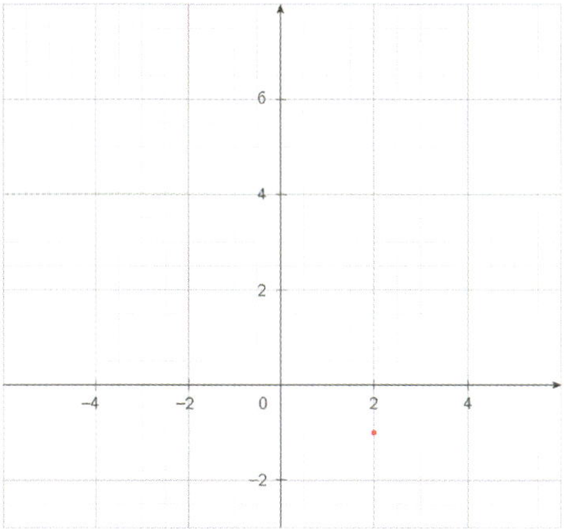

Étape 3

On pose $x = -1$.

On obtient :

$2 \times (-1) + 3y - 1 = 0$

$3y = 3$

$y = 1$

On place le point $(-1;1)$.

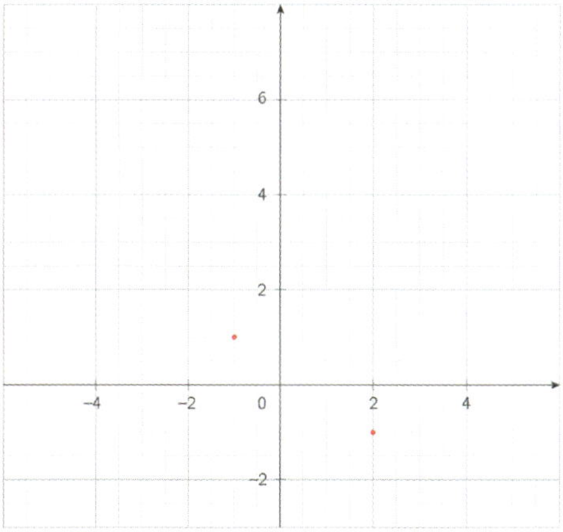

Étape 4

On relie les deux points pour obtenir la représentation de (d).

Méthode 3 : Si on connaît un point et un vecteur directeur de la droite

Pour représenter une droite lorsque l'on connaît un point et un vecteur directeur, il suffit de placer le point connu et de placer un second point grâce au vecteur directeur.

■ **Étape 1 : Rappeler le point et le vecteur directeur**

On rappelle les coordonnées du point, ainsi que les coordonnées du vecteur directeur de la droite, données par l'énoncé.

■ **Étape 2 : Placer le point**

On place le point $M(x;y)$.

■ **Étape 3 : Utiliser le vecteur directeur pour placer un deuxième point**

On sait qu'un vecteur directeur de la droite est $\vec{u}\begin{pmatrix} a \\ b \end{pmatrix}$.

On en déduit que $\forall k \in \mathbb{Z}$, les points de coordonnées $(x+ka; y+kb)$ appartiennent à la droite d.
On pose $k=1$ et on place le point $B(x+a; y+b)$.

Astuce On peut placer n'importe quel point $M_k(x+ka; y+kb)$ avec $k \in \mathbb{Z}$.
On prend toutefois généralement une valeur simple de k, comme $k=1$, ce qui réduit le risque d'erreurs de calcul.

Étape 4 : Tracer la droite

On relie les deux points trouvés. On obtient la représentation de la droite (d).

Exemple

Tracer la droite (d) passant par le point $A(1;-3)$ et de vecteur directeur $\vec{u}\begin{pmatrix}-2\\3\end{pmatrix}$ dans un repère.

Étape 1

$A(1;-3)$ appartient à la droite, et un vecteur directeur de la droite est $\vec{u}\begin{pmatrix}-2\\3\end{pmatrix}$.

Étape 2

On place le point $A(1;-3)$.

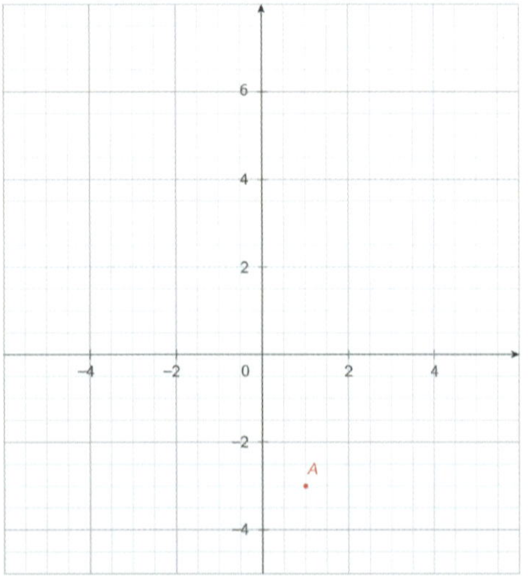

Étape 3

On sait qu'un vecteur directeur de la droite a pour coordonnées $\vec{u}\begin{pmatrix}-2\\3\end{pmatrix}$.

On en déduit que $\forall k \in \mathbb{Z}$, les points de coordonnées $(1+k\times(-2); -3+k\times 3)$ appartiennent à la droite (d).
En particulier, pour $k=1$, le point $B(1-2; -3+3)$, c'est-à-dire $B(-1;0)$, appartient à (d). On place B.

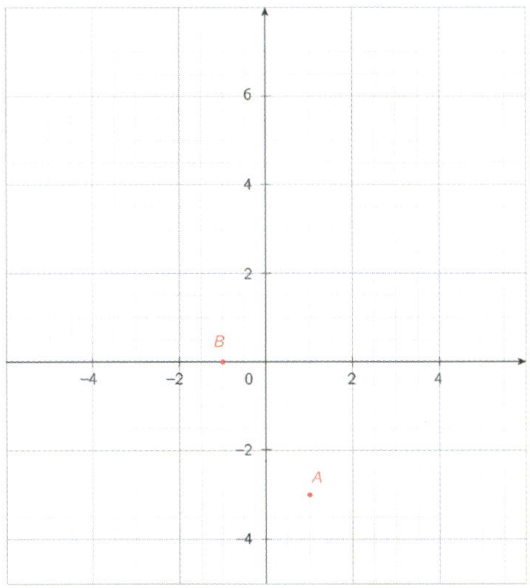

Étape 4

On relie les deux points pour obtenir la représentation graphique de (d).

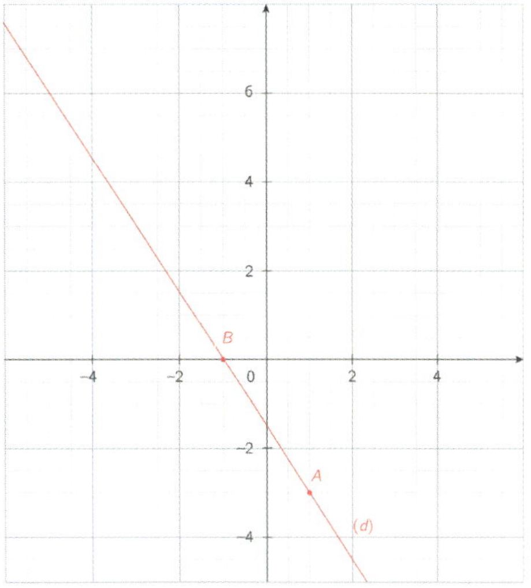

Déterminer une équation cartésienne d'une droite

Méthode 1 : En utilisant la formule

Une équation cartésienne de droite est de la forme $ax+by+c=0$. On peut déterminer une équation cartésienne de la droite (d) lorsque l'on connaît un point de la droite et un vecteur directeur de la droite.

Étape 1 : Donner la forme d'une équation de droite

D'après le cours, on sait qu'une équation cartésienne de droite est de la forme : $ax+by+c=0$.

Astuce Pour toute droite (d), il existe une infinité d'équations cartésiennes, mais une seule équation réduite.

Étape 2 : Déterminer un vecteur directeur de la droite

On détermine un vecteur directeur de la droite.

On peut l'obtenir de différentes façons :

- soit il est donné dans l'énoncé ;
- soit on donne deux points A et B appartenant à (d), $\overrightarrow{AB}$ est alors un vecteur directeur de (d) ;

– soit on donne une droite parallèle à la droite (d) de vecteur directeur connu. Un vecteur directeur de (d) est égal au vecteur directeur de la droite parallèle.

■ **Étape 3 : Déterminer les valeurs de *a* et *b***

D'après le cours, on sait que si $\vec{u}\begin{pmatrix}-b\\a\end{pmatrix}$ est un vecteur directeur de la droite (d), alors (d) admet une équation de la forme $ax+by+c=0$.

On détermine donc les valeurs de a et de b.

■ **Étape 4 : Donner les coordonnées d'un point de la droite**

Grâce aux informations de l'énoncé, on donne les coordonnées d'un point $A(x_A\,;y_A)$ de la droite (d).

■ **Étape 5 : Déterminer la valeur de *c***

On sait que le point $A(x_A\,;y_A)$ appartient à la droite (d). Ses coordonnées vérifient donc les équations de (d).

On remplace donc dans l'équation précédente de la droite :

$ax_A+by_A+c=0$

On connaît a, b, x_A et y_A, on peut donc déterminer c.

■ **Étape 6 : Conclure**

On conclut en donnant l'équation de la droite avec les coefficients a, b et c déterminés.

➡ *Exemple*

Déterminer une équation cartésienne de la droite passant par $A(2;-1)$ et de vecteur directeur $\vec{u}\begin{pmatrix}-3\\4\end{pmatrix}$.

Étape 1

On cherche une équation cartésienne de la forme $ax+by+c=0$.

Étape 2

D'après l'énoncé, la droite a pour vecteur directeur $\vec{u}\begin{pmatrix}-3\\4\end{pmatrix}$.

Étape 3

On sait que (d) a une équation de la forme $ax+by+c=0$.

Or, $\vec{u}\begin{pmatrix}-3\\4\end{pmatrix}$ est un vecteur directeur de (d).

On peut choisir a et b tels que :

$$\begin{cases}-b=-3\\a=4\end{cases}\Leftrightarrow\begin{cases}b=3\\a=4\end{cases}$$

Ainsi, (d) admet une équation cartésienne du type : $4x+3y+c=0$.

Étape 4

Le point $A(2;-1)$ appartient à la droite (d).

Étape 5

La droite (d) passe par le point $A(2;-1)$. Donc les coordonnées de A vérifient l'équation précédente de (d).

Ainsi :

$4x_A+3y_A+c=0$

$4\times2+3\times(-1)+c=0$

$8-3+c=0$

$c=-5$

Étape 6

On obtient une équation cartésienne de (d) : $4x+3y-5=0$.

Méthode 2 : En redémontrant la formule

Afin de déterminer l'équation cartésienne d'une droite (d) dont on connaît deux points A et B ou un point A et un vecteur directeur $\vec{u}$, on définit un point $M(x;y)$ appartenant à (d) puis on étudie la condition de colinéarité entre le vecteur $\overrightarrow{AM}$ et le vecteur directeur $\vec{u}$.

Étape 1 : Déterminer un vecteur directeur de la droite

On détermine un vecteur directeur de la droite.

On peut l'obtenir de différentes façons :

- soit il est donné dans l'énoncé ;
- soit on donne deux points A et B appartenant à (d), $\overrightarrow{AB}$ est alors un vecteur directeur de (d) ;
- soit on donne une droite parallèle à la droite (d) de vecteur directeur connu. Un vecteur directeur de (d) est égal au vecteur directeur de la droite parallèle.

Étape 2 : Donner les coordonnées d'un point de la droite

Grâce aux informations de l'énoncé, on donne les coordonnées d'un point $A(x_A\,;y_A)$ de la droite (d).

Étape 3 : Écrire l'équation à respecter pour qu'un point appartienne à la droite

$M(x;y)$ appartient à la droite (d) si et seulement si les vecteurs $\overrightarrow{AM}\begin{pmatrix} x-x_A \\ y-y_A \end{pmatrix}$ et $\vec{u}\begin{pmatrix} x_u \\ y_u \end{pmatrix}$ sont colinéaires.

Or, d'après le cours, deux vecteurs $\vec{m}\begin{pmatrix} a \\ b \end{pmatrix}$ et $\vec{n}\begin{pmatrix} a' \\ b' \end{pmatrix}$ sont colinéaires si et seulement si $ab'-a'b=0$.

On obtient donc l'équation suivante :

$(x-x_A)\times y_u - x_u \times (y-y_A)=0$

Étape 4 : Écrire l'équation obtenue plus simplement

On transforme l'équation pour la ramener à une équation de la forme $ax+by+c=0$.

Étape 5 : Conclure

On conclut en donnant l'équation cartésienne de (d) obtenue.

Exemple

Déterminer une équation cartésienne de la droite passant par $A(1;3)$ et de vecteur directeur $\vec{u}\begin{pmatrix} 5 \\ 2 \end{pmatrix}$.

Étape 1

La droite a pour vecteur directeur $\vec{u}\begin{pmatrix} 5 \\ 2 \end{pmatrix}$.

Étape 2

Le point $A(1;3)$ appartient à la droite (d).

Étape 3

Soit $M(x;y)$ un point quelconque du plan.

$\overrightarrow{AM}$ a pour coordonnées $\begin{pmatrix} x-1 \\ y-3 \end{pmatrix}$.

M appartient donc à la droite (d) si et seulement si les vecteurs $\overrightarrow{AM}$ et $\vec{u}$ sont colinéaires, soit, si et seulement si :

$(x-1)\times 2-5\times(y-3)=0$

Étape 4

On transforme l'équation :

$(x-1)\times 2-5\times(y-3)=0$

$\Leftrightarrow 2x-2-5y+15=0$

$\Leftrightarrow 2x-5y+13=0$

Étape 5

La droite (d) a pour équation cartésienne $2x-5y+13=0$.

Déterminer la position relative de deux droites

Deux droites (d) et (d') peuvent être sécantes, strictement parallèles ou confondues.

Étape 1 : Réciter le cours

D'après le cours, deux droites peuvent être parallèles (confondues ou non) ou sécantes.

- Deux droites sont parallèles si et seulement si leurs vecteurs directeurs sont colinéaires.
- Deux droites sont sécantes si elles ont un unique point commun.

Étape 2 : Déterminer un vecteur directeur de chaque droite

On détermine donc un vecteur directeur de chaque droite.

On peut l'obtenir de différentes façons :

- soit il est donné dans l'énoncé ;
- soit on donne deux points A et B appartenant à (d), $\overrightarrow{AB}$ est alors un vecteur directeur de (d) ;
- soit on donne une droite parallèle à la droite (d) de vecteur directeur connu. Un vecteur directeur de (d) est égal au vecteur directeur de la droite parallèle.

Étape 3 : Étudier la colinéarité des vecteurs

Les vecteurs directeurs obtenus sont $\vec{u}\begin{pmatrix} x \\ y \end{pmatrix}$ et $\vec{v}\begin{pmatrix} x' \\ y' \end{pmatrix}$.

On détermine si les vecteurs sont colinéaires :

- Si $xy' - x'y = 0$, alors les vecteurs directeurs sont colinéaires.
- Si $xy' - x'y \neq 0$, alors les vecteurs directeurs ne sont pas colinéaires.

Étape 4 : Conclure

On conclut : soit les droites sont parallèles, soit elles sont sécantes.

Si les droites sont parallèles, on vérifie si elles ont un point commun. On détermine un point de (d) et on regarde s'il appartient à (d').

- Si c'est le cas, les droites sont confondues.
- Sinon, elles sont strictement parallèles.

➡ *Exemple*

Soient les droites (d) d'équation cartésienne $2x - y + 1 = 0$ et (d') d'équation cartésienne $-x + \frac{1}{2}y + 3 = 0$.

Étudier la position relative de (d) et de (d').

Étape 1

Deux droites sont parallèles si et seulement si leurs vecteurs directeurs sont colinéaires. Sinon, elles sont sécantes en un point.

Étape 2

Une équation de (d) est $2x - y + 1 = 0$.

Donc un vecteur directeur de (d) est $\vec{u}\begin{pmatrix} 1 \\ 2 \end{pmatrix}$.

Une équation de (d') est $-x + \frac{1}{2}y + 3 = 0$.

Donc un vecteur directeur de (d') est $\vec{v}\begin{pmatrix} -\frac{1}{2} \\ -1 \end{pmatrix}$.

Étape 3

Déterminons si $\vec{u}$ et $\vec{v}$ sont colinéaires.

On calcule :

$$1\times(-1)-2\times\left(-\frac{1}{2}\right)=-1+1=0$$

$\vec{u}$ et $\vec{v}$ sont colinéaires.

Étape 4

Ainsi, les droites (d) et (d') sont parallèles.

Déterminons si elles sont confondues.

On pose $x=0$ dans l'expression de (d) :

$2\times 0-y+1=0$

$y=1$

Le point $A(0;1)$ appartient donc à la droite (d).

On détermine si le point A appartient à (d') en remplaçant x et y par les coordonnées de A dans l'équation donnée de (d') :

$$-0+\frac{1}{2}\times 1+3=\frac{7}{2}\neq 0$$

Le point A n'appartient donc pas à (d').

Les droites (d) et (d') sont donc strictement parallèles.

Exercice n° 1

Soit (d) la droite d'équation $2x-3y+15=0$.
Déterminer un vecteur directeur de (d).

Exercice n° 2

Soit d la droite d'équation $y=\frac{1}{2}x-3$.
Le point $A(4;1)$ appartient-il à d ?

Exercice n° 3

Soit d la droite de vecteur directeur $\vec{u}(2;-3)$ passant par le point $A(0;3)$.
Déterminer une équation cartésienne de d.

Exercice n° 4

Déterminer une équation cartésienne de la droite d passant par $M(4;3)$ et parallèle à $d':3x+8y+11=0$.

Exercice n° 5

Soit D la droite passant par les points $A(-2;4)$ et $B(1;3)$. Déterminer une équation cartésienne de la droite D.

Exercice n° 6

Soit D la droite d'équation $2x+y-6=0$ et soit D' la droite d'équation $3x-2y+4=0$.
Déterminer les coordonnées du point d'intersection de D et de D' s'il existe.

Encore plus d'exercices sur **Kartable.fr**

Exercice n° 1

D'après le cours, si une droite (d) a pour équation $ax+by+c=0$, a, b et c étant trois réels quelconques, alors le vecteur $\vec{u}(-b;a)$ est un vecteur directeur de (d).
Ici, on a : $(d): 2x-3y+15=0$.
On a donc :
- $a=2$
- $b=-3$ donc $-b=3$

→ $\vec{u}(3;2)$ est un vecteur directeur de (d).

Exercice n° 2

Si d est une droite et A est un point du plan, $A \in d$ si et seulement si ses coordonnées vérifient l'équation donnée de la droite.
Ici, d a pour équation $y=\frac{1}{2}x-3$ et $A(4;1)$. On remplace les coordonnées de A dans l'équation de d.

$\frac{1}{2}\times 4-3=2-3=-1$

Or, $-1 \neq y_A$

→ Ainsi, $A \notin d$.

Exercice n° 3

D'après le cours, si une droite d a pour vecteur directeur $\vec{u}(-b;a)$, alors d admet une équation cartésienne de la forme $ax+by+c=0$.
d a ici pour vecteur directeur $\vec{u}(2;-3)$, ce qui signifie que l'on peut choisir :
- $-b=2$, donc $b=-2$
- $a=-3$

d admet donc une équation cartésienne de la forme $-3x-2y+c=0$.
Il reste à déterminer c. On sait que le point $A(0;3)$ appartient à d, ses coordonnées vérifient donc l'équation de d. On obtient :

$-3x_A-2y_A+c=0$

$c=3x_A+2y_A=3\times 0+2\times 3=6$

→ Une équation cartésienne de d est $-3x-2y+6=0$.

Exercice n° 4

Étape 1 : Détermination d'un vecteur directeur de d'

d et d' sont parallèles, donc tout vecteur directeur de d' est également un vecteur directeur de d. On détermine donc un vecteur directeur de d'.

Or, une droite d'équation $ax+by+c=0$ admet le vecteur $\vec{u}(-b;a)$ comme vecteur directeur. Ici, d' a pour équation $3x+8y+11=0$.

On a donc :

- $a=3$;
- $b=8$ donc $-b=-8$.

Le vecteur $\vec{u}(-8;3)$ est donc un vecteur directeur de d'.

Étape 2 : Équation de d

$\vec{u}(-8;3)$ est un vecteur directeur de d. La droite d admet donc une équation de la forme $3x+8y+c=0$.

Il reste à déterminer c. On sait que le point $M(4;3)$ appartient à d. Ses coordonnées vérifient donc une équation de d. Ainsi :

$3x_M+8y_M+c=0$

$\Leftrightarrow 3\times 4+8\times 3+c=0$

$\Leftrightarrow c=-36$

→ d admet pour équation cartésienne : $3x+8y-36=0$.

Exercice n° 5

Étape 1 : Détermination de a et b

D passe par les points $A(-2;4)$ et $B(1;3)$.

$\overrightarrow{AB}$ est donc un vecteur directeur de D.

$\overrightarrow{AB}\begin{pmatrix} x_b-x_a \\ y_b-y_a \end{pmatrix}$

$\overrightarrow{AB}\begin{pmatrix} 1-(-2) \\ 3-4 \end{pmatrix}$

$\overrightarrow{AB}\begin{pmatrix} 3 \\ -1 \end{pmatrix}$

D'après le cours, si $\vec{u}\begin{pmatrix} -b \\ a \end{pmatrix}$ est un vecteur directeur de D, alors D admet pour équation $ax+by+c=0$, c étant une constante réelle à calculer.

Ici, on a :

- $-b=3$, donc $b=-3$
- $a=-1$

D admet donc une équation de la forme $-x-3y+c=0$.

Étape 2 : Calcul de c

$A \in D$, donc les coordonnées de A vérifient une équation de D :

$-x_A - 3y_A + c = 0$

$\Leftrightarrow -(-2)-3\times 4+c=0$

$\Leftrightarrow 2-12+c=0$

$\Leftrightarrow -10+c=0$

$\Leftrightarrow c=10$

→ Une équation cartésienne de D est donc $-x-3y+10=0$.

Exercice n° 6

Étape 1 : On vérifie que les droites sont bien sécantes

La droite D admet pour équation cartésienne $2x+y-6=0$.

Le vecteur $\vec{u}(-1;2)$ est donc un vecteur directeur de D.

La droite D' admet pour équation cartésienne $3x-2y+4=0$.

Le vecteur $\vec{v}(2;3)$ est donc un vecteur directeur de D'.

D et D' sont sécantes si, et seulement si, les vecteurs $\vec{u}$ et $\vec{v}$ ne sont pas colinéaires.

Or, deux vecteurs $\vec{u}\begin{pmatrix} x \\ y \end{pmatrix}$ et $\vec{v}\begin{pmatrix} x' \\ y' \end{pmatrix}$ sont colinéaires si, et seulement si, $xy'-x'y=0$.

Ici, on a :

$-1\times 3-2\times 2=-3-4=-7\neq 0$

Les vecteurs $\vec{u}$ et $\vec{v}$ ne sont pas colinéaires.

Les droites D et D' sont donc sécantes.

Étape 2 : Détermination des coordonnées du point d'intersection

On note $(x;y)$ les coordonnées du point d'intersection des droites D et D'.

Alors, le couple $(x;y)$ est solution du système suivant :

$$\begin{cases} 2x+y-6=0 \\ 3x-2y+4=0 \end{cases}$$

On résout ce système :

$$\begin{cases} 2x+y-6=0 \\ 3x-2y+4=0 \end{cases}$$

$$\Leftrightarrow \begin{cases} y=-2x+6 \\ 3x-2(-2x+6)+4=0 \end{cases}$$

$$\Leftrightarrow \begin{cases} y=-2x+6 \\ 3x+4x-12+4=0 \end{cases}$$

$$\Leftrightarrow \begin{cases} y = -2x + 6 \\ 7x - 8 = 0 \end{cases}$$

$$\Leftrightarrow \begin{cases} x = \dfrac{8}{7} \\ y = -2 \times \dfrac{8}{7} + 6 \end{cases}$$

$$\Leftrightarrow \begin{cases} x = \dfrac{8}{7} \\ y = -\dfrac{16}{7} + \dfrac{42}{7} \end{cases}$$

$$\Leftrightarrow \begin{cases} x = \dfrac{8}{7} \\ y = \dfrac{26}{7} \end{cases}$$

→ $I\left(\dfrac{8}{7};\dfrac{26}{7}\right)$ sont les coordonnées du point d'intersection de D et D'.

Chapitre 9

Le produit scalaire

On se place dans le plan muni d'un repère orthonormal $(O;\vec{i},\vec{j})$.

I. Le produit scalaire de deux vecteurs

A. Généralités

Définition

Soient $\vec{u}$ et $\vec{v}$ deux vecteurs non nuls. On appelle produit scalaire des vecteurs $\vec{u}$ et $\vec{v}$, noté $\vec{u}\cdot\vec{v}$, le réel :

$$\vec{u}\cdot\vec{v}=\|\vec{u}\|\times\|\vec{v}\|\times\cos(\vec{u},\vec{v})$$

■ ***Exemple***

Soient les vecteurs $\vec{u}$ et $\vec{v}$ tels que $\|\vec{u}\|=2$, $\|\vec{v}\|=3$ et $(\vec{u},\vec{v})=\frac{\pi}{3}[2\pi]$.
On a :

$\vec{u}\cdot\vec{v}=\|\vec{u}\|\times\|\vec{v}\|\times\cos(\vec{u},\vec{v})$

$\vec{u}\cdot\vec{v}=2\times3\times\cos\left(\frac{\pi}{3}\right)$

$\vec{u}\cdot\vec{v}=2\times3\times\frac{1}{2}$

$\vec{u}\cdot\vec{v}=3$

Propriété

Si A, B et C sont trois points distincts, alors :

$$\overrightarrow{AB}\cdot\overrightarrow{AC}=AB\times AC\times\cos(\widehat{BAC})$$

■ ***Exemple***

Soit ABC un triangle tel que $AB=2$, $AC=3$ et $\widehat{BAC}=60°$.
On a :

$\overrightarrow{AB}\cdot\overrightarrow{AC}=AB\times AC\times\cos(\widehat{BAC})$

$\overrightarrow{AB}\cdot\overrightarrow{AC}=2\times3\times\cos(60°)$

$\overrightarrow{AB}\cdot\overrightarrow{AC}=2\times3\times\frac{1}{2}$

$\overrightarrow{AB}\cdot\overrightarrow{AC}=3$

Remarque

Le produit scalaire $\vec{u}\cdot\vec{v}$ a le même signe que $\cos(\vec{u},\vec{v})$.

Définition

Si au moins l'un des vecteurs est nul, alors on pose :

$$\vec{u} \cdot \vec{v} = 0$$

Propriété

On a, pour tout vecteur $\vec{u}$:

$$\vec{u} \cdot \vec{u} = \| \vec{u} \|^2$$

■ ***Exemple***

Soient deux points A et B tels que $AB = 12$. On a :
$\overrightarrow{AB} \cdot \overrightarrow{AB} = \| \overrightarrow{AB} \|^2 = AB^2 = 12^2 = 144$

Propriété

Soient $\vec{u}$, $\vec{v}$ et $\vec{w}$ trois vecteurs quelconques du plan. Soit k un réel. On a alors :

Commutativité :

$$\vec{u} \cdot \vec{v} = \vec{v} \cdot \vec{u}$$

Distributivité :

$$\vec{u} \cdot (\vec{v} + \vec{w}) = \vec{u} \cdot \vec{v} + \vec{u} \cdot \vec{w}$$

Multiplication par un réel k :

$$k(\vec{u} \cdot \vec{v}) = (k\vec{u}) \cdot \vec{v} = \vec{u} \cdot (k\vec{v})$$

Propriété

Deux vecteurs sont orthogonaux si et seulement si leur produit scalaire est nul.

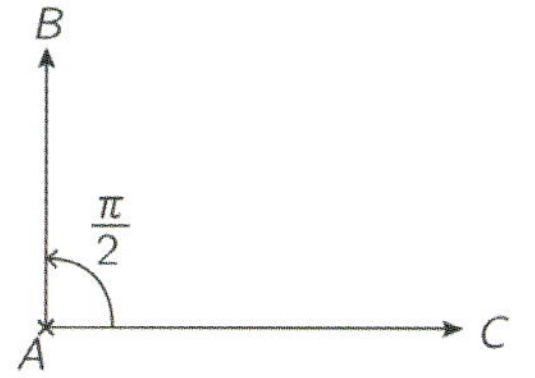

$\overrightarrow{AB} \cdot \overrightarrow{AC} = 0$ car $\cos(\frac{\pi}{2}) = 0$

Propriété

Le produit scalaire $\overrightarrow{AB} \cdot \overrightarrow{AC}$ de deux vecteurs $\overrightarrow{AB}$ et $\overrightarrow{AC}$ colinéaires est égal à :

- $AB \times AC$ si $\overrightarrow{AB}$ et $\overrightarrow{AC}$ sont de même sens.
- $-AB \times AC$ si $\overrightarrow{AB}$ et $\overrightarrow{AC}$ sont de sens contraire.

Cas n°1 : $\overrightarrow{AB}.\overrightarrow{AC} = AB \times AC$ car $\cos(0) = 1$

Cas n°2 : $\overrightarrow{AB}.\overrightarrow{AC} = -AB \times AC$ car $\cos(\pi) = -1$

B. L'expression avec le projeté orthogonal

Soient A, B et C trois points distincts du plan, et H le projeté orthogonal de C sur (AB).

Propriété

Si $H \in [AB)$:

$$\overrightarrow{AB} \cdot \overrightarrow{AC} = AB \times AH$$

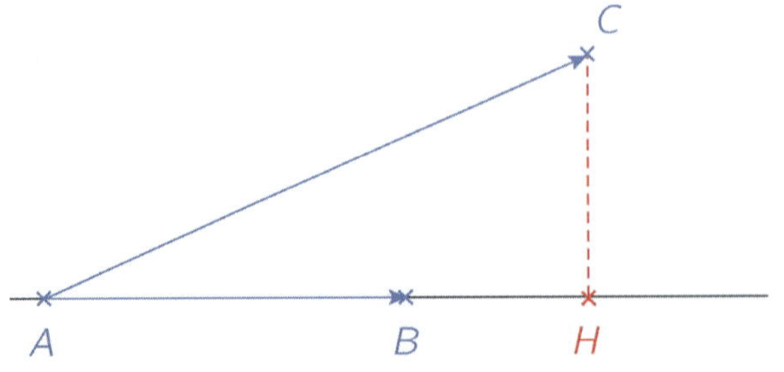

■ ***Exemple***

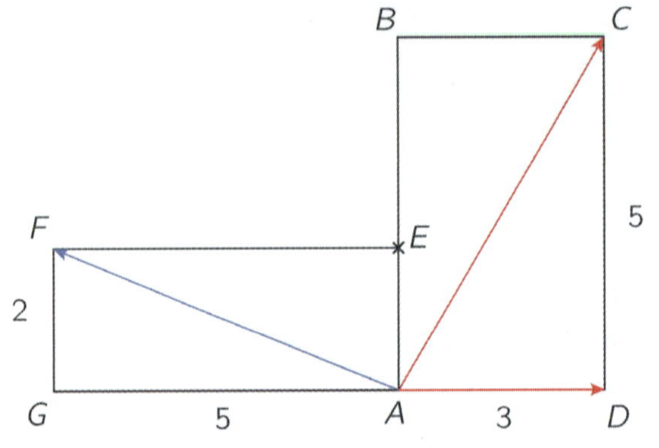

$ABCD$ et $FEAG$ sont des rectangles avec $E \in [AB]$, $CD = 5$, $AD = 3$, $FG = 2$ et $AG = 5$. On cherche à calculer $\overrightarrow{AD} \cdot \overrightarrow{AC}$.

D est le projeté orthogonal de C sur (AD).

Donc :

$\overrightarrow{AD} \cdot \overrightarrow{AC} = AD \times AD = 3 \times 3 = 9$

Propriété

Si $H \notin [AB)$:

$$\overrightarrow{AB} \cdot \overrightarrow{AC} = -AB \times AH$$

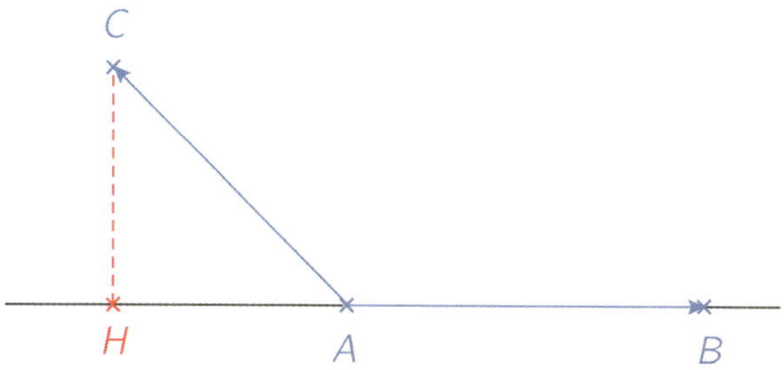

■ **Exemple**

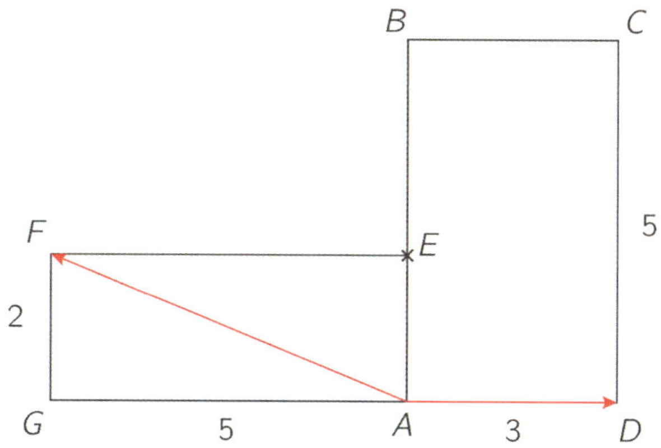

$ABCD$ et $FEAG$ sont des rectangles avec $E \in [AB]$, $CD = 5$, $AD = 3$, $FG = 2$ et $AG = 5$. On cherche à calculer $\overrightarrow{AD} \cdot \overrightarrow{AF}$.

G est le projeté orthogonal de F sur (AD) et $G \notin [AD]$.

Donc :

$\overrightarrow{AD} \cdot \overrightarrow{AF} = -AD \times AG = -3 \times 5 = -15$

C. L'expression analytique

Théorème

Le produit scalaire des vecteurs $\vec{u}\begin{pmatrix} x \\ y \end{pmatrix}$ et $\vec{v}\begin{pmatrix} x' \\ y' \end{pmatrix}$ est égal à :
$\vec{u} \cdot \vec{v} = xx' + yy'$

■ **Exemple**

On considère les vecteurs $\overrightarrow{AB}\begin{pmatrix} 5 \\ -1 \end{pmatrix}$ et $\overrightarrow{AC}\begin{pmatrix} 7 \\ -8 \end{pmatrix}$.

$\overrightarrow{AB} \cdot \overrightarrow{AC} = 5 \times 7 + (-1) \times (-8) = 35 + 8 = 43$

D. L'expression avec les normes

Théorème

Soient $\vec{u}$ et $\vec{v}$ deux vecteurs. Les deux expressions suivantes permettent de calculer le produit scalaire $\vec{u} \cdot \vec{v}$:

$$\vec{u} \cdot \vec{v} = \frac{1}{2}\left(\|\vec{u}\|^2 + \|\vec{v}\|^2 - \|\vec{u} - \vec{v}\|^2\right)$$

$$\vec{u} \cdot \vec{v} = \frac{1}{2}\left(\|\vec{u} + \vec{v}\|^2 - \|\vec{u}\|^2 - \|\vec{v}\|^2\right)$$

■ ***Exemple***

On cherche à calculer $\overrightarrow{AD} \cdot \overrightarrow{AB}$ à l'aide de la figure suivante :

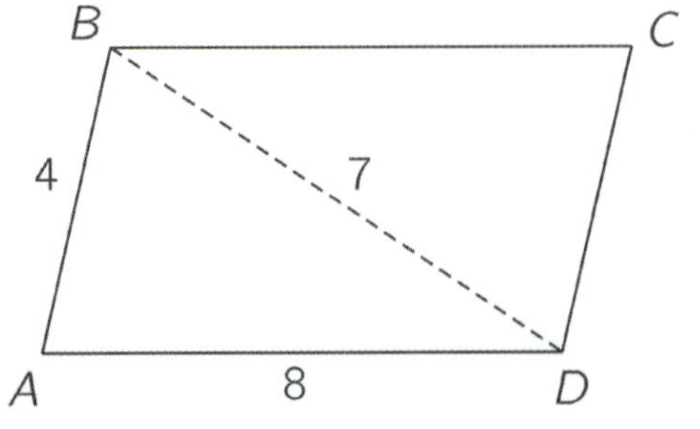

$ABCD$ est un parallélogramme.

$$\overrightarrow{AD} \cdot \overrightarrow{AB} = \frac{1}{2} \times \left(AD^2 + AB^2 - \|\overrightarrow{AD} - \overrightarrow{AB}\|^2\right)$$

Ainsi :

$$\overrightarrow{AD} \cdot \overrightarrow{AB} = \frac{1}{2} \times \left(8^2 + 4^2 - \|\overrightarrow{BD}\|^2\right) = \frac{1}{2} \times \left(80 - 7^2\right) = \frac{31}{2}$$

II. Vecteurs orthogonaux

A. La caractérisation analytique

Théorème

Dans un repère orthonormal, deux vecteurs $\vec{u}\begin{pmatrix} x \\ y \end{pmatrix}$ et $\vec{v}\begin{pmatrix} x' \\ y' \end{pmatrix}$ sont orthogonaux si et seulement si :

$$xx' + yy' = 0$$

■ **Exemple**

On cherche à déterminer l'orthogonalité des vecteurs $\overrightarrow{AB}\begin{pmatrix}4\\-3\end{pmatrix}$ et $\overrightarrow{AC}\begin{pmatrix}12\\16\end{pmatrix}$.

$\overrightarrow{AB}\cdot\overrightarrow{AC} = 4\times 12 + (-3)\times(16) = 48 - 48 = 0$

Les vecteurs $\overrightarrow{AB}$ et $\overrightarrow{AC}$ sont donc orthogonaux.

B. Vecteur normal à une droite

Définition

Soient une droite D et un vecteur non nul $\vec{n}$ du plan.
Le vecteur $\vec{n}$ est normal à la droite D si et seulement s'il est orthogonal à un vecteur directeur de D.

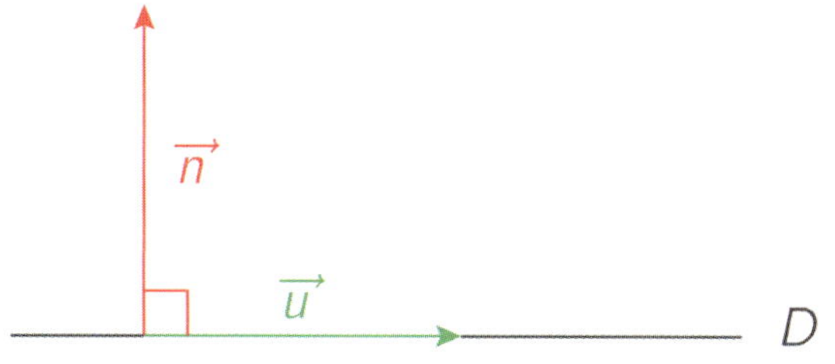

Théorème

Soit une droite D d'équation cartésienne $ax + by + c = 0$. Un vecteur normal à D est le vecteur :

$$\vec{n}\begin{pmatrix}a\\b\end{pmatrix}$$

■ **Exemple**

Une droite dont une équation cartésienne est $5x - 2y + 7 = 0$ a pour vecteur normal $\vec{u}\begin{pmatrix}5\\-2\end{pmatrix}$.

Propriété

Il suffit de connaître un point et un vecteur normal d'une droite pour la définir.

■ **Exemple**

Déterminons une équation cartésienne de la droite (d) passant par le point $A(2;1)$ et dont un vecteur normal est $\vec{u}\begin{pmatrix}-1\\4\end{pmatrix}$.

Comme $\vec{u}\begin{pmatrix}-1\\4\end{pmatrix}$ est normal à (d), (d) a une équation de la forme :

$-x + 4y + c = 0$

Or, $A \in (d)$, donc ses coordonnées vérifient l'équation de (*d*). On obtient :

$-x_A + 4y_A + c = 0$

D'où :

$-2 + 4 \times 1 + c = 0$

Ainsi :

$c = -2$

Une équation de (*d*) est donc :

$-x + 4y - 2 = 0$

C. Équation de cercles

Définition

Le cercle de centre K de rayon R admet pour équation :

$$(x - x_K)^2 + (y - y_K)^2 = R^2$$

■ ***Exemple***

Le cercle de centre $K(-2;5)$ et de rayon 3 a pour équation :

$(x+2)^2 + (y-5)^2 = 9$

Théorème

Soient A et B deux points distincts. Le point M appartient au cercle de diamètre $[AB]$ si et seulement si :

$$\overrightarrow{MA} \cdot \overrightarrow{MB} = 0$$

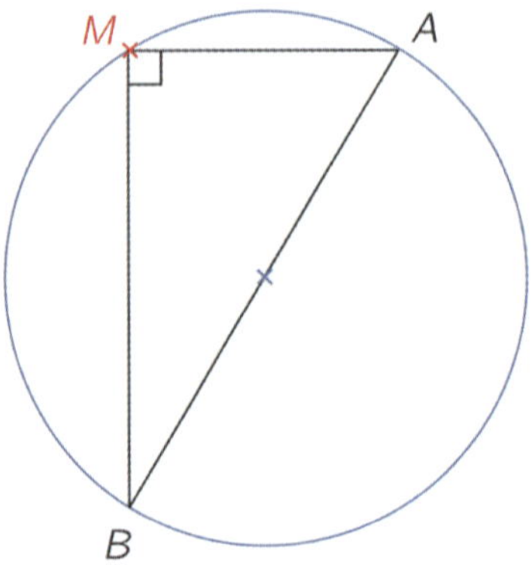

III. Applications

A. Théorème de la médiane

Théorème

Soient A et B deux points distincts fixés et I le milieu du segment $[AB]$. Pour tout point M du plan, on a :

$$MA^2 + MB^2 = 2MI^2 + \frac{AB^2}{2}$$

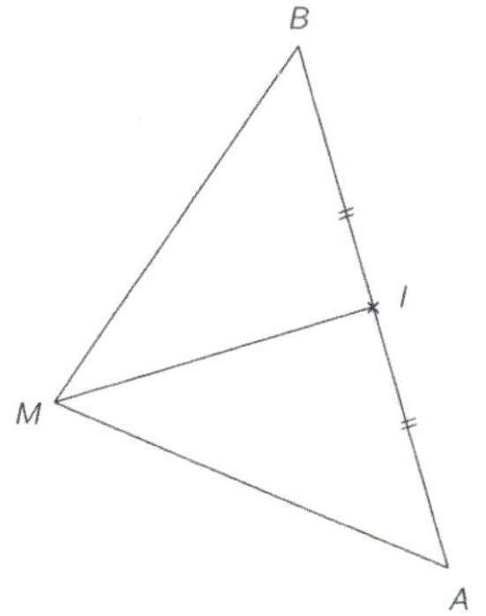

■ ***Exemple***

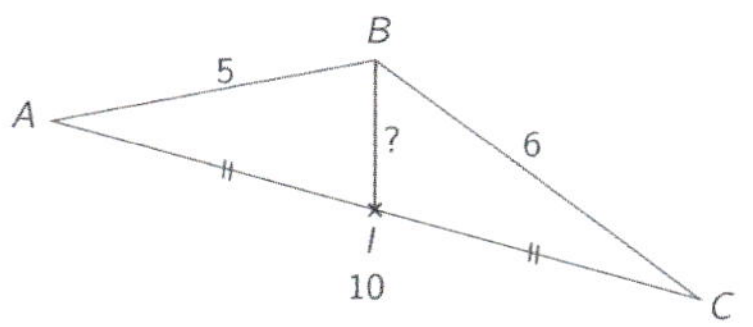

On cherche à calculer BI.
D'après le théorème de la médiane, on a :

$$BA^2 + BC^2 = 2BI^2 + \frac{AC^2}{2}$$

Donc :

$$BI^2 = \frac{1}{2} \times \left(BA^2 + BC^2 - \frac{AC^2}{2} \right)$$

On calcule :

$$BI^2 = \frac{1}{2} \times \left(5^2 + 6^2 - \frac{10^2}{2}\right) = \frac{11}{2}$$

Soit, comme une longueur est toujours positive :

$$BI = \sqrt{\frac{11}{2}} = \frac{\sqrt{22}}{2}$$

B. Théorème d'Al-Kashi

Théorème

Dans tout triangle *ABC*, avec les notations de la figure ci-dessous :

$$a^2 = b^2 + c^2 - 2bc\cos\hat{A}$$

$$b^2 = c^2 + a^2 - 2ca\cos\hat{B}$$

$$c^2 = a^2 + b^2 - 2ab\cos\hat{C}$$

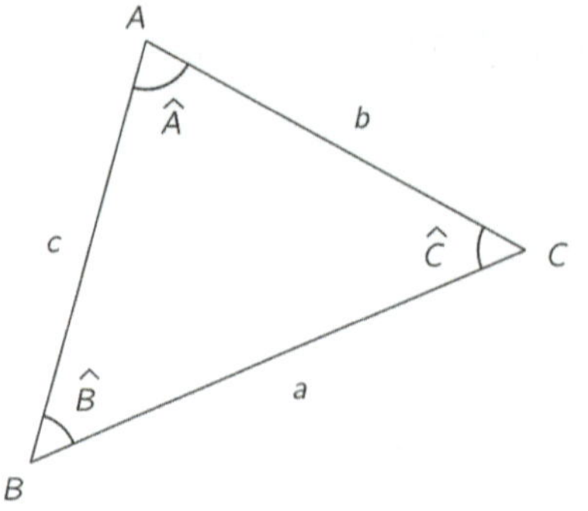

■ **Exemple**

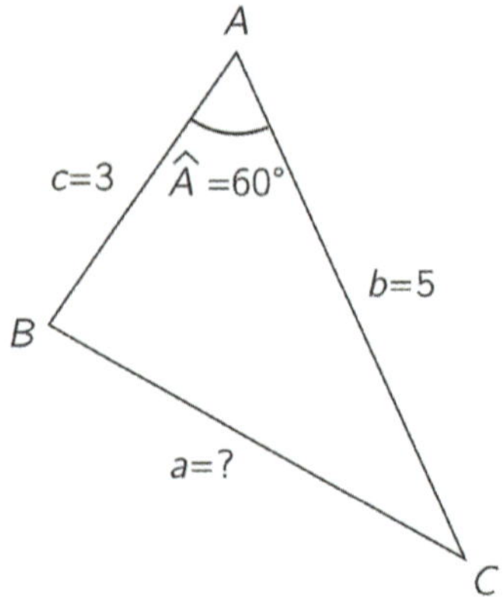

On cherche à calculer BC. D'après le théorème d'Al-Kashi, on a :

$a^2 = b^2 + c^2 - 2bc\cos\hat{A}$

Soit :

$$a^2 = 5^2 + 3^2 - 2 \times 5 \times 3 \times \cos(60°) = 25 + 9 - 30 \times \frac{1}{2} = 34 - 15 = 19$$

D'où :

$a = \sqrt{19}$

C. Formule des aires

Propriété

Soit ABC un triangle non aplati d'aire Γ. On a alors, avec les mêmes notations que pour le théorème d'Al-Kashi :

$$\Gamma = \frac{1}{2}bc\sin(\hat{A}) = \frac{1}{2}ac\sin(\hat{B}) = \frac{1}{2}ab\sin(\hat{C})$$

■ ***Exemple***

On considère le triangle suivant :

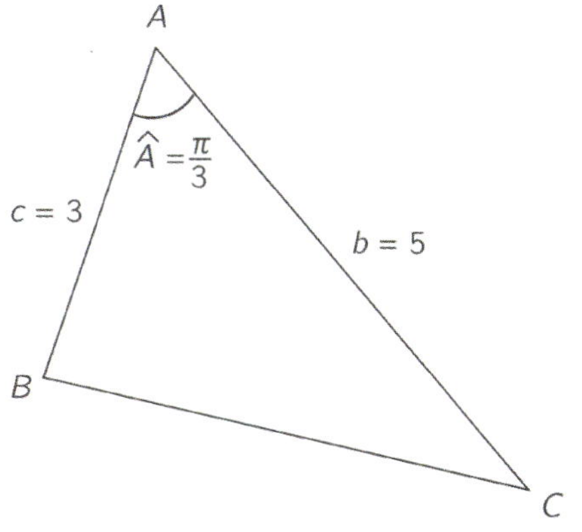

L'aire du triangle ABC est :

$$\Gamma = \frac{1}{2}bc\sin(\hat{A})$$

$$\Gamma = \frac{1}{2} \times 5 \times 3 \times \sin(60°)$$

$$\Gamma = \frac{1}{2} \times 5 \times 3 \times \frac{\sqrt{3}}{2}$$

$$\Gamma = \frac{15\sqrt{3}}{4} \text{ u.a.}$$

D. Formule des sinus

Propriété

Soit ABC un triangle non aplati. On a alors, avec les mêmes notations que pour le théorème d'Al-Kashi :

$$\frac{a}{\sin(\widehat{A})}=\frac{b}{\sin(\widehat{B})}=\frac{c}{\sin(\widehat{C})}$$

■ ***Exemple***

On considère le triangle suivant, dans lequel on cherche à déterminer la valeur de a :

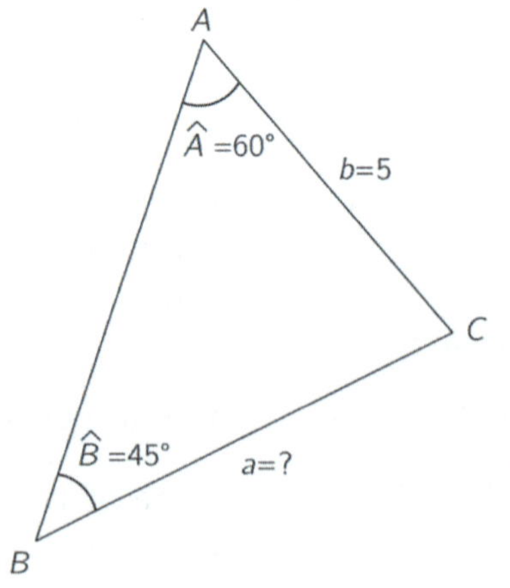

D'après la formule des sinus, on a :

$$\frac{a}{\sin(\widehat{A})}=\frac{b}{\sin(\widehat{B})}$$

Soit :

$$a=\frac{b\times\sin(\hat{A})}{\sin(\widehat{B})}$$

$$a=\frac{5\sin(60°)}{\sin(45°)}$$

$$a=\frac{5\times\frac{\sqrt{3}}{2}}{\frac{\sqrt{2}}{2}}$$

$$a=5\times\frac{\sqrt{3}}{\sqrt{2}}$$

$$a=\frac{5\sqrt{6}}{2}$$

Démontrer que deux droites sont perpendiculaires

Méthode 1 : Avec des vecteurs normaux de chaque droite

Deux droites (d) et (d') sont orthogonales si et seulement si leurs vecteurs normaux sont orthogonaux.

Étape 1 : Déterminer un vecteur normal de chaque droite

D'après le cours, si une droite (d) a pour équation cartésienne $ax+by+c=0$, alors $\vec{u}\begin{pmatrix}a\\b\end{pmatrix}$ est un vecteur normal de (d).

On détermine les cordonnées d'un vecteur $\vec{u}\begin{pmatrix}x\\y\end{pmatrix}$ normal à (d) et d'un vecteur $\vec{v}\begin{pmatrix}x'\\y'\end{pmatrix}$ normal à (d').

Étape 2 : Rappeler le cours

On rappelle que deux droites sont orthogonales si et seulement si leurs vecteurs normaux sont orthogonaux, c'est-à-dire si le produit scalaire de ces deux vecteurs est nul.

Étape 3 : Calculer le produit scalaire

On calcule donc le produit scalaire $\vec{u}.\vec{v}$.

Étape 4 : Conclure

- Si le produit scalaire est nul, les droites (d) et (d') sont perpendiculaires.
- Sinon, les droites (d) et (d') ne sont pas perpendiculaires.

Exemple

Soient (d) et (d') les droites d'équations cartésiennes respectives $2x+y-3=0$ et $-x+2y+4=0$.

Démontrer que (d) et (d') sont perpendiculaires.

Étape 1

On sait que si la droite (d) a pour équation cartésienne $ax+by+c=0$, alors $\vec{u}\begin{pmatrix}a\\b\end{pmatrix}$ est un vecteur normal de (d).

Or, la droite (d) a pour équation cartésienne $2x+y-3=0$.

Donc, un vecteur normal de (d) est $\vec{u}\begin{pmatrix}2\\1\end{pmatrix}$.

De même, la droite (d') a pour équation cartésienne $-x+2y+4=0$.

Donc, un vecteur normal de (d') est $\vec{v}\begin{pmatrix}-1\\2\end{pmatrix}$.

Étape 2

D'après le cours, deux droites sont orthogonales si et seulement si leurs vecteurs normaux sont orthogonaux, c'est-à-dire si le produit scalaire de ces deux vecteurs est nul.

Étape 3

On calcule le produit scalaire $\vec{u}.\vec{v}$:

$\vec{u}.\vec{v}=2\times(-1)+1\times 2$

$\vec{u}.\vec{v}=0$

Étape 4

Le produit scalaire $\vec{u}.\vec{v}$ étant nul, les droites (d) et (d') sont perpendiculaires.

Méthode 2 : Avec les vecteurs directeurs de chaque droite

Deux droites (d) et (d') sont orthogonales si et seulement si leurs vecteurs directeurs sont orthogonaux.

Étape 1 : Déterminer un vecteur directeur de chaque droite

D'après le cours, si une droite (d) a pour équation cartésienne $ax+by+c=0$, alors $\vec{u}\begin{pmatrix}-b\\a\end{pmatrix}$ est un vecteur directeur de (d).

On détermine les cordonnées d'un vecteur $\vec{u}\begin{pmatrix}x\\y\end{pmatrix}$ directeur de (d) et d'un vecteur $\vec{v}\begin{pmatrix}x'\\y'\end{pmatrix}$ directeur de (d').

Étape 2 : Rappeler le cours

On rappelle que deux droites sont orthogonales si et seulement si leurs vecteurs directeurs sont orthogonaux, c'est-à-dire si le produit scalaire de ces deux vecteurs est nul.

Étape 3 : Calculer le produit scalaire

On calcule le produit scalaire $\vec{u}.\vec{v}$.

Étape 4 : Conclure

- Si le produit scalaire est nul, les droites (d) et (d') sont perpendiculaires.
- Sinon, les droites (d) et (d') ne sont pas perpendiculaires.

➡ *Exemple*

Soient (d) et (d') les droites d'équations cartésiennes respectives : $4x+2y+13=0$ et $3x-6y+5=0$.

Démontrer que (d) et (d') sont perpendiculaires.

Étape 1

On sait que si la droite (d) a pour équation cartésienne $ax+by+c=0$, alors $\vec{u}\begin{pmatrix}-b\\a\end{pmatrix}$ est un vecteur directeur de (d).

Or, la droite (d) a pour équation cartésienne $4x+2y+13=0$.

Donc, un vecteur directeur de (d) est $\vec{u}\begin{pmatrix}-2\\4\end{pmatrix}$.

De même, la droite (d') a pour équation cartésienne $3x-6y+5=0$.

Donc, un vecteur directeur de (d') est $\vec{v}\begin{pmatrix}6\\3\end{pmatrix}$.

Étape 2

D'après le cours, deux droites sont orthogonales si et seulement si leurs vecteurs directeurs sont orthogonaux, c'est-à-dire si le produit scalaire de ces deux vecteurs est nul.

Étape 3

On calcule le produit scalaire $\vec{u}.\vec{v}$:

$\vec{u}.\vec{v}=-2\times 6+4\times 3$

$\vec{u}.\vec{v}=0$

Étape 4

Le produit scalaire $\vec{u}.\vec{v}$ étant nul, les droites (d) et (d') sont perpendiculaires.

Méthode 3 : Avec un vecteur normal et un vecteur directeur

Deux droites (d) et (d') sont orthogonales si et seulement si un vecteur normal de (d) et un vecteur directeur de (d') sont colinéaires.

Étape 1 : Déterminer un vecteur directeur et un vecteur normal

D'après le cours, si une droite (d) a pour équation cartésienne $ax + by + c = 0$, alors $\vec{u}\begin{pmatrix}-b\\a\end{pmatrix}$ est un vecteur directeur et $\vec{v}\begin{pmatrix}a\\b\end{pmatrix}$ est un vecteur normal de (d).

On détermine les cordonnées d'un vecteur $\vec{u}\begin{pmatrix}x\\y\end{pmatrix}$ normal à (d) et d'un vecteur $\vec{v}\begin{pmatrix}x'\\y'\end{pmatrix}$ directeur de (d').

Étape 2 : Démontrer la colinéarité des vecteurs

D'après le cours, deux vecteurs $\vec{u}\begin{pmatrix}x\\y\end{pmatrix}$ et $\vec{v}\begin{pmatrix}x'\\y'\end{pmatrix}$ sont colinéaires si et seulement si :

$xy' - x'y = 0$

En utilisant cette formule, on démontre que les vecteurs $\vec{u}$ et $\vec{v}$ sont colinéaires.

Étape 3 : Conclure

Si les vecteurs $\vec{u}$ et $\vec{v}$ sont colinéaires, les droites (d) et (d') sont perpendiculaires.

➡ *Exemple*

Soient (d) et (d') les droites d'équations cartésiennes respectives $4x - 14y + 1 = 0$ et $7x + 2y = 0$.

Démontrer que (d) et (d') sont perpendiculaires.

Étape 1

On sait que si la droite (d) a pour équation cartésienne $ax + by + c = 0$, alors $\vec{u}\begin{pmatrix}-b\\a\end{pmatrix}$ est un vecteur directeur et $\vec{n}\begin{pmatrix}a\\b\end{pmatrix}$ un vecteur normal de (d).

Or, la droite (d) a pour équation cartésienne $4x - 14y + 1 = 0$.

Donc un vecteur normal de (d) est $\vec{n}\begin{pmatrix}4\\-14\end{pmatrix}$.

De plus, la droite (d') a pour équation cartésienne $7x + 2y = 0$.

Donc un vecteur directeur de (d') est $\vec{u}\begin{pmatrix}-2\\7\end{pmatrix}$.

Étape 2

Deux vecteurs $\vec{n}\begin{pmatrix}x\\y\end{pmatrix}$ et $\vec{u}\begin{pmatrix}x'\\y'\end{pmatrix}$ sont colinéaires si et seulement si $xy' - x'y = 0$.

On calcule :

$4 \times 7 - (-2) \times (-14) = 28 - 28 = 0$

Donc les vecteurs $\vec{n}$ et $\vec{u}$ sont colinéaires.

Étape 3

Donc les droites (d) et (d') sont perpendiculaires.

Démontrer que deux droites sont parallèles

Méthode 1 : Avec des vecteurs normaux de chaque droite

Deux droites (d) et (d') sont parallèles si et seulement si leurs vecteurs normaux sont colinéaires.

■ Étape 1 : Déterminer un vecteur normal de chaque droite

D'après le cours, si une droite (d) a pour équation cartésienne $ax+by+c=0$, alors $\vec{u}\begin{pmatrix}a\\b\end{pmatrix}$ est un vecteur normal de (d).

On détermine les coordonnées d'un vecteur $\vec{u}\begin{pmatrix}x\\y\end{pmatrix}$ normal à (d) et d'un vecteur $\vec{v}\begin{pmatrix}x'\\y'\end{pmatrix}$ normal à (d').

■ Étape 2 : Démontrer la colinéarité des vecteurs

D'après le cours, deux vecteurs $\vec{u}\begin{pmatrix}x\\y\end{pmatrix}$ et $\vec{v}\begin{pmatrix}x'\\y'\end{pmatrix}$ sont colinéaires si et seulement si :

$xy'-x'y=0$

En utilisant cette formule, on démontre que les vecteurs $\vec{u}$ et $\vec{v}$ sont colinéaires.

■ Étape 3 : Conclure

Si les vecteurs $\vec{u}$ et $\vec{v}$ sont colinéaires, les droites (d) et (d') sont parallèles.

➡ *Exemple*

Soient (d) et (d') les droites d'équations cartésiennes respectives $2x-y+3=0$ et $-4x+2y+7=0$.

Démontrer que (d) et (d') sont parallèles.

Étape 1

On sait que si la droite (d) a pour équation cartésienne $ax+by+c=0$, alors $\vec{u}\begin{pmatrix}a\\b\end{pmatrix}$ est un vecteur normal de (d).

Or, la droite (d) a pour équation cartésienne : $2x-y+3=0$.

Donc un vecteur normal de (d) est $\vec{u}\begin{pmatrix}2\\-1\end{pmatrix}$.

De même, la droite (d') a pour équation cartésienne : $-4x+2y+7=0$.

Donc un vecteur normal de (d') est $\vec{v}\begin{pmatrix}-4\\2\end{pmatrix}$.

Étape 2

Deux vecteurs $\vec{u}\begin{pmatrix}x\\y\end{pmatrix}$ et $\vec{v}\begin{pmatrix}x'\\y'\end{pmatrix}$ sont colinéaires si et seulement si $xy'-x'y=0$.

On calcule :

$2\times 2-(-4)\times(-1)=4-4=0$

Donc les vecteurs $\vec{u}$ et $\vec{v}$ sont colinéaires.

Étape 3

Donc les droites (d) et (d') sont parallèles.

Méthode 2 : Avec des vecteurs directeurs de chaque droite

Deux droites (d) et (d') sont parallèles si et seulement si leurs vecteurs directeurs sont colinéaires.

■ Étape 1 : Déterminer un vecteur directeur de chaque droite

D'après le cours, si une droite (d) a pour équation cartésienne $ax+by+c=0$, alors $\vec{u}\begin{pmatrix}-b\\a\end{pmatrix}$ est un vecteur directeur de (d).

On détermine les coordonnées d'un vecteur $\vec{u}\begin{pmatrix} x \\ y \end{pmatrix}$ directeur de (d) et d'un vecteur $\vec{v}\begin{pmatrix} x' \\ y' \end{pmatrix}$ directeur de (d').

Étape 2 : Démontrer la colinéarité des vecteurs

D'après le cours, deux vecteurs $\vec{u}\begin{pmatrix} x \\ y \end{pmatrix}$ et $\vec{v}\begin{pmatrix} x' \\ y' \end{pmatrix}$ sont colinéaires si et seulement si :

$xy' - x'y = 0$

En utilisant cette formule, on démontre que les vecteurs $\vec{u}$ et $\vec{v}$ sont colinéaires.

Étape 3 : Conclure

Si les vecteurs $\vec{u}$ et $\vec{v}$ sont colinéaires, les droites (d) et (d') sont parallèles.

➡ *Exemple*

Soient (d) et (d') les droites d'équations cartésiennes respectives $5x + 2y + 1 = 0$ et $-15x - 6y + 7 = 0$.

Démontrer que (d) et (d') sont parallèles.

Étape 1

On sait que si la droite (d) a pour équation cartésienne $ax + by + c = 0$, alors $\vec{u}\begin{pmatrix} -b \\ a \end{pmatrix}$ est un vecteur directeur de (d).

Or, la droite (d) a pour équation cartésienne $5x + 2y + 1 = 0$.

Donc un vecteur directeur de (d) est $\vec{u}\begin{pmatrix} -2 \\ 5 \end{pmatrix}$.

De même, la droite (d') a pour équation cartésienne $-15x - 6y + 7 = 0$.

Donc un vecteur directeur de (d') est $\vec{v}\begin{pmatrix} 6 \\ -15 \end{pmatrix}$.

Étape 2

Deux vecteurs $\vec{u}\begin{pmatrix} x \\ y \end{pmatrix}$ et $\vec{v}\begin{pmatrix} x' \\ y' \end{pmatrix}$ sont colinéaires si et seulement si $xy' - x'y = 0$.

On calcule :

$(-2) \times (-15) - 6 \times 5 = 30 - 30 = 0$

Donc les vecteurs $\vec{u}$ et $\vec{v}$ sont colinéaires.

Étape 3

Donc les droites (d) et (d') sont parallèles.

Méthode 3 : Avec un vecteur normal et un vecteur directeur

Deux droites (d) et (d') sont parallèles si et seulement si un vecteur normal de (d) et un vecteur directeur de (d') sont orthogonaux.

Étape 1 : Déterminer un vecteur directeur et un vecteur normal

D'après le cours, si une droite (d) a pour équation cartésienne $ax + by + c = 0$, alors $\vec{u}\begin{pmatrix} -b \\ a \end{pmatrix}$ est un vecteur directeur et $\vec{v}\begin{pmatrix} a \\ b \end{pmatrix}$ est un vecteur normal de (d).

On détermine les coordonnées d'un vecteur $\vec{n}\begin{pmatrix} x \\ y \end{pmatrix}$ normal à (d) et d'un vecteur $\vec{u}\begin{pmatrix} x' \\ y' \end{pmatrix}$ directeur de (d').

Étape 2 : Démontrer l'orthogonalité des vecteurs

On rappelle que deux droites sont parallèles si et seulement si un vecteur directeur de l'une est orthogonal à un vecteur normal de l'autre, c'est-à-dire si et seulement si le produit scalaire de ces vecteurs est nul.

On calcule donc le produit scalaire $\vec{n}.\vec{u}$.

Étape 3 : Conclure

Si leur produit scalaire est nul, les droites (d) et (d') sont parallèles.

Exemple

Soient (d) et (d') les droites d'équations cartésiennes respectives $4x-6y+11=0$ et $-12x+18y+5=0$.

Démontrer que (d) et (d') sont parallèles.

Étape 1

On sait que si la droite (d) a pour équation cartésienne $ax+by+c=0$, alors $\vec{u}\begin{pmatrix}-b\\a\end{pmatrix}$ est un vecteur directeur et $\vec{n}\begin{pmatrix}a\\b\end{pmatrix}$ un vecteur normal de (d).

Or, la droite (d) a pour équation cartésienne $4x-6y+11=0$.

Donc un vecteur normal de (d) est $\vec{n}\begin{pmatrix}4\\-6\end{pmatrix}$.

De même, la droite (d') a pour équation cartésienne $-12x+18y+5=0$.

Donc un vecteur directeur de (d') est $\vec{u}\begin{pmatrix}-18\\-12\end{pmatrix}$.

Étape 2

D'après le cours, deux droites sont parallèles si et seulement si un vecteur directeur de l'une est orthogonal à un vecteur normal de l'autre, c'est-à-dire si et seulement si le produit scalaire de ces vecteurs est nul.

Ici :

$\vec{n}.\vec{u}=4\times(-18)+(-6)\times(-12)$

$\vec{n}.\vec{u}=-72+72$

$\vec{n}.\vec{u}=0$

Étape 3

Le produit scalaire $\vec{n}.\vec{u}$ étant nul, les droites (d) et (d') sont parallèles.

Déterminer une équation d'un cercle

Méthode 1 : Si on connaît le centre et le rayon du cercle

On peut déterminer une équation d'un cercle dont on connaît le centre $O(x_O;y_O)$ et le rayon R.

Étape 1 : Rappeler la formule de l'équation réduite d'un cercle

On rappelle que la formule de l'équation réduite d'un cercle de centre $A(x_A;y_A)$ et de rayon R est :

$(x-x_A)^2+(y-y_A)^2=R^2$

Étape 2 : Rappeler le centre et le rayon du cercle

On rappelle les coordonnées du centre ainsi que le rayon du cercle.

Étape 3 : Appliquer la formule

On remplace la valeur de R et les coordonnées du centre dans l'équation réduite :

$(x-x_A)^2+(y-y_A)^2=R^2$

Exemple

Donner une équation du cercle de centre $A(2;-3)$ et de rayon 4.

Étape 1

La formule de l'équation réduite d'un cercle de centre $A(x_A ; y_A)$ et de rayon r est :

$(x - x_A)^2 + (y - y_A)^2 = r^2$

Étape 2

Ici, le centre du cercle est le point $A(2;-3)$ et son rayon est 4.

Étape 3

On en déduit que le cercle de centre $A(2;-3)$ et de rayon 4 a pour équation réduite :

$(x - 2)^2 + (y + 3)^2 = 16$

Méthode 2 : Si on connaît deux points diamétralement opposés du cercle

On peut déterminer une équation d'un cercle de diamètre $[AB]$, si l'on connaît les coordonnées des deux points A et B.

Étape 1 : Mettre sous forme d'équation l'appartenance au cercle

On énonce qu'un point $M(x;y)$ appartient au cercle de diamètre $[AB]$ si et seulement si $\overrightarrow{AM}.\overrightarrow{BM} = 0$.

Étape 2 : Déterminer les coordonnées de $\overrightarrow{AM}$ et $\overrightarrow{BM}$

On détermine les coordonnées des vecteurs $\overrightarrow{AM}$ et $\overrightarrow{BM}$.

On a $A(x_A ; y_A)$, $B(x_B ; y_B)$ et $M(x;y)$.
Donc :

- $\overrightarrow{AM}\begin{pmatrix} x - x_A \\ y - y_A \end{pmatrix}$
- $\overrightarrow{BM}\begin{pmatrix} x - x_B \\ y - y_B \end{pmatrix}$

Étape 3 : Calculer le produit scalaire

On exprime le produit scalaire $\overrightarrow{AM}.\overrightarrow{BM}$ en fonction des coordonnées.

Étape 4 : Faire apparaître les identités remarquables

$\overrightarrow{AM}.\overrightarrow{BM} = 0$

$\Leftrightarrow (x - x_A)(x - x_B) + (y - y_A)(y - y_B) = 0$

On développe l'équation. On obtient :

$x^2 + ax + y^2 + by + c = 0$

On fait apparaître les identités remarquables. L'équation devient :

$$\left(x + \frac{a}{2}\right)^2 - \left(\frac{a}{2}\right)^2 + \left(y + \frac{b}{2}\right)^2 - \left(\frac{b}{2}\right)^2 + c = 0$$

Étape 5 : Isoler les constantes

On isole finalement les constantes dans le membre de droite. On obtient l'équation du cercle :

$$\left(x + \frac{a}{2}\right)^2 + \left(y + \frac{b}{2}\right)^2 = \left(\frac{a}{2}\right)^2 + \left(\frac{b}{2}\right)^2 - c$$

Étape 6 : Conclure sur le centre et le rayon

Comme on connaît l'équation réduite du cercle, on peut déterminer son centre et son rayon.

➡ *Exemple*

Donner une équation du cercle de diamètre $[AB]$ avec $A(3;-2)$ et $B(-1;4)$.

Étape 1

Un point $M(x;y)$ appartient au cercle de diamètre $[AB]$ si et seulement si $\overrightarrow{AM}.\overrightarrow{BM} = 0$.

Étape 2

On a $A(3;-2)$, $B(-1;4)$ et $M(x;y)$.

Donc :

– $\overrightarrow{AM}\begin{pmatrix} x-3 \\ y+2 \end{pmatrix}$

– $\overrightarrow{BM}\begin{pmatrix} x+1 \\ y-4 \end{pmatrix}$

Étape 3

Ainsi :

$\overrightarrow{AM}.\overrightarrow{BM} = (x-3)(x+1)+(y+2)(y-4)$

Étape 4

$$\left(x+\frac{a}{2}\right)^2 - \left(\frac{a}{2}\right)^2 + \left(y+\frac{b}{2}\right)^2 - \left(\frac{b}{2}\right)^2 + c = 0$$

$\overrightarrow{AM}.\overrightarrow{BM} = 0$

$\Leftrightarrow (x-3)(x+1)+(y+2)(y-4)=0$

$\Leftrightarrow x^2+x-3x-3+y^2-4y+2y-8=0$

$\Leftrightarrow x^2-2x+y^2-2y-11=0$

On reconnaît que :

– $x^2-2x=(x-1)^2-1$

– $y^2-2y=(y-1)^2-1$

L'équation devient donc :

$(x-1)^2-1+(y-1)^2-1-11=0$

Étape 5

On isole les constantes et on obtient finalement l'équation du cercle :

$(x-1)^2+(y-1)^2=13$

Étape 6

On en déduit que le cercle a pour centre $I(1;1)$ et pour rayon $r=\sqrt{13}$.

Exercice n° 1

On considère le rectangle $ABCD$ suivant tel que $AB = 8$ et $BC = 3$:

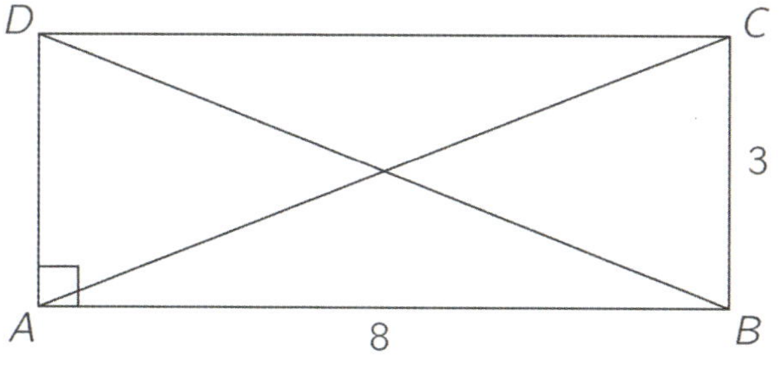

Calculer le produit scalaire $\overrightarrow{AC}.\overrightarrow{BA}$.

Exercice n° 2

On considère le rectangle $ABCD$ suivant tel que $AB = 12$ et $AD = 7$, I le milieu de $[CD]$ et H le milieu de $[AB]$.

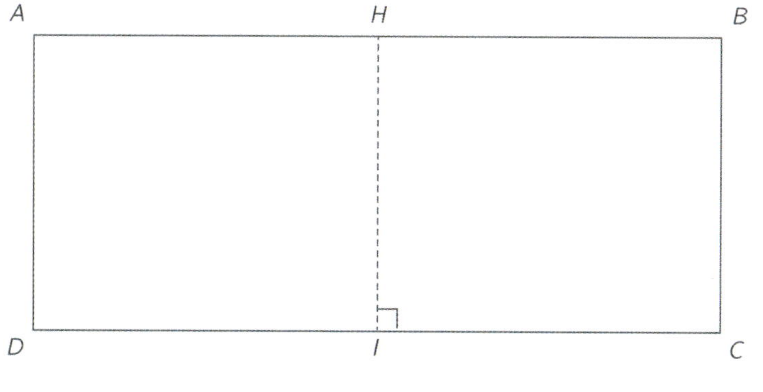

1. Déterminer la valeur de la longueur AI.
2. Déterminer la valeur de $\overrightarrow{AB}.\overrightarrow{AI}$.
3. En déduire une mesure de l'angle $\widehat{BAI}$.

Exercice n° 3

On considère les vecteurs $\overrightarrow{AB}\begin{pmatrix} 2 \\ -3 \end{pmatrix}$ et $\overrightarrow{CD}\begin{pmatrix} 6 \\ 4 \end{pmatrix}$.

Déterminer si les vecteurs $\overrightarrow{AB}$ et $\overrightarrow{CD}$ sont orthogonaux.

Exercice n° 4

On considère les droites (d) et (d') suivantes :

$$(d) : x-3y+8=0$$

$$(d') : -2x+6y-3=0$$

Démontrer que les droites (d) et (d') sont parallèles.

Exercice n° 5

On considère les points $A(3;4)$, $B(3;0)$ et $C(5;4)$.

En utilisant le produit scalaire, déterminer si le triangle ABC est rectangle en A.

Exercice n° 6

On considère la droite (d) de vecteur normal $\vec{n}\begin{pmatrix} 1 \\ 3 \end{pmatrix}$ passant par $A(3;4)$.

Déterminer une équation cartésienne de (d).

Exercice n° 7

On considère les points $A(3;1)$ et $B(-1;2)$.

Déterminer une équation cartésienne de la droite (d) tangente en B au cercle de centre A et de rayon $[AB]$.

Exercice n° 8

On considère l'équation suivante :

$$x^2 + y^2 - 4x + 6y + 9 = 0$$

Déterminer s'il s'agit de l'équation d'un cercle et, si c'est le cas, déterminer le rayon R et les coordonnées du centre K du cercle.

Exercice n° 9

On considère le triangle ABC suivant tel que $AB = 6$, $BC = 8$ et $\widehat{ABC} = 60°$.

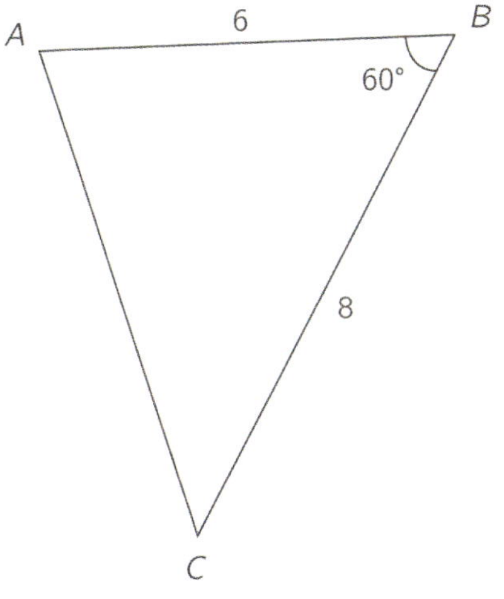

À l'aide du théorème d'Al-Kashi, déterminer la longueur AC.

Encore plus d'exercices sur **Kartable.fr**

Exercice n° 1

Étant donné que $ABCD$ est un rectangle, on en déduit que B est le projeté orthogonal du point C sur la droite (AB), on décide donc de calculer le produit scalaire $\overrightarrow{AC}.\overrightarrow{BA}$ en utilisant le projeté orthogonal.

On en déduit que :

$\overrightarrow{AC}.\overrightarrow{BA} = \overrightarrow{AB}.\overrightarrow{BA}$.

Or, les vecteurs $\overrightarrow{AB}$ et $\overrightarrow{BA}$ sont colinéaires et de sens contraire, donc :

$\overrightarrow{AB}.\overrightarrow{BA} = -AB \times BA = -AB^2$

On obtient donc :

$\overrightarrow{AC}.\overrightarrow{BA} = -8^2$

→ $\overrightarrow{AC}.\overrightarrow{BA} = -64$

Exercice n° 2

1. Le triangle AID est rectangle en D.

   Donc, d'après le théorème de Pythagore :

   $AI^2 = AD^2 + ID^2$

   Or, $AD = 7$ et, comme I est le milieu de $[DC]$:

   $ID = 6$

   On en déduit que :

   $AI^2 = 7^2 + 6^2 = 85$

   Donc :

   → $AI = \sqrt{85}$

2. H, milieu de $[AB]$, est le projeté orthogonal de I sur (AB).

   On en déduit que :

   $\overrightarrow{AB}.\overrightarrow{AI} = \overrightarrow{AB}.\overrightarrow{AH}$

   Comme $\overrightarrow{AB}$ et $\overrightarrow{AH}$ sont colinéaires et de même sens, on trouve que :

   $\overrightarrow{AB}.\overrightarrow{AI} = AB.AH = 12 \times 6$

   → $\overrightarrow{AB}.\overrightarrow{AI} = 72$

3. D'après le cours, on sait que :

   $\overrightarrow{AB}.\overrightarrow{AI} = AB \times AI \times \cos(\overrightarrow{AB};\overrightarrow{AI})$

   On en déduit que :

   $$\cos(\overrightarrow{AB};\overrightarrow{AI}) = \frac{\overrightarrow{AB}.\overrightarrow{AI}}{AB \times AI}$$

   Or, d'après les questions précédentes :

   $AB \times AI = 12\sqrt{85}$

$\overrightarrow{AB}.\overrightarrow{AI} = 72$

Donc :

$$\cos(\overrightarrow{AB};\overrightarrow{AI}) = \frac{6}{\sqrt{85}}$$

Grâce à la calculatrice et sa touche $\cos^{-1}$, on obtient :

$$\cos(49,4^\circ) \approx \frac{6}{\sqrt{85}}$$

→ Une mesure de l'angle étudié est $\widehat{BAI} \approx 49.4°$.

Exercice n° 3

On sait que deux vecteurs sont orthogonaux si et seulement si leur produit scalaire est nul.

On cherche donc à calculer $\overrightarrow{AB}.\overrightarrow{CD}$.

D'après le cours, on sait que, pour tous les vecteurs $\vec{u}\begin{pmatrix} x \\ y \end{pmatrix}$ et $\vec{v}\begin{pmatrix} x' \\ y' \end{pmatrix}$:

$\vec{u}.\vec{v} = xx' + yy'$

Or, ici, on a :

$\overrightarrow{AB}\begin{pmatrix} 2 \\ -3 \end{pmatrix}$ et $\overrightarrow{CD}\begin{pmatrix} 6 \\ 4 \end{pmatrix}$.

On en déduit ici que :

$\overrightarrow{AB}.\overrightarrow{CD} = 2 \times 6 + (-3) \times 4 = 12 - 12 = 0$

On peut donc conclure :

→ Les vecteurs $\overrightarrow{AB}$ et $\overrightarrow{CD}$ sont orthogonaux.

Exercice n° 4

D'après le cours, on sait que si un vecteur normal à (d) et un vecteur normal à (d') sont colinéaires, alors les deux droites sont parallèles.

Étape 1 : Détermination de vecteurs normaux $\vec{n}$ et $\vec{n'}$ à (d) et (d')

D'après le cours, on sait que :

Une droite d'équation cartésienne $ax + by + c = 0$ admet pour vecteur normal $\vec{n}\begin{pmatrix} a \\ b \end{pmatrix}$.

Or, ici, (d) a pour équation $x - 3y + 8 = 0$, un vecteur normal à (d) est donc $\vec{n}\begin{pmatrix} 1 \\ -3 \end{pmatrix}$.

De même, (d') a pour équation $-2x + 6y - 3 = 0$, un vecteur normal à (d') est donc $\vec{n'}\begin{pmatrix} -2 \\ 6 \end{pmatrix}$.

Étape 2 : Étude de la colinéarité de $\vec{n}$ et $\overrightarrow{n'}$

D'après le cours, on sait que deux vecteurs $\vec{u}$ et $\vec{v}$ sont colinéaires si et seulement s'il existe un réel k tel que $\vec{u} = k\vec{v}$.

Ici, en calculant le rapport des coordonnées de $\vec{n'}$ sur celles de $\vec{n}$, on remarque que :

$$\frac{-2}{1} = \frac{6}{-3} = -2$$

Donc :

$$\vec{n'} = -2\vec{n}$$

Les vecteurs $\vec{n}$ et $\vec{n'}$ sont donc colinéaires.

→ Les droites (d) et (d') sont parallèles.

Exercice n° 5

Le triangle ABC est rectangle en A si et seulement si les droites (AB) et (AC) sont perpendiculaires, c'est-à-dire si et seulement si $\overrightarrow{AB}.\overrightarrow{AC} = 0$.

Étape 1 : Calcul des coordonnées de $\overrightarrow{AB}$ et $\overrightarrow{AC}$

$\overrightarrow{AB}\begin{pmatrix} 3-3 \\ 0-4 \end{pmatrix}$, soit $\overrightarrow{AB}\begin{pmatrix} 0 \\ -4 \end{pmatrix}$

$\overrightarrow{AC}\begin{pmatrix} 5-3 \\ 4-4 \end{pmatrix}$, soit $\overrightarrow{AC}\begin{pmatrix} 2 \\ 0 \end{pmatrix}$

Étape 2 : Calcul du produit scalaire $\overrightarrow{AB}.\overrightarrow{AC}$

D'après le cours, on sait que, pour tous les vecteurs $\vec{u}\begin{pmatrix} x \\ y \end{pmatrix}$ et $\vec{v}\begin{pmatrix} x' \\ y' \end{pmatrix}$:

$$\vec{u}.\vec{v} = xx' + yy'$$

Or, on a :

$\overrightarrow{AB}\begin{pmatrix} 0 \\ -4 \end{pmatrix}$ et $\overrightarrow{AC}\begin{pmatrix} 2 \\ 0 \end{pmatrix}$

On en déduit que :

$$\overrightarrow{AB}.\overrightarrow{AC} = 0 \times 2 + (-4) \times 0 = 0$$

Par conséquent, les vecteurs $\overrightarrow{AB}$ et $\overrightarrow{AC}$ sont orthogonaux.

→ Le triangle ABC est rectangle en A.

Exercice n° 6

D'après le cours, on sait qu'une droite (d) de vecteur normal $\vec{n}\begin{pmatrix} a \\ b \end{pmatrix}$ a une équation cartésienne de la forme $ax + by + c = 0$.

Or, ici $\vec{n}\begin{pmatrix} 1 \\ 3 \end{pmatrix}$ est un vecteur normal à la droite (d) .

Par identification, on en déduit donc que $a = 1$ et $b = 3$ conviennent.

Ainsi, une équation cartésienne de (d) est :

$x+3y+c=0$

Or, on sait que (d) passe par le point $A(3;4)$. Cela signifie que les coordonnées de A vérifient l'équation de (d). On a donc :

$3+3\times 4+c=0$

$c=-15$

→ Une équation cartésienne de (d) est :
$x+3y-15=0$

Exercice n° 7

La droite (d) étant tangente en B au cercle de centre A et de rayon $[AB]$, on en déduit qu'elle est perpendiculaire à (AB).

On considère un point M, de coordonnées $(x;y)$.

M appartient à (d) si et seulement si les vecteurs $\overrightarrow{BM}$ et $\overrightarrow{AB}$ sont orthogonaux, c'est-à-dire si et seulement si :

$\overrightarrow{BM}.\overrightarrow{AB}=0$

On calcule donc les coordonnées de $\overrightarrow{BM}$ et $\overrightarrow{AB}$:

- $\overrightarrow{BM}\begin{pmatrix}x+1\\y-2\end{pmatrix}$
- $\overrightarrow{AB}\begin{pmatrix}-1-3\\2-1\end{pmatrix}$, donc $\overrightarrow{AB}\begin{pmatrix}-4\\1\end{pmatrix}$

Par conséquent :

$\overrightarrow{BM}.\overrightarrow{AB}=-4(x+1)+1(y-2)$

$\overrightarrow{BM}.\overrightarrow{AB}=-4x+y-6$

Comme $M\in(d)$ si et seulement si $\overrightarrow{BM}.\overrightarrow{AB}=0$:

$M\in(d)$ si et seulement si $-4x+y-6=0$

→ Une équation cartésienne de la droite (d) tangente en B au cercle de rayon $[AB]$ est donc : $-4x+y-6=0$.

Exercice n° 8

Cette équation est celle d'un cercle si et seulement si elle peut s'écrire sous la forme :

$(x-a)^2+(y-b)^2=R^2$

R est alors le rayon du cercle et $(a;b)$ les coordonnés du centre du cercle.

Pour mettre cette équation sous la forme voulue, il est nécessaire de reconnaître une identité remarquable de type $(x-a)^2$ et une identité remarquable de type $(y-b)^2$.

On regroupe donc les termes en x et les termes en y, l'équation devient :

$x^2-4x+y^2+6y+9=0$

Or, on sait que :

- $(a-b)^2 = a^2 - 2ab + b^2$
- $(a+b)^2 = a^2 + 2ab + b^2$

Ici, on fait donc apparaître deux identités remarquables :

- $x^2 - 4x = x^2 - 2\times 2x + 4 - 4 = (x-2)^2 - 4$
- $y^2 + 6y = y^2 + 2\times 3y + 9 - 9 = (y+3)^2 - 9$

L'équation devient donc :

$(x-2)^2 - 4 + (y+3)^2 - 9 + 9 = 0$

Soit :

$(x-2)^2 + (y+3)^2 = 4$

Cette équation est bien de la forme $(x-a)^2 + (y-b)^2 = R^2$ avec :

- $a = 2$
- $b = -3$
- $R = 2$

→ L'équation $x^2 + y^2 - 4x + 6y + 9 = 0$ est donc celle du cercle de centre $K(2;-3)$ et de rayon $R = 2$.

Exercice n° 9

D'après le théorème d'Al-Kashi, on sait que dans un triangle quelconque ABC, en notant a, b et c les longueurs respectives BC, AC et AB, on a l'égalité suivante :

$b^2 = a^2 + c^2 - 2ac\cos\widehat{ABC}$

On en déduit ici que :

$AC^2 = BC^2 + AB^2 - 2BC \times AB \times \cos\widehat{ABC}$

Soit :

$AC^2 = 8^2 + 6^2 - 2\times 8\times 6\times \cos 60^\circ$

$AC^2 = 64 + 36 - 96 \times \dfrac{1}{2}$

$AC^2 = 52$

AC étant une longueur, c'est une quantité positive et donc :

$AC = \sqrt{52} = 2\sqrt{13}$

→ Ainsi, $AC = 2\sqrt{13}$.

Chapitre 10

Les statistiques

I. Les séries statistiques

A. Vocabulaire

Définition

Une population est un ensemble d'individus.

■ **Exemples**

- Les enfants nés à Paris en 2000 représentent une population.
- Les voitures produites dans une usine au cours du mois de février 2010 représentent également une population.

Définition

Lorsque l'effectif d'une population est trop important, on étudie ses caractères à partir d'un échantillon représentatif qui est une partie de la population.

■ **Exemple**

Si on veut étudier l'ensemble de la population française, il est préférable d'étudier un échantillon de cette population, car l'effectif est trop grand.

Définition

Un caractère est une caractéristique qui définit les individus d'une population, et dont les valeurs sont différentes d'un individu à un autre de la population.

■ **Exemple**

La couleur, la taille, le poids, l'âge, la date de production sont des exemples de caractères.

Définition

Un caractère peut être quantitatif, si ses valeurs sont numériques, ou qualitatif, si ses valeurs ne sont pas numériques.

■ **Exemple**

La taille est un caractère quantitatif, alors que la couleur des yeux est un caractère qualitatif.

B. Les séries quantitatives discrètes

Définition

On appelle série quantitative discrète une liste de n réels (n étant un entier naturel non nul) : ce sont les valeurs d'un caractère pour chacun des individus composant l'échantillon d'effectif total n. Pour étudier une telle série, on compte le nombre d'apparition n_i (effectif) de chaque réel de la liste, de manière à identifier p réels x_i distincts (p est un entier naturel non nul et i un entier compris entre 1 et p). On présente alors la série sous la forme de p couples :

$$(x_i ; n_i)$$

■ ***Exemple***

La série des pointures des 12 garçons d'une classe de seconde est donnée par la liste suivante :

$\{(39;2);(40;3);(41;5);(42;1);(44;1)\}$

Astuce

On présente en général une série quantitative discrète à l'aide d'un tableau.

x_i	x_1	x_2	...	x_p
n_i	n_1	n_2	...	n_p

■ ***Exemple***

La série des pointures des 12 garçons d'une classe de seconde est donnée par la liste suivante : $\{(39;2);(40;3);(41;5);(42;1);(44;1)\}$

Elle peut être résumée dans un tableau :

Pointures x_i	39	40	41	42	44
Effectifs n_i	2	3	5	1	1

Définition

Effectif total

L'effectif total est la somme des effectifs de chaque valeur.

$$n = n_1 + n_2 + ... + n_p$$

■ ***Exemple***

Dans la série statistique suivante :

Pointures x_i	39	40	41	42	44	TOTAL
Effectifs n_i	2	3	5	1	1	12

L'effectif total est :

$n = 2 + 3 + 5 + 1 + 1 = 12$

Définition

Fréquence des x_i

La fréquence des valeurs x_i est le rapport de l'effectif de cette valeur par l'effectif total.

$$f_i = \frac{n_i}{n}$$

■ **Exemple**

Pointures x_i	39	40	41	42	44	TOTAL
Effectifs n_i	2	3	5	1	1	12
Fréquences f_i	$\frac{2}{12}$	$\frac{3}{12}$	$\frac{5}{12}$	$\frac{1}{12}$	$\frac{1}{12}$	1

Propriété

La somme des fréquences d'une série statistique est égale à 1.

$$f_1 + f_2 + ... + f_p = 1$$

■ **Exemple**

Dans la série statistique suivante, on a calculé les fréquences :

Pointures x_i	39	40	41	42	44	TOTAL
Effectifs n_i	2	3	5	1	1	12
Fréquences f_i	$\frac{2}{12}$	$\frac{3}{12}$	$\frac{5}{12}$	$\frac{1}{12}$	$\frac{1}{12}$	1

On remarque que l'on a bien :

$$\frac{2}{12} + \frac{3}{12} + \frac{5}{12} + \frac{1}{12} + \frac{1}{12} = 1$$

C. Les séries quantitatives regroupées en classes

Définition

Une série quantitative regroupée en classes (de même amplitude ou non), ou série continue, est une série quantitative dont les valeurs x_i sont regroupées par intervalles de réels.

■ **Exemple**

Tailles (en cm)	[10;20[	[20;25[	[25;40[	[40;50]
Effectifs	11	8	16	3

D. Les séries qualitatives

Définition

Une série qualitative est une suite de valeurs d'un caractère non quantitatif.

Couleurs	Rouge	Bleu	Vert	Jaune
Effectifs	12	28	7	13

II. Les paramètres de position d'une série quantitative

A. Le mode

Définition

On appelle mode(s) d'une série la ou les valeur(s) du caractère dont l'effectif est le plus grand.

■ *Exemple*

On considère la série statistique suivante :

Pointures x_i	39	40	41	42	44	TOTAL
Effectifs n_i	2	3	5	1	1	12

Ici, l'effectif le plus grand est 5. Le mode de cette série est donc 41.

Remarque

Une série peut avoir plusieurs modes.

B. La moyenne

Définition

On appelle moyenne d'une série, généralement notée $\overline{x}$, le réel :

$$\overline{x} = \frac{n_1 x_1 + n_2 x_2 + \ldots + n_p x_p}{n}$$

■ **Exemple**

Le tableau d'effectifs suivant présente les notes obtenues par un groupe d'élèves :

Notes	5	8	9	10	10,5	11	13	14	14,5	16
Nombre d'élèves	1	3	5	6	2	5	6	1	2	1

On peut ainsi calculer facilement la moyenne :

$$m = \frac{5\times1+8\times3+9\times5+10\times6+10,5\times2+11\times5+13\times6+14\times1+14,5\times2+16\times1}{32}$$

On arrondit au dixième :

$m \approx 10,8$

Remarque

Pour une série regroupée en classes, on détermine une valeur approchée de la moyenne en remplaçant chaque classe par son centre.

■ **Exemple**

La série suivante est regroupée en classes. On ajoute une ligne qui donne le centre de chaque classe avant de pouvoir calculer la moyenne :

Tailles x (en cm)	$10 \leq x < 20$	$20 \leq x < 25$	$25 \leq x < 40$	$40 \leq x \leq 50$
Centre de la classe (cm)	15	22,5	32,5	45
Effectifs	11	8	16	3

La moyenne des tailles est donc :

$$m \approx \frac{15\times11+22,5\times8+32,5\times16+45\times3}{11+8+16+3} \approx 26,3 \text{ cm (arrondie au dixième)}$$

Propriété

La moyenne peut également être calculée à partir des fréquences :

$$\bar{x} = \sum_{i=1}^{p}(f_i x_i) = f_1x_1 + f_2x_2 + \ldots + f_px_p$$

■ *Exemple*

On considère la série statistique suivante pour laquelle on connaît les fréquences :

Pointures x_i	39	40	41	42	44	TOTAL
Effectifs n_i	2	3	5	1	1	12
Fréquences f_i	$\frac{2}{12}$	$\frac{3}{12}$	$\frac{5}{12}$	$\frac{1}{12}$	$\frac{1}{12}$	1

La moyenne vaut :

$$\overline{x} = 39\times\frac{2}{12}+40\times\frac{3}{12}+41\times\frac{5}{12}+42\times\frac{1}{12}+44\times\frac{1}{12}=\frac{163}{4}=40,75$$

C. Les médianes

Définition

On appelle médiane d'une série rangée par ordre croissant toute valeur qui partage la série en deux séries de même effectif.

Propriété

On considère une série dont les valeurs des n individus sont rangées par ordre croissant.

- Si n est impair, on prend en général pour médiane la $\frac{n+1}{2}^{\text{re}}$ valeur de la série ordonnée.
- Si n est pair, on prend en général pour médiane le centre de l'intervalle $[\frac{n}{2}^{\text{e}}$ valeur ; $\frac{n}{2}+1^{\text{re}}$ valeur$]$.

■ *Exemple*

- Une médiane de la série : 3, 5, 6, 11, 14, 21, 27 est la valeur 11.
- Une médiane de la série : 12, 13, 14, 19, 31, 41 est la valeur arbitraire 16,5.

Piège

Ne pas confondre le rang d'une médiane et sa valeur.

Remarque

Une médiane n'est pas toujours une valeur observée dans la série statistique.

Remarque

Lorsque la série est une série continue, on prend comme médiane la valeur pour laquelle on obtient une fréquence cumulée de 50 %.

■ ***Exemple***

Lors d'un devoir commun, les notes de tout l'établissement ont été regroupées en classes :

Notes	[0;4[	[4;8[	[8;10[	[10;12[	[12;16[	[16;20[
Centre de classe	2	6	9	11	14	18
Effectifs	21	46	117	123	86	7
Fréquences en %	5,25	11,5	29,25	30,75	21,5	1,75
Fréquences cumulées croissantes	5,25	16,75	46	76,75	98,25	100

Le graphique (ou polygone) des fréquences cumulées croissantes (F.C.C.) est alors le suivant :

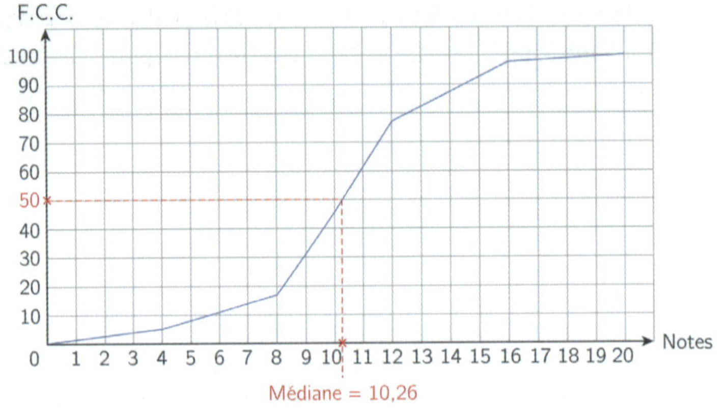

On y lit que 10,26 est une médiane de cette série.

III. Les paramètres de dispersion d'une série quantitative

A. L'étendue

Définition

On appelle étendue d'une série la différence entre le plus grand des x_i et le plus petit des x_i, c'est-à-dire entre la plus grande et la plus petite valeur observées.

■ *Exemple*

Notes	5	8	9	10	10,5	11	13	14	14,5	16
Nombre d'élèves	1	3	5	6	2	5	6	1	2	1

L'étendue de cette série est :
$16-5=11$

Remarque

Dans le cas d'une série statistique continue (dont les valeurs sont regroupées en classes), et sauf mention contraire de l'énoncé, on prend pour valeurs extrêmes la borne inférieure du premier intervalle et la borne supérieure du dernier intervalle.

B. Les quartiles

Définition

Le premier quartile est la plus petite valeur, notée Q_1, d'une série, rangée par ordre croissant, telle qu'au moins 25 % de l'effectif lui soit inférieur ou égal.

Propriété

On considère une série dont les valeurs des n individus sont rangées par ordre croissant.

- Si $\frac{n}{4}$ est un entier, le premier quartile est la $(\frac{n}{4})^e$ valeur de la série.
- Si $\frac{n}{4}$ n'est pas un entier, le premier quartile est la valeur dont le rang dans la série est l'entier directement supérieur à $\frac{n}{4}$.

■ ***Exemple***

- Le premier quartile de la série 3, 5, 6, 11, 14, 19, 21, 27 est la valeur 5.
- Le premier quartile de la série 12, 13, 14, 19, 31, 41 est la valeur 13.

Définition

Le troisième quartile est la plus petite valeur, notée Q_3, d'une série, rangée par ordre croissant, telle qu'au moins 75 % de l'effectif lui soit inférieur ou égal.

Propriété

On considère une série dont les valeurs des n individus sont rangées par ordre croissant.

- Si $\frac{3n}{4}$ est un entier, le troisième quartile est la $\left(\frac{3n}{4}\right)^{\text{e}}$ valeur de la série.
- Si $\frac{3n}{4}$ n'est pas un entier, le troisième quartile est la valeur dont le rang dans la série est l'entier directement supérieur à $\frac{3n}{4}$.

■ ***Exemple***

- Le troisième quartile de la série 3, 5, 6, 11, 14, 19, 21, 27 est la valeur 19.
- Le troisième quartile de la série 12, 13, 14, 19, 31, 41 est la valeur 31.

Définition

L'écart interquartile est le réel $Q_3 - Q_1$.

■ ***Exemple***

- L'écart interquartile de la série 3, 5, 6, 11, 14, 19, 21, 27 est la valeur $19 - 5 = 14$.
- L'écart interquartile de la série 12, 13, 14, 19, 31, 41 est la valeur $31 - 13 = 18$.

Remarque

Alors que la médiane n'est pas toujours une valeur observée, les quartiles sont des valeurs observées.

Remarque

De manière analogue, on peut définir le premier décile D_1, l'avant-dernier décile D_9, et l'écart interdécile.

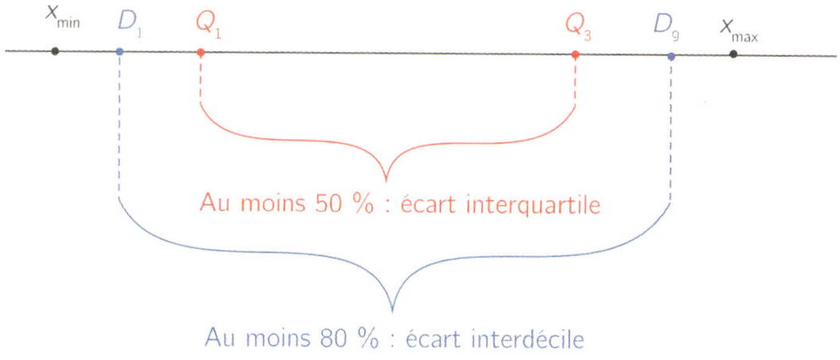

Remarque

Lorsque la série est une série à caractère continu :

- On choisit comme premier quartile la valeur pour laquelle on obtient une fréquence cumulée de 25 %.
- On choisit comme troisième quartile la valeur pour laquelle on obtient une fréquence cumulée de 75 %.

■ ***Exemple***

On reprend le dernier exemple du II et le polygone des fréquences cumulées croissantes :

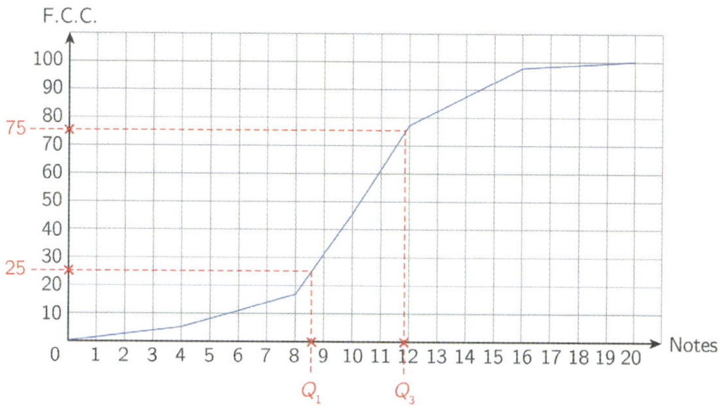

On obtient graphiquement :

- $Q_1 \approx 8,56$
- $Q_3 \approx 11,89$

C. La variance et l'écart-type

Définition

On appelle variance d'une série, notée V, le réel :

$$V = \frac{n_1(x_1 - \overline{x})^2 + \ldots + n_p(x_p - \overline{x})^2}{n}$$

■ ***Exemple***

Considérons la série suivante d'effectif total $n = 12$ et de moyenne $\overline{x} = 40{,}75$.

Pointures x_i	39	40	41	42	44	TOTAL
Effectifs n_i	2	3	5	1	1	12

On a alors :

$$V = \frac{2\times(39-40{,}75)^2 + 3\times(40-40{,}75)^2 + 5\times(41-40{,}75)^2 + 1\times(42-40{,}75)^2 + 1\times(44-40{,}75)^2}{12}$$

$$= 1{,}6875$$

Propriété

La variance peut également être calculée par la formule suivante :

$$V = \frac{1}{n}\times\left[\sum_{i=1}^{p}(n_i x_i^2)\right] - \overline{x}^2 = \frac{1}{n}\times\left[n_1x_1^2 + n_2x_2^2 + \ldots + n_px_p^2\right] - \overline{x}^2$$

■ ***Exemple***

Considérons la série suivante d'effectif total $n = 12$ et de moyenne $\overline{x} = 40{,}75$.

Pointures x_i	39	40	41	42	44	TOTAL
Effectifs n_i	2	3	5	1	1	12

On a alors :

$$V = \frac{1}{12}\times\left(2\times 39^2 + 3\times 40^2 + 5\times 41^2 + 1\times 42^2 + 1\times 44^2\right) - 40{,}75^2 = 1{,}6875$$

Remarque

Dans le cas d'une série statistique continue, les valeurs x_i sont remplacées par les centres des classes. Le résultat obtenu n'est alors qu'une valeur approchée de la variance.

Définition

On appelle écart-type d'une série, noté σ, le réel :

$$\sigma = \sqrt{V}$$

Où V représente la variance de la série.

■ *Exemple*

Considérons la série suivante de variance $V = 1{,}6875$.

Pointures x_i	39	40	41	42	44	TOTAL
Effectifs n_i	2	3	5	1	1	12

L'écart-type est donc :

$\sigma = \sqrt{1{,}6875} \approx 1{,}299$

Remarque

La variance n'a pas la même unité que la moyenne contrairement à l'écart-type.

D. Associer le paramètre de dispersion au paramètre de position

Remarque

Pour étudier une série statistique, on cherche à la fois à étudier sa position et sa dispersion.

Propriété

On associe la moyenne à l'écart-type. La moyenne est un paramètre de tendance centrale, alors que l'écart-type traduit la dispersion des valeurs autour de cette position. C'est un écart moyen par rapport à la moyenne.

Propriété

On associe la médiane à l'écart interquartile. La médiane est un paramètre de tendance centrale, alors que l'écart interquartile traduit la dispersion des valeurs autour de cette position.

IV. Les représentations graphiques

A. Les histogrammes

Définition

Pour représenter une série regroupée en classes, on peut construire un histogramme : on associe un rectangle à chacune des classes de la série, dont l'aire est proportionnelle à l'effectif.

■ ***Exemple***

Tailles (en cm)	[5;20[	[20;30[	[30;40[	[40;50]
Effectifs	12	8	16	4

L'histogramme suivant représente la série de ce tableau, où un carreau en abscisse est égal à 5 cm et l'aire d'un carreau est égale à un effectif de 1.

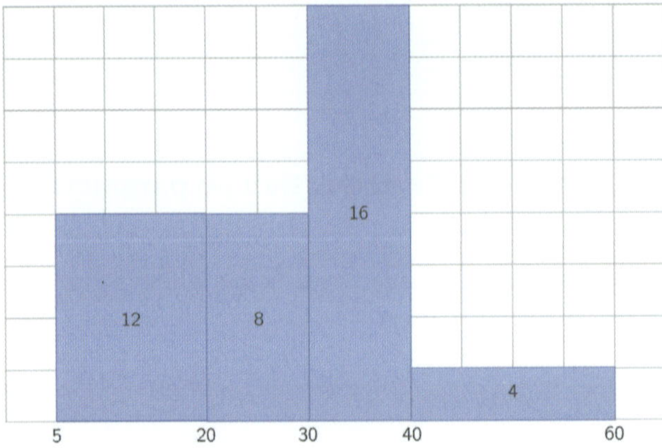

B. Les diagrammes en boîte

Définition

Un diagramme en boîte est un diagramme donnant la position du minimum, du maximum, des quartiles et de la médiane choisie d'une série.

- On représente, au-dessus d'un axe donnant les valeurs, un rectangle dont un des côtés donne la position de Q_1 et le côté opposé la position de Q_3.
- On ajoute une marque, dans ce rectangle, pour indiquer la position de la médiane choisie.
- On ajoute des « moustaches » comme on le voit dans l'exemple ci-dessous.

■ ***Exemple***

Reprenons l'exemple des notes du II. On obtient le diagramme en boîte suivant :

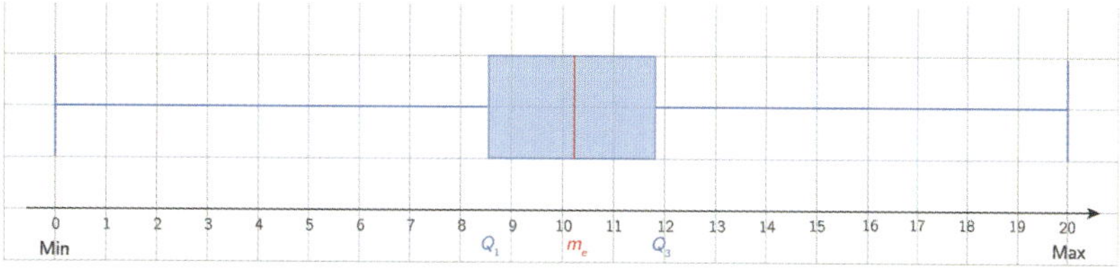

Remarque

Que la série soit discrète ou continue, il s'agit du même type de diagramme.

Remarque

Un tel diagramme peut permettre de comparer deux séries si l'on représente les diagrammes en boîte des deux séries au-dessus du même axe.

Déterminer la moyenne, la variance et l'écart-type d'une série statistique

La moyenne d'une série statistique, notée $\overline{x}$, donne la valeur prise en moyenne dans la série. La variance, notée V, et l'écart-type, noté σ, donnent une évaluation de l'écart des valeurs prises par rapport à la moyenne. Lorsqu'une série statistique est donnée, on sait calculer ces trois grandeurs.

Étape 1 : Calculer les $x_i n_i$ et les $(x_i)^2 n_i$

Dans le tableau statistique, on donne les valeurs x_i et les effectifs n_i. On ajoute une ligne dans laquelle on calcule les produits $x_i n_i$ et une ligne dans laquelle on calcule les produits $n_i(x_i)^2$.

Étape 2 : Calculer $\overline{x}$

On applique la formule $\overline{x} = \frac{1}{N}\sum x_i n_i$ et on simplifie l'expression obtenue.

Étape 3 : Calculer V et σ

On applique la formule

$V = \frac{1}{N}\sum (x_i)^2 n_i - (\overline{x})^2$ et on simplifie l'expression.

On calcule ensuite $\sigma = \sqrt{V}$.

Exemple

On donne la série statistique suivante :

x_i	1	2	3	4	5	6	7
n_i	3	11	10	9	11	4	1

Calculer la moyenne, la variance et l'écart-type de cette série.

Étape 1

On complète le tableau :

x_i	1	2	3	4	5	6	7
n_i	3	11	10	9	11	4	1
$n_i x_i$	3	22	30	36	55	24	7
$n_i(x_i)^2$	3	44	90	144	275	144	49

Étape 2

On a $\overline{x} = \frac{1}{N}\sum x_i n_i$.

Or, d'après le tableau :

$N = \sum n_i = 3+11+10+9+11+4+1 = 49$

$\sum x_i n_i = 3+22+30+36+55+24+7 = 177$

D'où :

$\overline{x} = \frac{1}{49} \times 177$

$\overline{x} \approx 3,6$

Étape 3

On a $V = \frac{1}{N}\sum (x_i)^2 n_i - (\overline{x})^2$.

Or, d'après le tableau :

$N = \sum n_i = 3+11+10+9+11+4+1 = 49$

$\sum (x_i)^2 n_i = 3+44+90+144$
$+275+144+49 = 749$

On a aussi : $\overline{x} = \frac{177}{49}$.

D'où :

$$V = \frac{1}{49} \times 749 - \left(\frac{177}{49}\right)^2$$

$$V \approx 2,2$$

Et :

$$\sigma = \sqrt{\frac{1}{49} \times 749 - \left(\frac{177}{49}\right)^2}$$

$$\sigma \approx 1,5$$

Astuce

Lorsqu'une série est répartie en classes, on prend les centres de chaque classe comme valeurs pour les x_i. On peut ajouter cette ligne dans le tableau statistique pour plus de lisibilité.

Remplacer chaque classe par son centre lors du calcul de la moyenne, de la variance et de l'écart-type revient à faire l'hypothèse que les valeurs sont régulièrement réparties dans chaque classe. Tous les calculs sont du coup des résultats approchés puisqu'ils sont obtenus sous cette hypothèse.

Tailles (en cm)	$[140;150[$	$[150;156[$
Centre de la classe x_i	145	153
Effectifs n_i	3	11

Tailles (en cm)	$[156;160[$	$[160;180[$
Centre de la classe x_i	158	170
Effectifs n_i	10	9

Construire la courbe des fréquences cumulées croissantes

Dans une série statistique continue (les valeurs sont rangées en classes), la courbe des fréquences cumulées croissantes permet de déterminer une médiane et les quartiles de la série.

Étape 1 : Calculer les fréquences cumulées croissantes

Si cela n'a pas été fait dans les questions précédentes, calculer les fréquences cumulées croissantes dans une ligne supplémentaire du tableau statistique.

Étape 2 : Placer les axes

On place en abscisse les valeurs du caractère et en ordonnée les fréquences cumulées croissantes.

On choisit l'échelle de chaque axe pour représenter au mieux la série. En abscisse, la valeur à l'origine est souvent le minimum de la série.

Astuce Contrairement aux repères classiques, il n'est pas gênant, ici, que l'axe des abscisses ne débute pas à 0. On préfère « décaler » l'axe des ordonnées vers la gauche ou vers la droite afin de débuter, en abscisse, au minimum de la série.

Étape 3 : Placer les points

On place sur le graphique les points correspondants aux fréquences cumulées croissantes de la manière suivante : si, pour la classe $[a;b[$, la fréquence cumulée croissante vaut f_k, on place le point $M(b;f_k)$.

Astuce La fréquence f_k est celle correspondant aux valeurs inférieures à b. Elle est donc bien à faire correspondre, sur le graphique, à la valeur b (et non au centre de la classe $[a;b[$ ou à la valeur a).

Étape 4 : Relier les points par des segments de droites

On suppose les valeurs régulièrement réparties au sein de chaque classe, on relie donc les points entre eux par des segments de droites.

On obtient la courbe des fréquences cumulées croissantes.

➡ ***Exemple***

On donne la série statistique suivante :

Classes	$[5;8[$	$[8;10[$	$[10;12[$
Fréquences	10 %	14 %	37 %

Classes	$[12;15[$	$[15;18[$	$[18;25[$
Fréquences	5 %	23 %	11 %

Tracer la courbe des fréquences cumulées croissantes.

Étape 1

On ajoute une ligne dans le tableau pour les fréquences cumulées croissantes :

Classes	$[5;8[$	$[8;10[$	$[10;12[$
Fréquences	10 %	14 %	37 %
Fréquences cumulées croissantes	10 %	24 %	61 %

Classes	$[12;15[$	$[15;18[$	$[18;25[$
Fréquences	5 %	23 %	11 %
Fréquences cumulées croissantes	66 %	89 %	100 %

Étape 2

On trace le repère. On choisit une échelle assez grande en ordonnée pour plus de précisions.

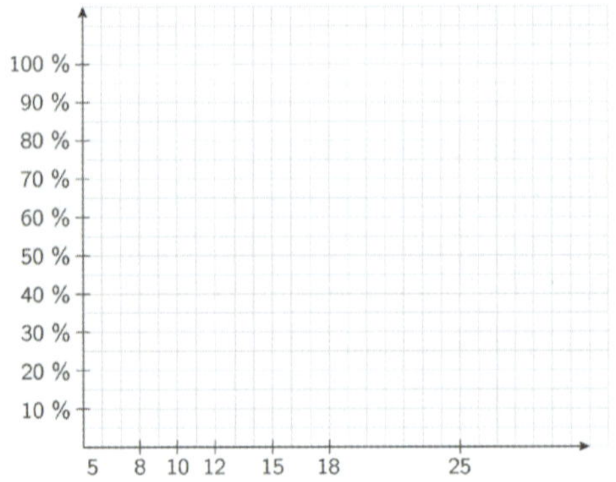

Étape 3

On place les points suivants sur le graphe : $A_0(5;0)$, $A_1(8;0,1)$, $A_2(10;0,24)$, $A_3(12;0,61)$, $A_4(15;0,66)$, $A_5(18;0,89)$ et $A_6(25;1)$

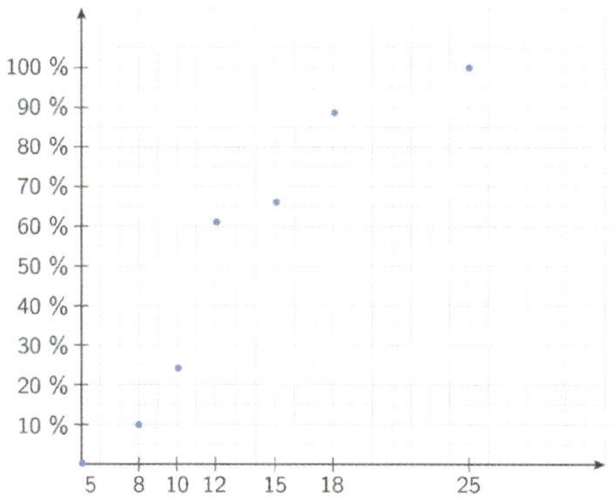

Étape 4

On relie les points pour obtenir la courbe des fréquences cumulées croissantes.

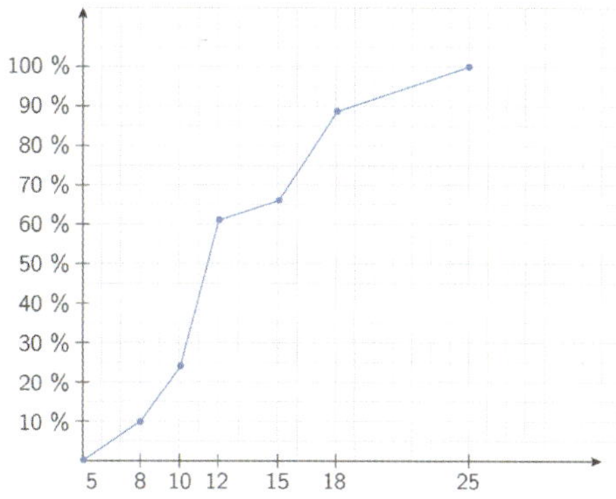

Déterminer une médiane et les quartiles d'une série statistique

Méthode 1 : Dans une série statistique discrète

La médiane d'une série statistique est la valeur qui sépare la série (ordonnée en valeurs croissantes) en deux groupes de même effectif.

Afin de la déterminer dans une série statistique discrète, le plus simple est de s'aider d'un tableau.

Étape 1 : Construire le tableau statistique

On ordonne la série statistique dans un tableau en classant les valeurs par ordre croissant et on note les effectifs dans une deuxième ligne.

Étape 2 : Calculer les effectifs cumulés croissants

On ajoute, dans le tableau, une ligne pour les effectifs cumulés croissants.

Étape 3 : Déterminer une médiane

Deux cas se présentent :

- Si l'effectif total N est pair, on choisira, en général, comme médiane, la moyenne des $\frac{N}{2}^{e}$ et $\left(\frac{N}{2}+1\right)^{e}$ valeurs.
- Si l'effectif total N est impair, on choisira, en général, comme médiane, la $\left(\frac{N}{2}+1\right)^{e}$ valeur.

- **Étape 4 : Déterminer les quartiles**
- Le premier quartile est la valeur de rang m, où m est le premier entier supérieur ou égal à $\frac{N}{4}$.
- Le troisième quartile est la valeur de rang n, où n est le premier entier supérieur ou égal à $\frac{3N}{4}$.

On calcule donc $\frac{N}{4}$ et $\frac{3N}{4}$ pour déterminer les premier et troisième quartiles.

➡ *Exemple*

On donne les différentes notes obtenues par les élèves d'une classe lors d'un contrôle. Déterminer une médiane, le premier quartile et le troisième quartile.

$5-12-11-10-6-17-11-12$

$-10-13-9-11-12-8-7$

$-10-11-10-12-11-9-10-8-11$

Étape 1

On classe la série en valeurs croissantes et on note les effectifs dans un tableau :

x_i	5	6	7	8	9	10	11	12	13	17
n_i	1	1	1	2	2	5	6	4	1	1

Étape 2

En ajoutant une ligne pour les effectifs cumulés croissants, on obtient le tableau suivant :

x_i	5	6	7	8	9	10	11	12	13	17
n_i	1	1	1	2	2	5	6	4	1	1
E.C.C.	1	2	3	5	7	12	18	22	23	24

Étape 3

Ici, l'effectif total est :
$N = 24$

N est pair. De plus, on a :
$\frac{N}{2} = 12$

Ainsi, on prend comme médianc la moyenne des 12e et 13e valeurs.

La ligne des effectifs cumulés croissants nous indique que la 12e valeur est le dernier 10 et que la 13e valeur est le premier 11. On prend donc comme médiane :

$m_e = 10,5$

Étape 4

On a :

$\frac{N}{4} = \frac{24}{4} = 6$

Le premier quartile est donc la 6e valeur.

La ligne des effectifs cumulés croissants indique que la 6e valeur est le premier 9. Ainsi :

$Q_1 = 9$

De plus :

$\frac{3N}{4} = \frac{3 \times 24}{4} = 18$

Le troisième quartile est donc la 18e valeur. La ligne des effectifs cumulés croissants indique que la 18e valeur est le dernier 11. Ainsi :

$Q_3 = 11$

Méthode 2 : Dans une série statistique continue

Il est possible de dresser la courbe des fréquences cumulées croissantes afin d'identifier médiane et quartiles d'une série statistique continue.

■ **Étape 1 : Calculer les fréquences et les fréquences cumulées croissantes**

On ajoute, dans un tableau, une ligne pour les fréquences et une pour les fréquences cumulées croissantes.

■ **Étape 2 : Tracer la courbe des fréquences cumulées croissantes**

Dans un repère, on place en abscisse les valeurs et en ordonnée les fréquences cumulées croissantes.

On trace alors la courbe des fréquences cumulées croissantes.

■ **Étape 3 : Déterminer graphiquement une médiane**

Sur l'axe des ordonnées, on repère la fréquence cumulée croissante de 50 %. On rejoint horizontalement la courbe et on redescend verticalement sur l'axe des abscisses pour déterminer la valeur d'une médiane.

■ **Étape 4 : Déterminer graphiquement les quartiles**

On répète la même opération avec 25 % et 75 % pour déterminer la valeur du premier et troisième quartile.

➡ *Exemple*

Donner une médiane, le premier quartile et le troisième quartile de la série statistique suivante :

Classes	$[5;8[$	$[8;11[$	$[11;12[$	$[12;15[$
Effectifs	40	31	25	52

Classes	$[15;18[$	$[18;20[$	$[20;21[$
Effectifs	37	18	27

Étape 1

On calcule l'effectif total de la série :

$$N = \sum_{i=0}^{p} n_i = 40 + 31 + 25 + 52 + 37 + 18 + 27$$
$$= 230$$

On en déduit les fréquences et les fréquences cumulées croissantes. Après les avoir calculées, on complète le tableau :

Classes	$[5;8[$	$[8;11[$	$[11;12[$	$[12;15[$
Effectifs	40	31	25	52
Fréquences	0,17	0,13	0,11	0,23
F.C.C.*	0,17	0,30	0,41	0,64

Classes	$[15;18[$	$[18;20[$	$[20;21[$
Effectifs	37	18	27
Fréquences	0,16	0,08	0,12
F.C.C.*	0,80	0,88	1

*F.C.C. = fréquences cumulées croissantes

Étape 2

On trace la courbe des fréquences cumulées croissantes.

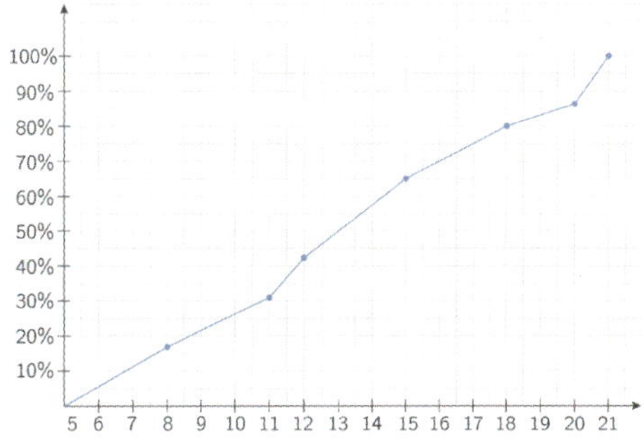

Étape 3

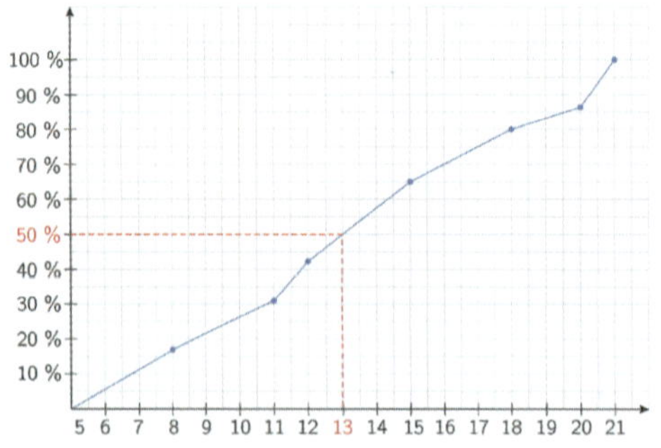

Graphiquement, on lit $m_e \approx 13$.

Étape 4

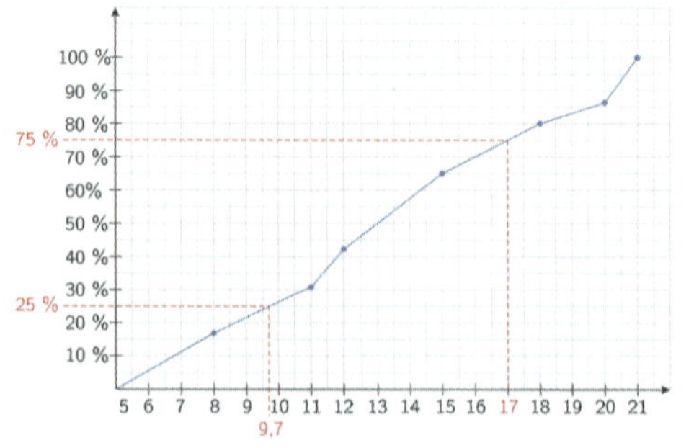

Graphiquement, on lit $Q_1 \approx 9,7$ et $Q_3 \approx 17$.

Exercice n° 1

On relève la pointure des 15 garçons d'une classe de seconde, que l'on range dans le tableau suivant :

Pointures	40	41	42	43	44
Effectifs	3	4	5	2	1

1. Calculer $\overline{x}$, la moyenne de cette série.
2. Calculer V, la variance de cette série.
3. Calculer l'écart-type de cette série.

Exercice n° 2

On donne la série statistique suivante, représentant le nombre de participants à un sondage selon leur âge.

Classes	[8;10[	[10;12[	[12;15[	[15;18[	[18;20[	[20.25[	[25;30]
Effectifs	50	35	110	120	45	60	55

1. Calculer $\overline{x}$, la moyenne de cette série.
2. Calculer V, la variance de cette série.
3. Calculer σ, l'écart-type de cette série.

Exercice n° 3

On considère la série statistique suivante :

Valeurs	45	46	47	50	55	57
Effectifs	175	351	211	455	852	37

Déterminer une médiane, le premier quartile et le troisième quartile.

Exercice n° 4

Une étude sur un échantillon d'individus a permis de donner la répartition suivante des personnes jouant régulièrement aux jeux vidéo, par tranche d'âge.

Âges (années)	$[0;10[$	$[10;20[$	$[20;30[$	$[30;45[$	$[45;60[$	$[60;70]$
Fréquences	30 %	35 %	18 %	12 %	3 %	2 %

1. Compléter le tableau avec les fréquences cumulées croissantes.
2. Tracer la courbe des fréquences cumulées croissantes.
3. Déterminer graphiquement une médiane, le premier quartile et le troisième quartile.

Exercice n° 5

On relève les notes d'un devoir de seconde de deux classes A et B de 30 élèves, que l'on range dans un tableau. On obtient les deux séries suivantes :

Notes de la classe A	9	10	11	13	14	16
Effectifs	2	7	8	6	5	2

Notes de la classe y	4	6	11	13	15	19
Effectifs	1	3	3	11	7	5

1. Calculer la moyenne obtenue dans les classes A et B.
2. Déterminer une médiane, le premier quartile, le troisième quartile et l'intervalle interquartile pour chaque série.
3. Calculer l'étendue de chaque série.

Encore plus d'exercices sur **Kartable.fr**

Exercice n° 1

1. $\overline{x} = \frac{1}{N}\Sigma x_i n_i$

   On a $N = 3+4+5+2+1 = 15$.

   $\overline{x} = \frac{40\times 3 + 41\times 4 + 42\times 5 + 43\times 2 + 44\times 1}{15}$

   $\overline{x} = \frac{120+164+210+86+44}{15}$

   $\overline{x} = \frac{624}{15} = 41{,}6$

   → Les garçons de cette classe ont une pointure moyenne de 41,6.

2. $V = \frac{1}{N}\Sigma n_i (x_i - \overline{x})^2$

   $V = \frac{3(40-41{,}6)^2 + 4(41-41{,}6)^2 + 5(42-41{,}6)^2 + 2(43-41{,}6)^2 + 1(44-41{,}6)^2}{15}$

   $V = \frac{3(-1{,}6)^2 + 4(-0{,}6)^2 + 5(0{,}4)^2 + 2(1{,}4)^2 + 1(2{,}4)^2}{15}$

   $V = \frac{7{,}68 + 1{,}44 + 0{,}8 + 3{,}92 + 5{,}76}{15}$

   $V = \frac{19{,}6}{15} \approx 1{,}31$

   → La variance de cette série est d'environ 1,31.

3. $\sigma = \sqrt{V} \approx \sqrt{1{,}31} \approx 1{,}14$

   → L'écart-type de cette série est d'environ 1,14.

Exercice n° 2

1. Calculer $\overline{x}$, la moyenne de cette série.

   Il s'agit d'une série continue. Pour calculer la moyenne, la variance et l'écart-type de cette série, il faut calculer le centre de chaque classe.

   On obtient le tableau suivant :

Centre de classe	9	11	13,5	16,5	19	22,5	27,5
Effectifs	50	35	110	120	45	60	55

   Ainsi, $\overline{x} \approx \frac{1}{N}\Sigma x_i n_i$.

On a $N = \Sigma n_i = 50 + 35 + 110 + 120 + 45 + 60 + 55 = 475$.

$$\overline{x} \approx \frac{9 \times 50 + 11 \times 35 + 13,5 \times 110 + 16,5 \times 120 + 19 \times 45 + 22,5 \times 60 + 27,5 \times 55}{475}$$

$$\overline{x} \approx \frac{8\,017,5}{475}$$

$$\overline{x} \approx 16,88$$

→ La moyenne de cette série est d'environ 16,88.

2. Calculer V, la variance de cette série.

$$V \approx \frac{1}{N} \Sigma n_i (x_i - \overline{x})^2$$

$$V \approx \frac{50(9-16,88)^2 + 35(11-16,88)^2 + 110(13,5-16,88)^2 + 120(16,5-16,88)^2}{475}$$

$$\frac{+45(19-16,88)^2 + 60(22,5-16,88)^2 + 55(27,5-16,88)^2}{475}$$

$$V \approx 29,24$$

→ La variance de cette série est d'environ 29,24.

3. Calculer σ, l'écart-type de cette série.

$$\sigma = \sqrt{V}$$

$$\sigma \approx \sqrt{29,24}$$

$$\sigma \approx 5,41$$

→ L'écart-type de cette série est d'environ 5,41.

Exercice n° 3

Étape 1 : Calcul de l'effectif total

On commence par calculer l'effectif total :

$N = 175 + 351 + 211 + 455 + 852 + 37 = 2081$

Étape 2 : Calcul d'une médiane

Comme l'effectif total est impair, le rang de la médiane est donné par $\frac{N+1}{2}$.

$$\frac{N+1}{2} = \frac{2\,081+1}{2} = 1\,041$$

La médiane est la valeur de série de rang 1041 : elle vaut 50.

Étape 3 : Calcul du premier quartile

On détermine le rang du premier quartile :

$$\frac{N}{4} = \frac{2\,081}{4} = 520,25$$

Le rang d'un quartile est toujours arrondi par excès, ainsi le premier quartile est de rang 521.

Il vaut donc $Q_1 = 46$.

Étape 4 : Calcul du troisième quartile

On détermine le rang du troisième quartile :

$$\frac{3\times N}{4}=\frac{3\times 2\,081}{4}=1\,560,75$$

Le rang d'un quartile est toujours arrondi par excès, ainsi le premier quartile est de rang 1561.

Il vaut donc $Q_3 = 55$.

→ *Med* = 50, $Q_1 = 46$ et $Q_3 = 55$

Exercice n° 4

1.

Âges (années)	$[0;10[$	$[10;20[$	$[20;30[$	$[30;45[$	$[45;60[$	$[60;70]$
Fréquences	30 %	35 %	18 %	12 %	3 %	2 %
Fréquences cumulées croissantes	30 %	65 %	83 %	95 %	98 %	100 %

2. On place les fréquences cumulées croissantes en ordonnée et les âges en abscisse. On obtient la courbe suivante :

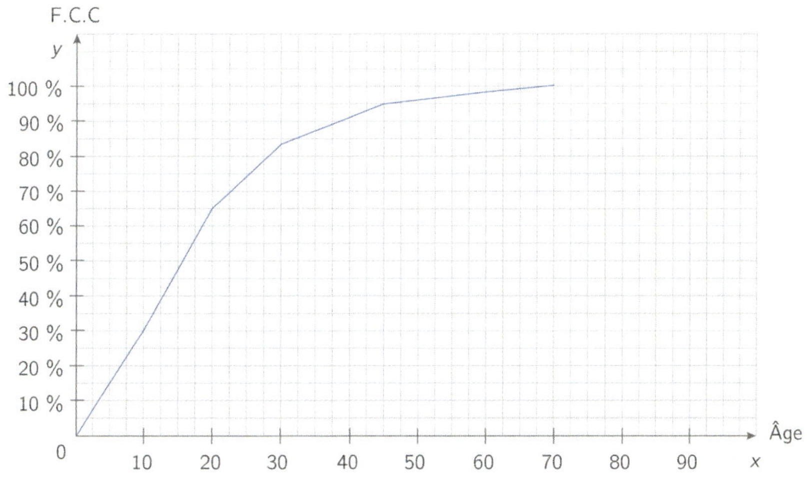

3. Étape 1 : Détermination graphique d'une médiane

Une médiane est une valeur qui divise l'effectif en deux populations de même taille : c'est donc une valeur correspondant à la fréquence cumulée de 50 %. Pour déterminer graphiquement une médiane d'une série regroupée en classes grâce à la courbe des fréquences cumulées, on part donc de 50 % en ordonnée et on repère l'abscisse du point de la courbe qui correspond à cette ordonnée.

Étape 2 : Détermination graphique du premier quartile

On procède de la même manière, mais à partir de l'ordonnée 25 % (un quart de l'effectif, soit 25 %).

Étape 3 : Détermination graphique du troisième quartile

On procède de la même manière, mais à partir de l'ordonnée 75 % (trois quarts de l'effectif, soit 75 %).

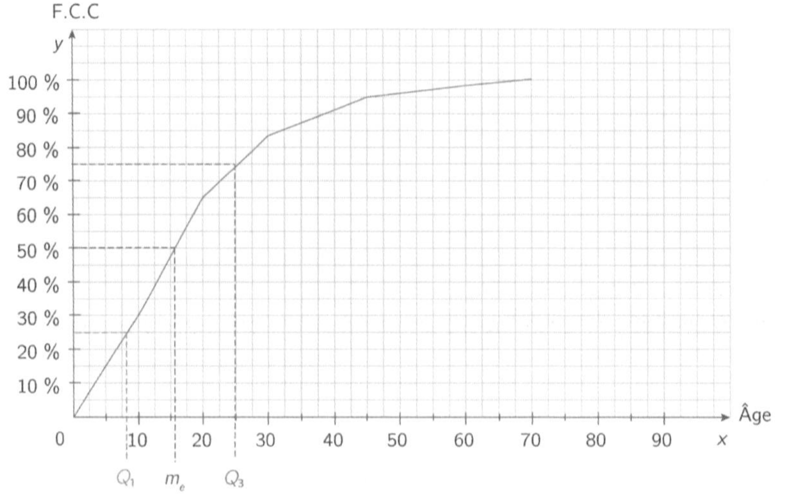

→ On en déduit graphiquement :

- $med \approx 16$
- $Q_1 \approx 8$
- $Q_3 \approx 26$

Exercice n° 5

1. Étape 1 : Moyenne de la classe A

$$\overline{x} = \frac{9\times 2+10\times 7+11\times 8+13\times 6+14\times 5+16\times 2}{30}$$

$$\overline{x} = \frac{18+70+88+78+70+32}{30}$$

$$\overline{x} = \frac{356}{30} \approx 11,87$$

Étape 2 : Moyenne de la classe B

$$\overline{x} = \frac{4\times 1+6\times 3+11\times 3+13\times 11+15\times 7+19\times 5}{30}$$

$$\overline{x} = \frac{4+18+33+143+105+95}{30}$$

$$\overline{x} = \frac{398}{30} \approx 13,27$$

→ La moyenne de la classe A est donc d'environ 11,87 et celle de la classe B est d'environ 13,27.

2. Étape 1 : Calcul de la médiane de chaque série

Il y a 30 élèves, donc l'effectif total vaut $N = 30$.
Comme N est pair, on prendra comme médiane la demi-somme des termes de la série de rang $\frac{N}{2}$ et de rang $\frac{N}{2}+1$, donc à la demi-somme des termes de la série de rang 15 et de rang 16.

– Dans la classe A, les 15e et 16e termes sont égaux à 11, donc $m_e = \frac{11+11}{2} = 11$.
– Dans la classe B, les 15e et 16e termes sont égaux à 13, donc $m_e = \frac{13+13}{2} = 13$.

Étape 2 : Calcul du premier quartile de chaque série

Le premier quartile est la plus petite valeur Q_1, telle qu'au moins 25 % des valeurs de la série lui sont inférieures ou égales.

$$\frac{N}{4} = \frac{30}{4} = 7,5$$

Le premier quartile se situe donc au rang 8.
– Dans la classe A, on obtient donc : $Q_1 = 10$.
– Dans la classe B, on obtient donc : $Q_1 = 13$.

Étape 3 : Calcul du troisième quartile de chaque série

Le troisième quartile est la plus petite valeur Q_3, telle qu'au moins 75 % des valeurs de la série lui sont inférieures ou égales.

$\frac{3N}{4} = \frac{90}{4} = 22,5$

Le troisième quartile se situe donc au rang 23.

– Dans la classe A, on obtient donc : $Q_3 = 13$.
– Dans la classe B, on obtient donc : $Q_3 = 15$.

Étape 4 : Calcul de l'écart interquartile de chaque série

L'écart interquartile est le réel $Q_3 - Q_1$.

Dans la classe A, l'écart interquartile est donc égal à 3.

Dans la classe B, l'écart interquartile est donc égal à 2.

→ On a donc :

- Classe A : $m_e = 11$, $Q_1 = 10$, $Q_3 = 13$ et l'écart interquartile est égal à 3.
- Classe B : $m_e = 13$, $Q_1 = 13$, $Q_3 = 15$ et l'écart interquartile est égal à 2.

3. L'étendue est la différence entre le minimum et le maximum de la série.

- Dans la classe A, le maximum de la série vaut 16 et le minimum vaut 9, donc l'étendue vaut 16 - 9 = 7.
- Dans la classe B, le maximum de la série vaut 19 et le minimum vaut 4, donc l'étendue vaut 19 - 4 = 15.

→ Dans la classe A, l'étendue vaut 7 et dans la classe B, l'étendue vaut 15.

Chapitre 11

Les probabilités

I. Probabilité sur un ensemble fini

A. L'environnement probabiliste

Définition

Les résultats possibles d'une expérience sont appelés issues (ou éventualités).

■ ***Exemple***

Les éventualités de l'expérience aléatoire consistant à lancer un dé à six faces, notées e_i, sont :

- $e_1 = 1$
- $e_2 = 2$
- $e_3 = 3$
- $e_4 = 4$
- $e_5 = 5$
- $e_6 = 6$

Définition

Un événement est une partie de l'univers Ω, ensemble des issues $(\omega_1; \omega_3; \ldots; \omega_n)$ de l'expérience.

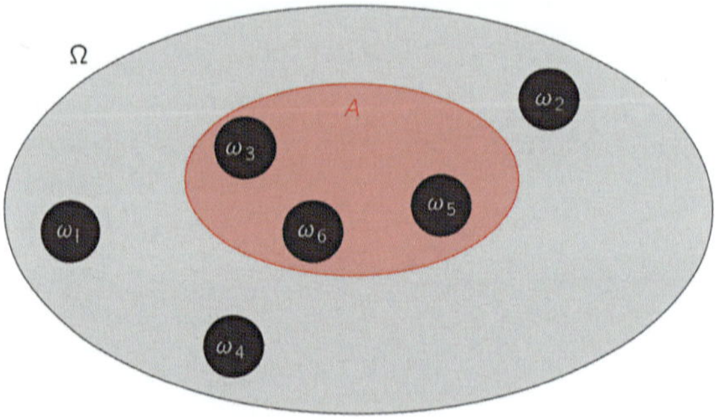

Définition

Soit Ω l'univers d'une expérience aléatoire.
On appelle événement élémentaire tout événement ne comportant qu'une issue, c'est-à-dire que les événements $\{\omega_1\}$, $\{\omega_2\}$, ..., $\{\omega_n\}$ si $\omega_1, \omega_2, \ldots, \omega_n$ sont les issues de l'univers Ω.

■ ***Exemple***

L'univers de l'expérience aléatoire consistant à lancer un dé à 6 faces est : $\Omega = \{1, 2, 3, 4, 5, 6\}$. Les événements $\{1\}$, $\{2\}$, $\{3\}$, $\{4\}$, $\{5\}$ et $\{6\}$ constituent des événements élémentaires.

Définition

Soit un événement A.
La probabilité de A, notée $p(A)$, est égale à la somme des probabilités des événements élémentaires qui constituent l'événement A.

Exemple

Si on lance un dé équilibré à 6 faces et que l'on s'intéresse à l'événement A : « obtenir un multiple de 3 ».
On a alors $A=\{3;6\}$. Les nombres 3 et 6 ont la même probabilité de sortie, c'est-à-dire $\frac{1}{6}$.

Ainsi :
$$p(A)=\frac{1}{6}+\frac{1}{6}=\frac{2}{6}=\frac{1}{3}.$$

Définition

Un événement certain est un événement qui se réalisera obligatoirement. Sa probabilité est égale à 1.

Exemple

Ω est un événement certain. $p(\Omega)=1$.

Définition

Un événement impossible est un événement qui ne se réalisera jamais. Sa probabilité est nulle.

Exemple

L'ensemble vide $\varnothing$ est un événement impossible : $p(\varnothing)=0$.

Piège

Ne pas confondre un événement et sa probabilité qui est un nombre.

B. La réunion d'événements

Définition

Soient A et B deux événements d'un univers Ω. On appelle réunion de A et B l'événement noté $A\cup B$ contenant les issues qui réalisent au moins un des deux événements A et B.

Définition

Deux événements sont dits incompatibles s'ils ne peuvent pas se produire simultanément. Autrement dit, deux événements sont incompatibles s'ils ne contiennent pas d'issue commune.

■ ***Exemple***

On lance un dé à six faces. On considère les événements suivants :

- A : « obtenir un multiple de 3 » ;
- B : « obtenir 4 ou 5 ».

A et B sont deux événements incompatibles, car ils ne peuvent pas être réalisés simultanément.

Théorème

Soient A et B deux événements incompatibles :

$$p(A \cup B) = p(A) + p(B)$$

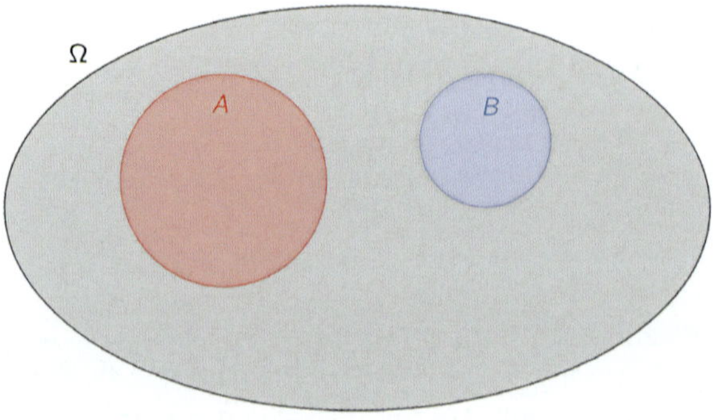

Théorème

Soient A et B deux événements :

$$p(A \cup B) = p(A) + p(B) - p(A \cap B)$$

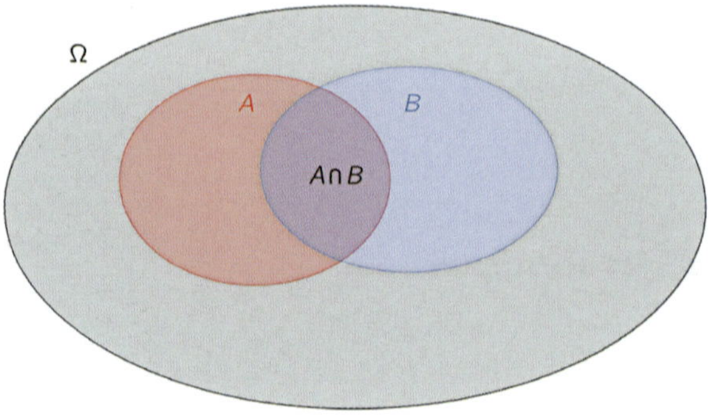

C. L'événement contraire

Définition

On appelle événement contraire de l'événement A, noté $\overline{A}$, l'ensemble des éléments de Ω qui ne sont pas dans A.

■ *Exemple*

On lance un dé à six faces.
L'événement contraire à « obtenir un multiple de 3 » est l'événement « ne pas obtenir un multiple de 3 », soit l'événement « obtenir 1, 2, 4 ou 5 ».

Théorème

Soit un événement A.
La probabilité de son événement contraire, noté $\overline{A}$, est égale à :

$$p(\overline{A}) = 1 - p(A)$$

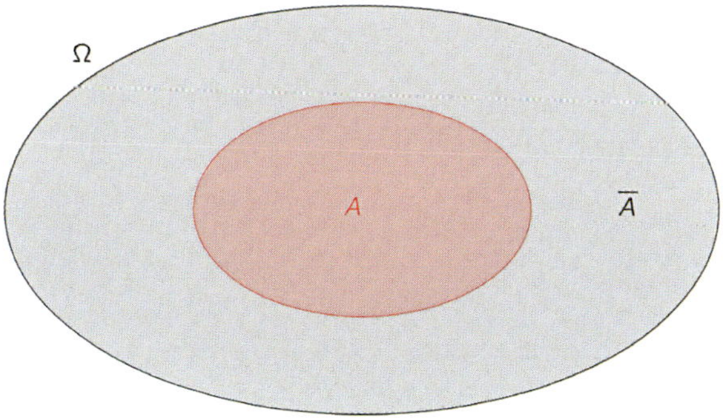

Propriété

$$A \cup \overline{A} = \Omega$$
$$A \cap \overline{A} = \varnothing$$

II. Les lois de probabilité discrètes

A. Les variables aléatoires

Définition

Une variable aléatoire réelle X est une fonction qui associe un réel à chaque événement élémentaire de l'univers d'une expérience aléatoire.
L'ensemble des valeurs prises par une variable aléatoire réelle X est noté $X(\Omega)$.

■ ***Exemple***

Imaginons le jeu suivant :

« On mise une somme de 2 € puis on lance un dé équilibré à six faces.

Si la face obtenue est supérieure ou égale à 5, on remporte une somme égale au double du nombre de la face.

Si la face est 1 ou 2, on ne remporte rien.

Enfin, dans les autres cas, on remporte un gain égal au nombre inscrit sur la face. »

On appelle X la variable aléatoire qui associe, à chaque issue de cette expérience (face 1, face 2, etc.), le gain algébrique du joueur (gain minoré de la mise).

Si les faces obtenues sont 5 ou 6, les gains algébriques respectifs sont : 8 € ou 10 €.

Si les faces obtenues sont 3 ou 4, les gains algébriques respectifs sont : 1 € ou 2 €.

Si les faces obtenues sont 1 ou 2, le gain algébrique est identique : –2 €.

Par conséquent, la variable aléatoire peut prendre les valeurs : –2 ; 1 ; 2 ; 8 ; 10.

On note $X(\Omega) = \{-2;1;2;8;10\}$.

B. Loi de probabilité

Définition

Soit X une variable aléatoire prenant les valeurs :

$$X(\Omega) = \{x_1, x_2, ..., x_n\}$$

La loi de probabilité de X associe à chaque réel x_i la probabilité $p(\{X = x_i\})$, que l'on peut noter en abrégé $p(X = x_i)$.

Astuce

On présente en général une loi de probabilité à l'aide d'un tableau.

x_i	x_1	x_2	...	x_n
$p(X = x_i)$	$p(X = x_1)$	$p(X = x_2)$	...	$p(X = x_n)$

■ ***Exemple***

Imaginons le jeu suivant :

« On mise une somme de 2 € puis on lance un dé équilibré.

Si la face obtenue est supérieure ou égale à 5, on remporte une somme égale au double du nombre de la face.

Si la face est 1 ou 2, on ne remporte rien.

Enfin, dans les autres cas, on remporte un gain égal au nombre inscrit sur la face. »

On appelle X la variable aléatoire qui associe, à chaque issue de cette expérience (face 1, face 2, etc.), le gain algébrique du joueur (gain minoré de la mise).
On a donc $X(\Omega) = \{-2;1;2;8;10\}$.
La loi de probabilité est donnée par le tableau suivant :

x_i	-2	1	2	8	10
$p(X = x_i)$	$\frac{2}{6}$	$\frac{1}{6}$	$\frac{1}{6}$	$\frac{1}{6}$	$\frac{1}{6}$

Remarque

La somme des probabilités d'une loi de probabilités vaut toujours 1 :

$$p(X = x_1) + p(X = x_2) + \ldots + p(X = x_n) = 1$$

■ ***Exemple***

Dans la loi de probabilité suivante :

x_i	-2	1	2	8	10
$P(X = x_i)$	$\frac{2}{6}$	$\frac{1}{6}$	$\frac{1}{6}$	$\frac{1}{6}$	$\frac{1}{6}$

On a bien :

$$P(X = -2) + P(X = 1) + P(X = 2) + P(X = 8) + P(X = 10) = \frac{2}{6} + \frac{1}{6} + \frac{1}{6} + \frac{1}{6} + \frac{1}{6} = 1$$

Remarque

Donner la loi de probabilité d'une variable aléatoire revient à donner l'ensemble des valeurs prises par X et, pour chaque valeur k prise par X, la probabilité de l'événement $\{X = k\}$, notée $p(X = k)$.

C. Espérance, variance, écart-type

Définition

L'espérance d'une variable aléatoire X prenant comme valeurs x_0, x_1, ..., x_n est le réel :

$$E(X) = x_0 p(X = x_0) + x_1 p(X = x_1) + \ldots + x_n p(X = x_n)$$

■ **Exemple**

On considère la loi de probabilité suivante :

x_i	-2	1	2	8	10
$p(X=x_i)$	$\frac{2}{6}$	$\frac{1}{6}$	$\frac{1}{6}$	$\frac{1}{6}$	$\frac{1}{6}$

L'espérance de la variable X est ici :

$$E(X) = -2\times\frac{2}{6}+1\times\frac{1}{6}+2\times\frac{1}{6}+8\times\frac{1}{6}+10\times\frac{1}{6}=\frac{17}{6}\approx 2{,}83$$

Remarque

L'espérance d'une variable aléatoire X peut s'interpréter comme étant la valeur moyenne des valeurs observées de la variable X lors d'un grand nombre de répétitions de l'expérience.

Propriété

L'espérance est linéaire. En effet, pour tous les réels a et b :

$$E(aX+b)=aE(X)+b$$

■ **Exemple**

Soient X et Y deux variables aléatoires discrètes telles que $Y=2X-8$ et $E(X)=45$.
On peut en déduire l'espérance de Y.

$E(Y)=E(2X-8)=2\times E(X)-8=2\times 45-8=82$

Définition

La variance d'une variable aléatoire X prenant les valeurs $x_0, x_1, \dots, x_n$ est le réel :

$$V(X)=\sum_{i=0}^{n}\left[x_i-E(X)\right]^2 p(X=x_i)$$
$$=\left[x_0-E(X)\right]^2 p(X=x_0)+\cdots+\left[x_n-E(X)\right]^2 p(X=x_n)$$

■ **Exemple**

Considérons la loi de probabilité suivante, avec $E(X)=\frac{17}{6}$.

x_i	-2	1	2	8	10
$P(X=x_i)$	$\frac{2}{6}$	$\frac{1}{6}$	$\frac{1}{6}$	$\frac{1}{6}$	$\frac{1}{6}$

La variance vaut :

$$V(X)=\left(-2-\frac{17}{6}\right)^2\times\frac{2}{6}+\left(1-\frac{17}{6}\right)^2\times\frac{1}{6}+\left(2-\frac{17}{6}\right)^2\times\frac{1}{6}+\left(8-\frac{17}{6}\right)^2\times\frac{1}{6}+\left(10-\frac{17}{6}\right)^2\times\frac{1}{6}$$

Soit :

$$V(X)=\frac{773}{36}\approx 21,47$$

Propriété

Avec les notations précédentes, la variance de la variable aléatoire X peut également se calculer par :

$$V(X)=\sum_{i=0}^{n}(x_i)^2 p(X=x_i)-[E(X)]^2$$

■ **Exemple**

En reprenant l'exemple précédent :

$$V(X)=(-2)^2\times\frac{2}{6}+(1)^2\times\frac{1}{6}+(2)^2\times\frac{1}{6}+(8)^2\times\frac{1}{6}+(10)^2\times\frac{1}{6}-\left(\frac{17}{6}\right)^2$$

Soit :

$$V(X)=\frac{773}{36}\approx 21,47$$

Propriété

Pour tous les réels a et b :

$$V(aX+b)=a^2V(X)$$

■ **Exemple**

Soient X et Y deux variables aléatoires discrètes telles que $Y=2X-8$ et $V(X)=11$.
On peut en déduire la variance de Y :
$V(Y)=V(2X-8)=2^2\times V(X)=4\times 11=44$

Définition

L'écart-type d'une variable aléatoire X est le réel :

$$\sigma(X)=\sqrt{V(X)}$$

■ **Exemple**

Si X est une variable aléatoire telle que $V(X)=\frac{773}{36}$, alors :

$$\sigma(X)=\sqrt{\frac{773}{36}}=\frac{\sqrt{773}}{6}\approx 4,63$$

III. Répétition d'expériences identiques et indépendantes

A. Modélisation à l'aide d'un arbre

Définition

On peut modéliser une expérience aléatoire dont l'univers est partitionné en quelques événements (souvent deux ou trois) à l'aide d'un arbre pondéré.
Les différents événements partitionnant l'univers sont indiqués aux extrémités des branches d'un arbre.
La probabilité de chaque événement faisant partie de la partition de l'univers est inscrite sur la branche conduisant à cet événement.

■ ***Exemple***

On lance une fois un dé équilibré à six faces. On note A : « Obtenir le 6 ». On dresse l'arbre pondéré correspondant à la situation, sachant que :

- $p(A)=\frac{1}{6}$
- $p(\bar{A})=\frac{5}{6}$

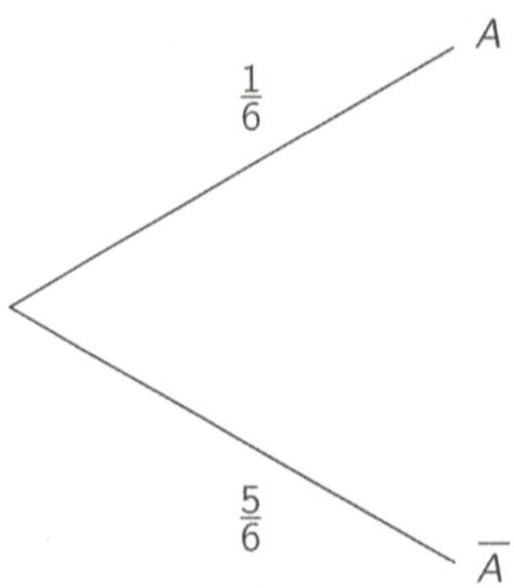

Propriété

La somme des probabilités affectées aux branches issues d'un même point est égale à 1.

■ ***Exemple***

On tire au hasard une boule dans une urne contenant 5 boules vertes, 10 boules blanches et 25 boules rouges. Il y a donc 40 boules dans l'urne. On note :

- A : « Obtenir une boule verte » ;
- B : « Obtenir une boule blanche » ;
- C : « Obtenir une boule rouge ».

On dresse l'arbre pondéré correspondant à la situation, sachant que :

- $p(A) = \frac{5}{40} = \frac{1}{8}$
- $p(B) = \frac{10}{40} = \frac{1}{4}$
- $p(C) = \frac{25}{40} = \frac{5}{8}$

On constate que l'on a bien la somme de ces trois probabilités qui vaut 1.

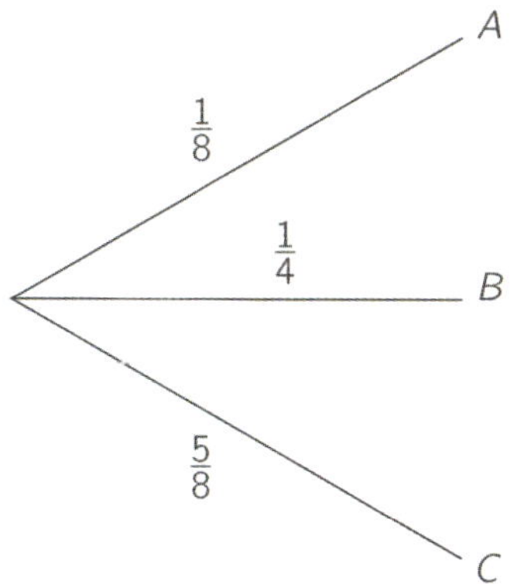

B. Expériences indépendantes

Définition

Deux expériences sont dites indépendantes si le résultat de l'une n'a aucune influence sur le résultat de l'autre.

■ ***Exemple***

Le fait de lancer deux fois une pièce de monnaie constitue la répétition de deux épreuves identiques (lancer une pièce) et indépendantes, car le résultat du second lancer ne dépend pas du résultat du premier lancer.

C. Modélisation de la répétition de deux expériences identiques et indépendantes

Remarque

On représente la répétition d'expériences identiques et indépendantes par un arbre pondéré.

Propriété

Dans un arbre pondéré représentant la répétition d'expériences identiques et indépendantes, la probabilité d'un événement est le produit des probabilités apparaissant sur les branches du chemin représentant l'événement.

■ ***Exemple***

On lance deux fois de suite une pièce de monnaie. On note A l'issue « obtenir PILE » et $\overline{A}$ l'issue « obtenir FACE ».

On a ici $P(A)=\frac{1}{2}$ et $P(\overline{A})=\frac{1}{2}$.

On modélise la situation grâce à l'arbre pondéré ci-dessous.

Le chemin AA correspond à l'événement « obtenir deux fois PILE », dont la probabilité est donc : $\frac{1}{2}\times\frac{1}{2}=\frac{1}{4}$.

Le chemin $\overline{A}\,\overline{A}$ correspond à l'événement « obtenir deux fois FACE », dont la probabilité est donc : $\frac{1}{2}\times\frac{1}{2}=\frac{1}{4}$.

L'événement « obtenir une fois PILE et une fois FACE » est formé des deux issues correspondant aux chemins $A\overline{A}$ et $\overline{A}A$. Sa probabilité est donc : $\frac{1}{2}\times\frac{1}{2}+\frac{1}{2}\times\frac{1}{2}=\frac{1}{2}$.

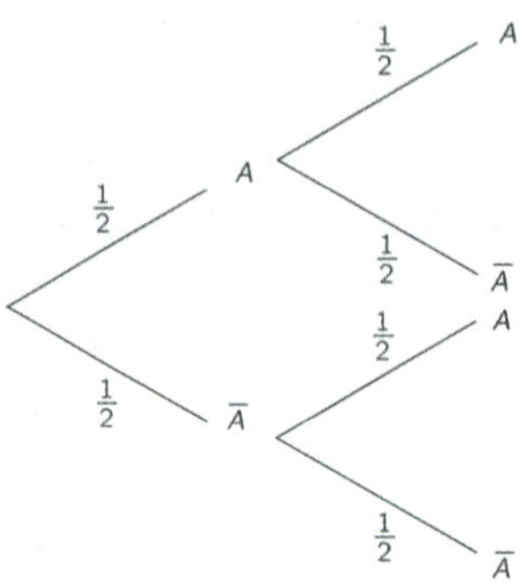

Représenter une expérience aléatoire à l'aide d'un arbre pondéré

On peut décrire une expérience aléatoire en utilisant un arbre de probabilités lorsque l'expérience comporte plusieurs étapes. Celui-ci permet de comprendre l'enchaînement des événements et la probabilité avec laquelle ces événements sont réalisés.

Étape 1 : Identifier les événements étudiés

On détermine dans l'énoncé les différents critères étudiés et les événements associés. Par exemple, on peut étudier la couleur de cheveux des individus et les événements associés pourront être « être blond », « être brun » et « être roux ».

En général, deux critères sont étudiés, mais il peut y en avoir plus.

Étape 2 : Tracer les branches de l'arbre

On trace la première branche correspondant au premier critère, puis, à partir de chaque branche, on trace de nouvelles branches correspondant aux différents événements possibles pour le deuxième critère étudié.

On obtient un arbre du type :

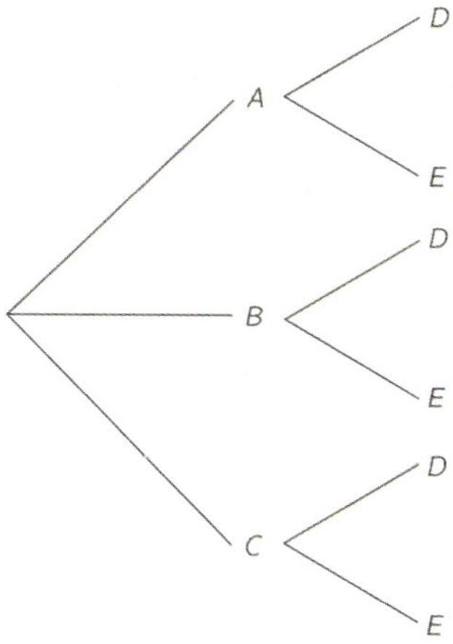

Étape 3 : Ajouter les probabilités

Sur chaque branche, on ajoute la probabilité de l'événement correspondant.

➡ *Exemple*

On considère une urne contenant 4 boules numérotées de 1 à 4. On tire successivement et sans remise deux boules dans cette urne.

- On note A_i l'événement « la première boule tirée porte le numéro i ». On définit ainsi A_1, A_2, A_3 et A_4.
- On note B_i l'événement « la deuxième boule tirée porte le numéro i ». On définit ainsi B_1, B_2, B_3 et B_4.

Dresser un arbre de probabilités représentant la situation.

Étape 1

On considère ici deux critères :

- Le premier numéro tiré, les événements correspondants étant A_1, A_2, A_3 et A_4.
- Le deuxième numéro tiré, les événements correspondants étant B_1, B_2, B_3 et B_4.

Étape 2

L'arbre de probabilités aura alors :

- Sur les 4 premières branches, les événements A_1, A_2, A_3 et A_4.
- Ensuite, trois branches partant de chacune des branches précédentes. En effet, comme la boule tirée au première tirage n'est pas remise dans l'urne, il n'en reste que trois pour le deuxième tirage.

On obtient l'arbre suivant :

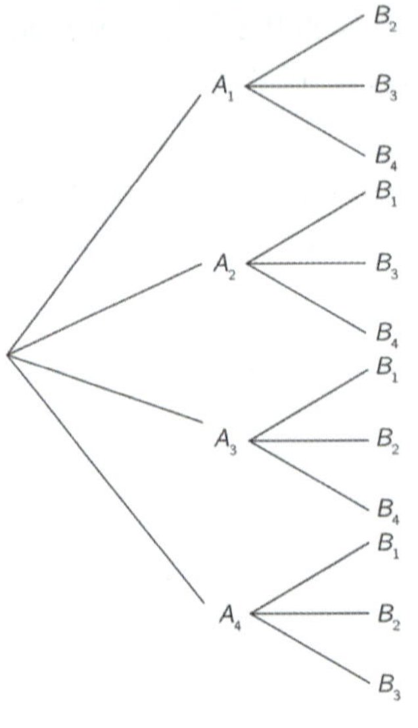

Étape 3

On calcule les probabilités :

- Au premier tirage, il y a 4 boules dans l'urne et chaque boule peut être tirée de manière équiprobable. Donc $p(A_1) = p(A_2) = p(A_3) = p(A_4) = \frac{1}{4}$.
- Au deuxième tirage, il n'y a plus que 3 boules dans l'urne, donc chacune a la probabilité $\frac{1}{3}$ d'être tirée.

On obtient finalement l'arbre de probabilités suivant :

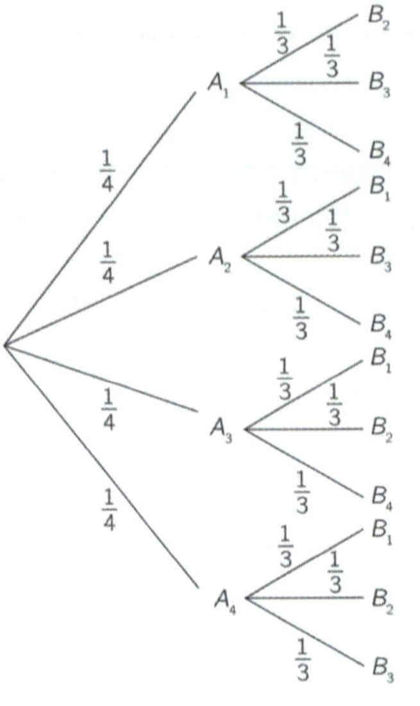

Calculer une espérance et l'interpréter

L'espérance d'une variable aléatoire X donne la valeur que prend X en moyenne, ou la valeur de X que l'on peut « espérer ». On la calcule à partir de la loi de probabilité de X.

■ Étape 1 : Rappeler la loi de probabilité de X

Si elle n'a pas déjà été déterminée, on détermine la loi de probabilité de X. Sinon, on la rappelle.

■ Étape 2 : Énoncer la formule

On rappelle la formule de l'espérance :

$$E(X) = \sum x_i p(X = x_i)$$
$$= x_1 p(X = x_1) + x_2 p(X = x_2)$$
$$+ \ldots + x_n p(X = x_n)$$

■ Étape 3 : Effectuer le calcul

On applique cette formule et on calcule le résultat.

■ Étape 4 : Interpréter l'espérance

$E(X)$ est la valeur que peut prendre X en moyenne, ou la valeur de X que l'on peut espérer obtenir.

➡ *Exemple*

X est la variable aléatoire donnant le chiffre d'affaires mensuel d'un commerçant en euros. Le tableau suivant donne la loi de probabilité de la variable X :

x_i	1000	1500	2000
$p(x = X_i)$	0,05	0,3	0,4

x_i	3000	4500
$p(x = X_i)$	0,15	0,10

Calculer $E(X)$. Le commerçant peut-il espérer un chiffre d'affaires annuel supérieur à 25 000 € ?

Étape 1

Ici, la loi de probabilité de X est donnée dans l'énoncé :

x_i	1000	1500	2000
$p(x = X_i)$	0,05	0,3	0,4

x_i	3000	4500
$p(x = X_i)$	0,15	0,10

Étape 2

On sait que $E(X) = \sum x_i p(X = x_i)$.

Étape 3

On obtient :

$$E(X) = 1\,000 \times 0,05 + 1\,500 \times 0,3 + 2\,000 \times 0,4 + 3\,000 \times 0,15 + 4\,500 \times 0,10$$

$$E(X) = 2\,200$$

Étape 4

$E(X) = 2\,200$, donc le commerçant peut espérer un chiffre d'affaires mensuel de 2 200 €.

Cela donne un chiffre d'affaires annuel de $12 \times 2\,200 = 26\,400$.

L'espérance de son chiffre d'affaires annuel vaut donc 26 400 €.

Par conséquent, le commerçant peut bien espérer un chiffre d'affaires annuel de plus de 25 000 €.

Exercice n° 1

Dans un lycée, on interroge les élèves d'une classe de terminale professionnelle. On compte parmi ces élèves 45 % de filles.

- 90 % des filles souhaitent entrer dans la vie active, les autres poursuivre leurs études.
- 95 % des garçons souhaitent entrer dans la vie active, les autres poursuivre leurs études.

Soient les événements suivants :

- F : « L'élève est une fille. »
- E : « L'élève souhaite poursuivre ses études. »

1. Représenter cette répartition à l'aide d'un arbre de probabilités.
2. On choisit un élève au hasard. Calculer la probabilité de l'événement $\overline{F}$: « L'élève est un garçon. »
3. On choisit un élève au hasard. Calculer la probabilité de l'événement E : « L'élève poursuit ses études. »
4. On choisit un élève au hasard. Calculer la probabilité de l'événement C : « L'élève est un garçon qui ne poursuit pas ses études. »

Exercice n° 2

Dans un lycée :

- 60 % des élèves sont des garçons ;
- 30 % des garçons sont en classe de première ;
- 38 % des filles du lycée sont en classe de première.

Soient les événements suivants :

- G : « L'élève est un garçon. »
- P : « L'élève est en première. »

1. Représenter cette situation à l'aide d'un arbre de probabilités.
2. On choisit un élève du lycée au hasard. Calculer la probabilité de l'événement A : « L'élève est une fille qui est en classe de première. »
3. On choisit un garçon du lycée au hasard. Calculer la probabilité de l'événement B : « L'élève n'est pas en première. »
4. On choisit un élève du lycée au hasard. Calculer la probabilité de l'événement C : « L'élève est en classe de première. »

Exercice n° 3

Dans un village de vacances, trois stages sont proposés aux 90 enfants. Leurs thèmes sont : la magie (M), le théâtre (T) et la photo numérique (P).

- 36 enfants sont inscrits à la magie ;
- 45 enfants sont inscrits à la photo numérique ;
- 30 enfants sont inscrits au théâtre ;
- 20 enfants sont inscrits à la magie et à la photo numérique ;
- 15 enfants sont inscrits à la magie et au théâtre ;
- 19 enfants sont inscrits à la photo numérique et au théâtre ;
- 10 enfants sont inscrits aux trois activités.

On arrondira les probabilités au centième.

1. Construire le diagramme de Venn correspondant à cette situation.
2. On choisit un enfant au hasard dans le village : quelle est la probabilité qu'il ne choisisse pas de stage ?
3. On choisit un enfant au hasard dans le village : quelle est la probabilité qu'il choisisse les stages de photo numérique et de magie ?
4. On choisit un enfant au hasard dans un village : quelle est la probabilité qu'il choisisse uniquement les stages de photo numérique et de magie ?

Exercice n° 4

Un joueur lance une fléchette sur une cible. Il atteint le rouge avec une probabilité de $\frac{1}{6}$, le vert avec une probabilité de $\frac{1}{3}$ et le jaune avec une probabilité de $\frac{1}{2}$.

Il mise 2 €. Il gagne 5 € s'il atteint le rouge, 1 € s'il atteint le vert et rien s'il atteint le jaune.

On appelle G la variable aléatoire égale au gain algébrique du joueur. Déterminer la loi de G.

Exercice n° 5

Un joueur tire au hasard une boule dans une urne, contenant 15 boules indiscernables au toucher, dont 4 blanches, 2 noires, 3 vertes, 2 jaunes et 4 rouges.

Si le joueur tire une boule blanche, il gagne 3 €.

Si le joueur tire une boule noire, il perd 2 €.

Si le joueur tire une boule verte, il gagne 1 €.

Si le joueur tire une boule jaune, il gagne 2 €.

Si le joueur tire une boule rouge, il ne gagne rien.

On appelle X la variable aléatoire égale au gain algébrique du joueur. Déterminer la loi de X.

Exercice n° 6

Une urne contient 5 boules rouges, 3 boules vertes et 2 boules blanches.

Un joueur tire une boule de l'urne. Il gagne 1 point s'il tire une boule rouge, 2 points s'il tire une boule verte et 4 points s'il tire une boule blanche.

On appelle X la variable aléatoire qui donne le nombre de points du joueur.

1. Déterminer la loi de probabilité de X.
2. Calculer $E(X)$.
3. Comment interpréter la valeur de $E(X)$?

Exercice n° 1

1. Pour construire l'arbre, il reste à déduire trois probabilités qui ne sont pas données par l'énoncé :
   - $100\ \% - 45\ \% = 55\ \%$ des élèves de la classe sont des garçons ;
   - parmi les filles, $100\ \% - 90\ \% = 10\ \%$ souhaitent poursuivre leurs études ;
   - parmi les garçons, $100\ \% - 95\ \% = 5\ \%$ souhaitent poursuivre leurs études.

   On obtient donc l'arbre suivant :

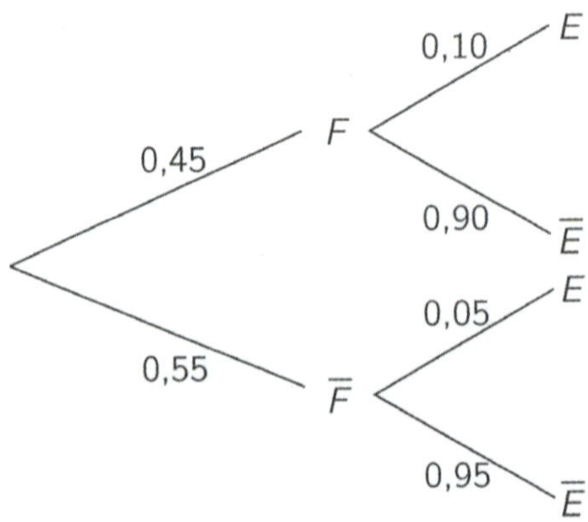

2. On calcule la probabilité de l'événement $\overline{F}$ à l'aide de l'arbre de probabilités. 55 % des élèves de la classe sont des garçons.

   → On a donc : $P(\overline{F}) = 0,55$.

3. D'après l'arbre de probabilités :
   - les filles poursuivant leurs études représentent $0,45 \times 0,10 = 0,045 = 4,5\ \%$ des élèves de la classe ;
   - les garçons poursuivant leurs études représentent $0,55 \times 0,05 = 0,0275 = 2,75\ \%$ des élèves de la classe.

   On en déduit que les élèves poursuivant leurs études représentent $4,5\ \% + 2,75\ \% = 7,25\ \%$ des élèves de la classe.

   → On a donc $P(E) = 0,0725$.

4. D'après l'arbre de probabilités :

   Les garçons ne poursuivant pas leurs études représentent $0,55 \times 0,95 = 0,5225 = 52,25\ \%$ des élèves de la classe.

   → On a donc $P(C) = 0,5225$.

Exercice n° 2

1. Pour construire l'arbre, il reste à déduire trois probabilités qui ne sont pas données par l'énoncé :
   - il y a $100\ \% - 60\ \% = 40\ \%$ de filles dans le lycée ;
   - parmi les garçons, $100\ \% - 30\ \% = 70\ \%$ ne sont pas en classe de première ;
   - parmi les filles, $100\ \% - 38\ \% = 62\ \%$ ne sont pas en classe de première.

   On obtient donc l'arbre suivant :

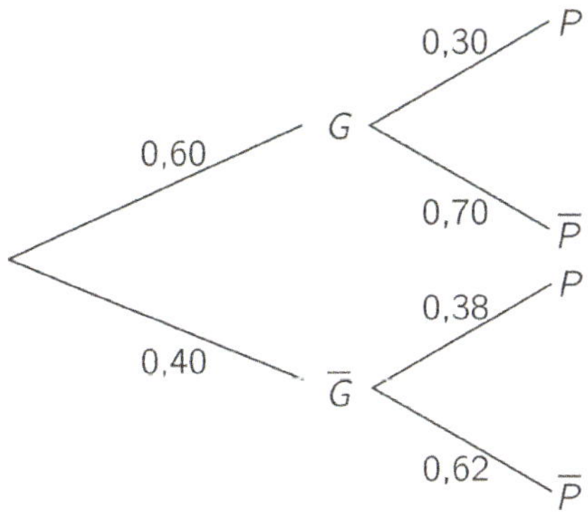

2. D'après l'arbre de probabilités, les filles en classe de première représentent $0,40 \times 0,38 = 0,152 = 15,2\ \%$ des élèves.

   → On a donc $P(A) = 0,152$.

3. D'après l'arbre de probabilités, parmi les garçons du lycée, ceux qui ne sont pas en classe de première représentent 70 %.

   → On a donc $P(B) = 0,7$.

4. D'après l'arbre de probabilités :
   - les filles en classe de première représentent $0,40 \times 0,38 = 0,152 = 15,2\ \%$ des élèves du lycée ;
   - les garçons en classe de première représentent $0,60 \times 0,30 = 0,18 = 18\ \%$ des élèves du lycée.

   On en déduit donc que les élèves en classe de première représentent $15,2\ \% + 18\ \% = 33,2\ \%$ des élèves.

   → On a donc $P(C) = 0,332$.

Exercice n° 3

1. Le diagramme permettant de représenter graphiquement ce type de résultats (« diagramme de Venn ») nécessite de connaître les effectifs de chacune des combinaisons possibles. Il se construit de la manière suivante, en partant de l'intersection des trois événements M, T, P :
   - 10 enfants sont inscrits aux stages M, T et P.
   - Sachant que 15 enfants sont inscrits aux stages M et T, en soustrayant les enfants inscrits aux trois stages, 5 enfants sont inscrits uniquement à M et T.
   - Sachant que 19 enfants sont inscrits aux stages P et T, en soustrayant les enfants inscrits aux trois stages, 9 enfants sont inscrits uniquement à P et T.
   - Sachant que 20 enfants sont inscrits aux stages M et P, en soustrayant les enfants inscrits aux trois stages, 10 enfants sont inscrits uniquement à M et P.
   - Sachant que 36 enfants sont inscrits à la magie, en soustrayant les enfants inscrits au moins à un autre cours, $36-10-10-5=11$ enfants sont inscrits uniquement à M.
   - Sachant que 45 enfants sont inscrits à P, en soustrayant les enfants inscrits au moins à un autre cours, $45-10-10-9=16$ enfants sont inscrits uniquement à P.
   - Sachant que 30 enfants sont inscrits à T, en soustrayant les enfants inscrits au moins à un autre cours, $30-9-10-5=6$ enfants sont inscrits uniquement à T.

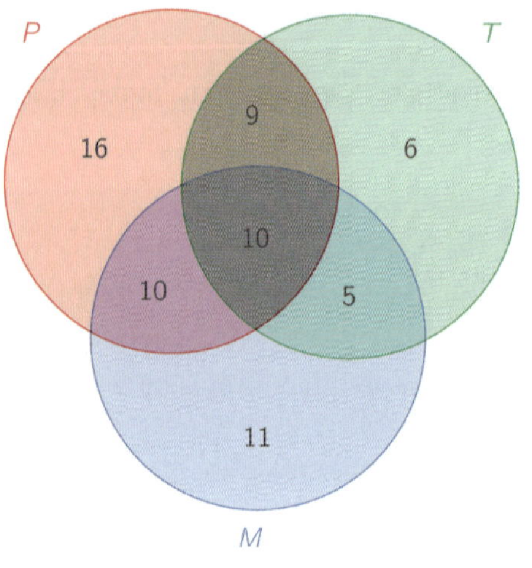

2. D'après le diagramme construit précédemment, on déduit que 67 enfants choisissent au moins un stage.
   Il y a donc $90-67=23$ enfants qui ne choisissent aucun stage.
   → La probabilité qu'un enfant ne choisisse pas de stage est donc égale à : $\frac{23}{90} \approx 0{,}26$.

3. On sait que 20 enfants sur 90 choisissent les stages de photo numérique et de magie.
   → La probabilité qu'un enfant choisisse le stage de photo numérique et de magie est donc égale à : $\frac{20}{90} \approx 0{,}22$.
4. On sait que 10 enfants sur 90 choisissent uniquement le stage de magie et de photo numérique.
   → La probabilité qu'un enfant choisisse uniquement les stages de photo numérique et de magie est donc égale à $\frac{10}{90} \approx 0{,}11$.

Exercice n° 4

Étape 1 : Valeurs possibles de G

Le joueur mise 2 €. G peut donc valoir :

- $5-2=3$ si le joueur gagne 5 € ;
- $1-2=-1$ si le joueur gagne 1 € ;
- $0-2=-2$ si le joueur ne gagne rien.

Étape 2 : Calcul des probabilités

Le joueur gagne 5 € lorsqu'il atteint le rouge, avec une probabilité de $\frac{1}{6}$. Donc $p(G=3)=\frac{1}{6}$.

Le joueur gagne 1 € lorsqu'il atteint le vert, avec une probabilité de $\frac{1}{3}$. Donc $p(G=-1)=\frac{1}{3}$.

Le joueur ne gagne rien lorsqu'il atteint le jaune, avec une probabilité de $\frac{1}{2}$. Donc $p(G=-2)=\frac{1}{2}$.

Étape 3 : Loi de probabilité

On résume les résultats dans un tableau qui donne la loi de probabilité de G :

x_i	3	−1	−2
$p(G=x_i)$	$\frac{1}{6}$	$\frac{1}{3}$	$\frac{1}{2}$

Exercice n° 5

Étape 1 : Valeurs possibles de X

X peut donc valoir :

- 3 si le joueur gagne 3 € ;
- –2 si le joueur perd 2 € ;
- 1 si le joueur gagne 1 € ;
- 2 si le joueur gagne 2 € ;
- 0 si le joueur ne gagne rien.

Étape 2 : Calcul des probabilités

Il y a 15 boules dans l'urne.

- Le joueur gagne 3 €, donc X prend la valeur 3, lorsque le joueur tire une boule blanche. Or, il y a 4 boules blanches, donc le joueur gagne 3 € avec la probabilité $\frac{4}{15}$, donc $p(X=3)=\frac{4}{15}$.
- Le joueur perd 2 €, donc X prend la valeur –2, lorsque le joueur tire une boule noire. Or, il y a 2 boules noires, donc le joueur perd 2 € avec la probabilité $\frac{2}{15}$, donc $p(X=-2)=\frac{2}{15}$.
- Le joueur gagne 1 €, donc X prend la valeur 1, lorsque le joueur tire une boule verte. Or, il y a 3 boules vertes, donc le joueur gagne 1 € avec la probabilité $\frac{3}{15}=\frac{1}{5}$, donc $p(X=1)=\frac{1}{5}$.
- Le joueur gagne 2 €, donc X prend la valeur 2, lorsque le joueur tire une boule jaune. Or, il y a 2 boules jaunes, donc le joueur gagne 2 € avec la probabilité $\frac{2}{15}$, donc $p(X=2)=\frac{2}{15}$.
- Le joueur gagne 0 €, donc X prend la valeur 0, lorsque le joueur tire une boule rouge. Or, il y a 4 boules rouges, donc le joueur gagne 2 € avec la probabilité $\frac{4}{15}$, donc $p(X=0)=\frac{4}{15}$.

Étape 3 : Loi de probabilités

On résume les résultats dans un tableau qui donne la loi de probabilité de X :

x_i	-2	0	1	2	3
$P(X = x_i)$	$\frac{2}{15}$	$\frac{4}{15}$	$\frac{1}{5}$	$\frac{2}{15}$	$\frac{4}{15}$

Exercice n° 6

1. On détermine d'abord le nombre total de boules dans l'urne :

   $5+3+2=10$

   D'après l'énoncé, on sait que :

   – Le joueur gagne 1 point, donc X prend la valeur 1, lorsque le joueur tire une boule rouge. Or, il y a 5 boules rouges, donc le joueur gagne 1 point avec la probabilité $\frac{5}{10}=\frac{1}{2}$.

   – Le joueur gagne 2 points, donc X prend la valeur 2, lorsque le joueur tire une boule verte. Or, il y a 3 boules vertes, donc le joueur gagne 2 points avec la probabilité $\frac{3}{10}$.

   – Le joueur gagne 4 points, donc X prend la valeur 4, lorsque le joueur tire une boule blanche. Or, il y a 2 boules blanches, donc le joueur gagne 4 points avec la probabilité $\frac{2}{10}=\frac{1}{5}$.

   On résume ces résultats dans un tableau qui donne la loi de probabilité de X.

x_i	1	2	4
$p(X = x_i)$	$\frac{1}{2}$	$\frac{3}{10}$	$\frac{1}{5}$

2. L'espérance d'une variable aléatoire X est donnée par la formule :

   $$E(X)=\sum x_i p(X=x_i)$$

   D'après la question précédente, on obtient :

   $$E(X)=1\times\frac{1}{2}+2\times\frac{3}{10}+4\times\frac{1}{5}$$

   $$E(X)=\frac{1}{2}+\frac{6}{10}+\frac{4}{5}$$

$$E(X)=\frac{5}{10}+\frac{6}{10}+\frac{8}{10}$$

→ $E(X)=\frac{19}{10}=1,9$

3. $E(X)$ est la valeur que prend la variable aléatoire X en moyenne si l'on répète un grand nombre de fois l'expérience.
   Si l'on répète un grand nombre de fois l'expérience, le joueur gagnera donc en moyenne 1,9 point.
   → Comme $E(X)>0$, le jeu est donc favorable au joueur.

Chapitre 12

La loi binomiale et les fluctuations d'échantillonnage

I. Schéma de Bernoulli et loi binomiale

A. Schéma de Bernoulli

1. Épreuve et loi de Bernoulli

Définition

Épreuve de Bernoulli

Une épreuve de Bernoulli est une expérience aléatoire ne présentant que deux issues possibles :

- le succès S, obtenu avec une probabilité p (nombre réel compris entre 0 et 1).
- l'échec $\overline{S}$, obtenu avec la probabilité $1-p$.

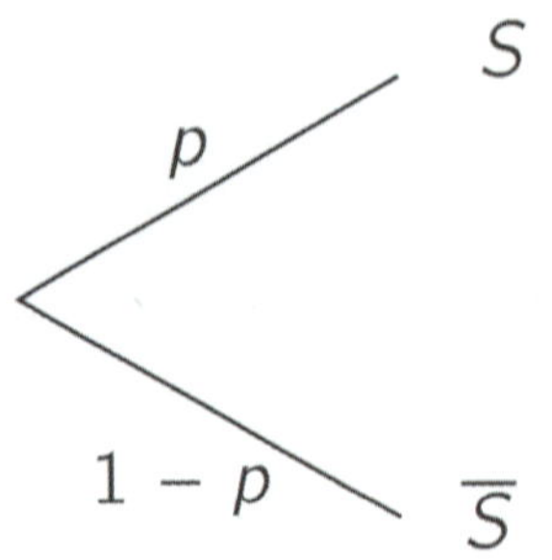

■ ***Exemple***

Une usine produit des téléphones portables. En général, 5 % des téléphones sont défectueux et les autres sont en parfait état.

Si on choisit au hasard un téléphone dans la production, deux issues sont possibles :

- « Le téléphone choisi est en bon état », appelé succès S, de probabilité $p=0,95$;
- « Le téléphone choisi est défectueux », appelé échec $\overline{S}$, de probabilité $1-p=0,05$.

L'expérience aléatoire consistant à choisir un téléphone au hasard dans la production et vérifier son état est une épreuve de Bernoulli.

Définition

Loi de Bernoulli

Soit un réel p compris entre 0 et 1. Une variable aléatoire X suit la loi de Bernoulli de paramètre p si :

$$X(\Omega) = \{0;1\}$$

$$P(X = 1) = p \text{ et } P(X = 0) = 1 - p$$

■ ***Exemple***

Une usine produit des téléphones portables. En général, 5 % des téléphones sont défectueux et les autres sont en parfait état.

Si on choisit au hasard un téléphone dans la production, deux issues sont possibles :

- « Le téléphone choisi est en bon état » (succès S), de probabilité $p = 0,95$;
- « Le téléphone choisi est défectueux » (échec $\overline{S}$), de probabilité $1 - p = 0,05$.

On nomme X la variable aléatoire qui prend la valeur 1 s'il y a succès, et la valeur 0 sinon.

On a donc :

- $X(\Omega) = \{0;1\}$
- $P(X = 1) = p = 0,95$
- $P(X = 0) = 1 - p = 0,05$

La variable aléatoire X suit donc une loi de Bernoulli de paramètre 0,95.

Théorème

Espérance d'une loi de Bernoulli

Si une variable aléatoire X suit la loi de Bernoulli de paramètre p, on a :

$$E(X) = p$$

■ ***Exemple***

Considérons une variable aléatoire X qui suit une loi de Bernoulli de paramètre 0,95. On a :

$$E(X) = p = 0,95$$

Théorème

Variance et écart-type d'une loi de Bernoulli

Si une variable aléatoire X suit la loi de Bernoulli de paramètre p, on a :

$$V(X) = p(1 - p)$$

$$\sigma(X) = \sqrt{V(X)} = \sqrt{p(1 - p)}$$

■ ***Exemple***

Considérons une variable aléatoire X qui suit une loi de Bernoulli de paramètre 0,95. On a alors :

- $V(X) = p(1 - p) = 0,95 \times 0,05 = 0,0475$
- $\sigma(X) = \sqrt{0,0475} \approx 0,218$

2. Schéma de Bernoulli

Définition

Un schéma de Bernoulli est une expérience consistant à répéter n fois de manière indépendante la même épreuve de Bernoulli, où n est un entier naturel non nul. Un schéma de Bernoulli a deux paramètres : n le nombre de répétitions de l'épreuve et p le paramètre de l'épreuve répétée.

Propriété

On peut représenter un schéma de Bernoulli de paramètres n et p par un arbre de probabilité à 2^n branches.
Les issues sont des n -uplets dont les n termes sont S pour « Succès » ou $\overline{S}$ pour « Échec ».

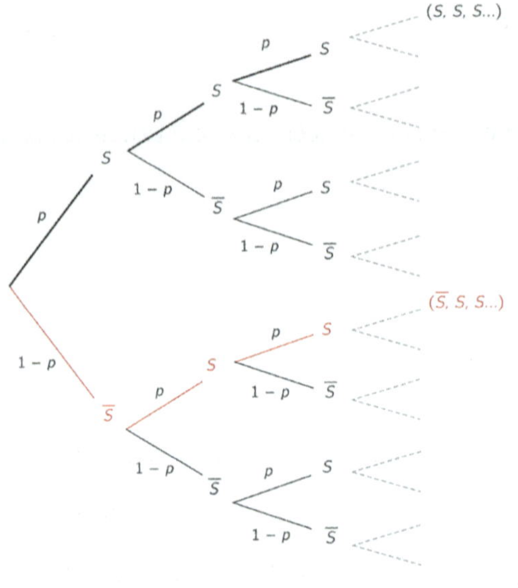

■ ***Exemple***

Une usine produit des téléphones portables. En général, 5 % des téléphones sont défectueux et les autres sont en parfait état.
Si on choisit au hasard un téléphone dans la production et qu'on vérifie son état, deux issues sont possibles :

- « Le téléphone choisi est en bon état », appelé succès S , de probabilité $p=0,95$;
- « Le téléphone choisi est défectueux », appelé échec $\overline{S}$, de probabilité $1-p=0,05$.

L'expérience aléatoire consistant à choisir un téléphone au hasard dans la production et vérifier son état est une épreuve de Bernoulli.
On prélève maintenant, successivement et avec remise, 10 téléphones dans la production de manière indépendante et on vérifie leur état. On répète ainsi 10 fois l'épreuve de Bernoulli : c'est un schéma de Bernoulli de paramètres $n=10$ et $p=0{,}95$.
Une issue possible de cette expérience est par exemple $(S,S,S,\overline{S},\overline{S},S,S,\overline{S},S,S)$, correspondant à une situation où 7 téléphones sont en bon état et 3 défectueux.

Propriété

La probabilité d'un événement élémentaire d'un schéma de Bernoulli s'obtient en faisant le produit des probabilités des événements élémentaires obtenus à chaque épreuve de Bernoulli.

■ ***Exemple***

Si un schéma de Bernoulli a pour paramètres $n=4$ et $p=0{,}3$, alors l'issue $(S,\overline{S},\overline{S},S)$ a pour probabilité $0{,}3\times 0{,}7\times 0{,}7\times 0{,}3=0{,}0441$.

Remarque

La probabilité de réaliser k succès en n répétitions est la même quel que soit le chemin choisi.

B. Coefficients binomiaux

Définition

Soient n un entier naturel non nul et k un entier naturel inférieur ou égal à n.
Le coefficient binomial, qui se note $\binom{n}{k}$ et qui se lit « k parmi n », correspond, sur l'arbre de probabilités, au nombre de chemins qui amènent à k succès au cours de n épreuves.

Exemple

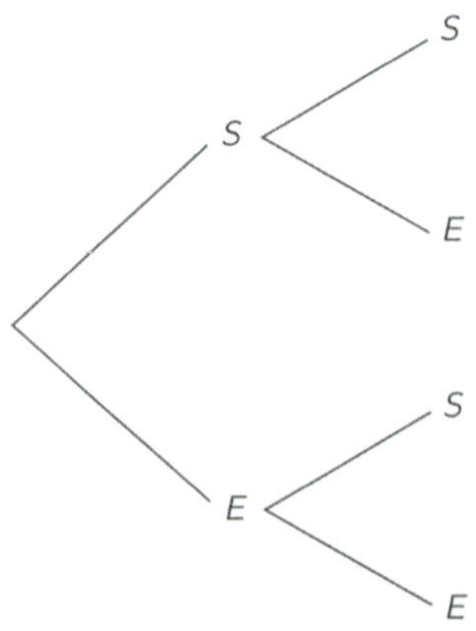

Sur l'arbre ci-dessus, il y a deux chemins contenant un seul S pour succès et un chemin contenant deux S.
Comme il y a deux épreuves, on a :

- $\binom{2}{1} = 2$
- $\binom{2}{2} = 1$

Propriété

Soient n un entier naturel non nul et k un entier naturel inférieur ou égal à n.

- $\binom{n}{0} = \binom{n}{n} = 1$
- $\binom{n}{1} = \binom{n}{n-1} = n$
- $\binom{n}{2} = \frac{n(n-1)}{2}$
- $\binom{n}{k} = \binom{n}{n-k}$
- Formule de Pascal : si $k < n$, $\binom{n+1}{k+1} = \binom{n}{k} + \binom{n}{k+1}$.

Exemple

$\binom{5}{1} = \binom{5}{4} = 5$

$\binom{5}{2} = \frac{5 \times 4}{2} = 10$

$$\binom{16}{7} = \binom{16}{16-7} = \binom{16}{9}$$

$$\binom{19}{8} = \binom{18+1}{7+1} = \binom{18}{7} + \binom{18}{8}$$

Propriété

La formule de Pascal permet de construire le triangle de Pascal, dont la ligne correspondant à une valeur n donnée recense successivement les valeurs :

$$\binom{n}{0}, \binom{n}{1}, \binom{n}{2}, \ldots, \binom{n}{n}$$

$n \setminus p$	0	1	2	3	4	...
0	1					
1	1	1				
2	1	2	1			
3	1	3	3	1		
4	1	4	6	4	1	
...	...	...	...	...	...	...

C. La loi binomiale

Définition

On considère un schéma de Bernoulli de paramètres n et p.
On associe à l'expérience la variable aléatoire X qui compte le nombre total de succès. La loi de probabilité de X est appelée loi binomiale de paramètres n et p.
On la note $B(n;p)$.

■ ***Exemple***

Une usine produit des téléphones portables. En général, 5 % des téléphones sont défectueux et les autres sont en parfait état.
Si on choisit au hasard un téléphone dans la production, deux issues sont possibles :

- « Le téléphone choisi est en bon état », appelé succès S, de probabilité $p = 0,95$.
- « Le téléphone choisi est défectueux », appelé échec $\overline{S}$, de probabilité $1 - p = 0,05$.

L'expérience aléatoire consistant à choisir un téléphone au hasard dans la production et à vérifier son état est une épreuve de Bernoulli.

On désire maintenant prélever successivement $n = 10$ téléphones dans la production. On considère que le nombre de téléphones produits est très important par rapport au nombre prélevé, et par conséquent, les tirages peuvent être assimilés à des tirages avec remise. On fait ainsi l'hypothèse que chaque prélèvement est indépendant des autres.
On appelle X la variable aléatoire qui compte le nombre de téléphones en bon état (le nombre de succès) parmi les 10 téléphones choisis.
La variable X suit la loi binomiale $B(10;0,95)$.

Propriété

Soit un réel p compris entre 0 et 1 et n un entier naturel non nul.
Si une variable aléatoire X suit la loi binomiale de paramètres n et p, notée $B(n;p)$, alors :

- $X(\Omega) = [\![0;n]\!] = \{0;1;2;\ldots;n\}$
- $p(X = k) = \binom{n}{k} p^k (1-p)^{n-k}$ pour tout entier k de $X(\Omega)$

■ **Exemple**

Si la variable X suit la loi binomiale $B(10;0,95)$, alors :

- $X(\Omega) = [\![0;10]\!] = \{0;1;2;\ldots;10\}$
- $p(X = k) = \binom{10}{k} 0,95^k (1-0,95)^{10-k}$ pour tout k de $X(\Omega)$

Théorème

Espérance d'une loi binomiale

Si X suit la loi binomiale de paramètres n et p, on a :

$$E(X) = np$$

■ **Exemple**

Considérons la variable aléatoire X qui suit la loi binomiale $B(10;0,95)$.
On a alors :

$$E(X) = 10 \times 0,95 = 9,5$$

Théorème

Variance et écart-type d'une loi binomiale

Si X suit la loi binomiale de paramètres n et p, on a :

$$V(X) = np(1-p)$$

$$\sigma(X) = \sqrt{V(X)} = \sqrt{np(1-p)}$$

■ **Exemple**

Considérons la variable aléatoire X qui suit la loi binomiale $B(10;0,95)$.

On a alors :

- $V(X) = 10 \times 0,95 \times (1 - 0,95) = 0,475$
- $\sigma(X) = \sqrt{0,475} \approx 0,689$

II. Échantillonnage

A. Échantillon

Définition

Un échantillon de taille n est obtenu en prélevant au hasard, successivement et avec remise, n éléments d'une population.

■ ***Exemple***

Prélever des pièces dans une production de manière identique et indépendante, noter à chaque fois si la pièce présente un défaut ou non et la remettre dans la production est une démarche d'échantillonnage.

Remarque

Souvent, il n'y a pas de remise lors du prélèvement. Mais lorsque l'effectif total est très grand par rapport au nombre d'objets prélevés, on considère néanmoins que l'échantillon est constitué, au sens de la définition donnée, avec remise.

B. Intervalle de fluctuation

Définition

L'intervalle de fluctuation au seuil de 95 % de la fréquence correspondant à la réalisation, sur un échantillon aléatoire de taille n, d'une variable aléatoire X suivant une loi binomiale, est $\left[\frac{a}{n};\frac{b}{n}\right]$, où :

- a est le plus petit entier tel que $p(X \leq a) > 0,025$.
- b le plus petit entier tel que $p(X \leq b) \geq 0,975$.

■ ***Exemple***

On s'intéresse à la proportion de faces marquées « 1 » obtenues quand on lance un dé tétraédrique bien équilibré (dont les faces sont numérotées 1, 2, 3, 4).

La variable aléatoire X, égale au nombre de faces marquées « 1 » obtenues quand on lance 100 fois ce dé, suit une loi binomiale $B(100;0,25)$. En effet, la probabilité d'avoir une face marquée « 1 » est $\frac{1}{4}$.

On détermine une table des valeurs $P(X \leq k)$ avec la calculatrice. On peut alors trouver les entiers a et b, où a est le plus petit entier tel que $P(X \leq a) > 0,025$, et b le plus petit entier tel que $P(X \leq b) \geq 0,975$.

X	Y1
16	0,02111
17	0,03763
18	0,06301
...	...
31	0,93065
32	0,9554
33	0,97241
34	0,98357

Puisque $p(X \leq 16) \approx 0,021$ et $p(X \leq 17) \approx 0,037$, on en déduit que $a = 17$.

De même, $p(X \leq 33) \approx 0,972$ et $p(X \leq 34) \approx 0,984$, donc $b = 34$.

Ainsi :

$p(17 \leq X \leq 34) \geq 0,95$

Donc un intervalle de fluctuation à 95 % dans les échantillons de taille 100 est $[0,17;0,34]$.

Remarque

On peut choisir d'autres seuils à la place de 95 %. Le plus fréquemment utilisé après 95 % est 99 %.

C. Prise de décision sur un échantillon

Propriété

L'intervalle de fluctuation à 95 % est un intervalle qui contient au moins 95 % des fréquences observées dans les échantillons de taille n. Ceci signifie qu'il y a un risque de 5 % pour cette fréquence de ne pas se trouver dans cet intervalle.

Théorème

On considère une population dans laquelle on suppose que la proportion d'un caractère est p. Après expérience, on observe f comme fréquence de ce caractère dans un échantillon de taille n.
Soit l'hypothèse : « La proportion de ce caractère dans la population est p. »
Si I est l'intervalle de fluctuation de la fréquence à 95 % dans un échantillon de taille n, alors :

- Si $f \notin I$: on rejette cette hypothèse au seuil de risque 5 %.
- Sinon, on ne rejette pas cette hypothèse au seuil de risque 5 %.

■ ***Exemple***

Un laboratoire annonce qu'un médicament sauve 40 % des patients atteints d'une maladie rare. Pour contrôler cette affirmation, on le teste sur 100 patients atteints de cette maladie.
La fréquence des malades sauvés est de 30 %. Que penser de l'affirmation du laboratoire ?
Soit X le nombre de malades sauvés par ce médicament dans un échantillon aléatoire de malades et assimilé à un tirage avec remise de taille 100. Ici, X suit une loi binomiale $B(100;0,4)$.
À l'aide de la calculatrice, on trouve alors que l'intervalle de fluctuation à 95 % de la fréquence des patients sauvés dans les échantillons de taille 100 est $[0,31;0,50]$.
La fréquence observée, qui est 0,30, n'appartient pas à l'intervalle de fluctuation, donc, au seuil de risque 5 %, on rejette l'hypothèse selon laquelle ce médicament sauve 40 % des malades.

Reconnaître une loi binomiale

Une variable aléatoire X suit une loi binomiale lorsqu'elle dénombre les succès dans une suite d'expériences de Bernoulli répétées de manière indépendante.

Afin de démontrer qu'une variable aléatoire X suit une loi binomiale, il convient de respecter scrupuleusement les étapes de la rédaction suivante.

Étape 1 : Identifier un schéma de Bernoulli

On identifie une expérience à deux issues possibles :

- le succès, obtenu avec une probabilité p que l'on détermine ;
- l'échec, obtenu avec la probabilité $q = 1 - p$.

Étape 2 : Expliquer la répétition de l'expérience

On justifie que l'expérience est répétée n fois, de manière indépendante.

Étape 3 : Énoncer le rôle de X

On précise que X est la variable aléatoire qui dénombre les succès lors de la répétition de l'expérience de Bernoulli.

Étape 4 : Conclure sur la loi de X et ses paramètres

On conclut que X suit alors une loi binomiale de paramètres n et p.

➜ *Exemple*

$0,2\%$ des pièces fabriquées dans une usine sont défectueuses. On prélève un échantillon de 100 pièces (le nombre de pièces étant suffisamment grand pour considérer les tirages indépendants).

On note X la variable aléatoire qui donne le nombre de pièces défectueuses dans l'échantillon. Montrer que X suit une loi binomiale dont on précisera les paramètres.

Étape 1

L'expérience « prélever une pièce » a deux issues possibles :

- le succès (la machine est défectueuse) obtenu avec la probabilité $p = 0,002$;
- l'échec (la machine n'est pas défectueuse) obtenu avec la probabilité $q = 1 - p = 0,998$.

Nous sommes donc en présence d'un schéma de Bernoulli.

Étape 2

On répète cette expérience 100 fois de manière indépendante (les tirages sont supposés indépendants d'après l'énoncé).

Étape 3

X est la variable aléatoire qui dénombre les succès.

Étape 4

Donc, X suit une loi binomiale de paramètres $n = 100$ et $p = 0,002$.

Astuce

Lorsque X suit une loi binomiale de paramètres n et p, on sait que :

- $X(\Omega) = \{0;1;...;n\}$
- pour tout k de $X(\Omega)$,
  $p(X = k) = \binom{n}{k} p^k q^{n-k}$
- $E(X) = np$
- $V(X) = np(1-p)$

Calculer et interpréter $E(X)$ dans une loi binomiale

Lorsque la variable aléatoire X suit la loi binomiale de paramètres n et p, alors l'espérance $E(X) = np$ correspond à la valeur que prend X en moyenne.

■ **Étape 1 : Rappeler les paramètres de la loi binomiale**

On rappelle les paramètres de la loi de X.

■ **Étape 2 : Énoncer la formule**

D'après le cours, l'espérance de X vaut :

$E(X) = np$

■ **Étape 3 : Appliquer la formule**

On applique la formule et on simplifie l'expression.

■ **Étape 4 : Interpréter l'espérance**

L'espérance $E(X)$ correspond à la valeur que prend X en moyenne, soit le nombre moyen de succès, sur un grand nombre de répétitions de l'expérience.

➡ *Exemple*

On appelle X la variable aléatoire donnant le nombre de boules blanches tirées dans une urne. On admet que X suit une loi binomiale de paramètres $n = 50$ et $p = 0,15$.

Calculer l'espérance de X et interpréter ce résultat.

Étape 1

La variable aléatoire X suit une loi binomiale de paramètres $n = 50$ et $p = 0,15$.

Étape 2

On sait que $E(X) = np$.

Étape 3

Donc ici :

$E(x) = 50 \times 0,15$

$E(x) = 7,5$

Étape 4

Cela signifie qu'en moyenne, sur un grand nombre de répétitions de l'expérience, on tirera 7,5 boules blanches de l'urne.

Déterminer un intervalle de fluctuation

Si la variable aléatoire X suit une loi binomiale, il est possible de déterminer un intervalle de fluctuation au seuil de 95 % de la fréquence correspondant à la réalisation, sur un échantillon de taille n, de X.

Étape 1 : Identifier le caractère et sa fréquence p

On identifie le caractère donné dans l'énoncé ainsi que sa fréquence.

Étape 2 : Préciser que les tirages sont effectués avec remise

On justifie que les tirages peuvent être assimilés à des tirages de Bernoulli avec remise.

Étape 3 : Conclure sur la loi binomiale

On en déduit que la variable aléatoire X suit une loi binomiale dont on précise les paramètres n et p.

Étape 4 : Réciter le cours

On rappelle que l'intervalle de fluctuation au seuil de 95 % de la fréquence correspondant à la réalisation, sur un échantillon aléatoire de taille n, d'une variable aléatoire X suivant une loi binomiale, est :

$$I = \left[\frac{a}{n};\frac{b}{n}\right]$$

Avec a et b les plus petits entiers tels que $p(X \leq a) > 0{,}025$ et $p(X \leq b) \geq 0{,}975$.

Étape 5 : Déterminer a et b à l'aide de la calculatrice

À l'aide de la calculatrice, on dresse la table des valeurs des $p(X \leq k)$.

Dans cette table, a est le plus petit entier tel que $p(X \leq a) > 0{,}025$ et b le plus petit entier tel que $p(X \leq b) \geq 0{,}975$.

Il arrive parfois que la table soit donnée en énoncé.

Étape 6 : Conclure sur l'intervalle de fluctuation

On conclut en donnant l'intervalle de fluctuation au seuil de 95 % de la fréquence du succès : $\left[\frac{a}{n};\frac{b}{n}\right]$.

➡ *Exemple*

Soit X la variable aléatoire donnant le nombre de « Pile » obtenus lorsqu'on lance une pièce équilibrée 80 fois de suite.

Déterminer un intervalle de fluctuation au seuil de 95 % de la fréquence du nombre de « Pile » sur 80 lancers.

Étape 1

On s'intéresse à la proportion de « Pile » lors du lancer d'une pièce de monnaie. Sa probabilité est $p = \frac{1}{2}$. De plus, le lancer est une épreuve de Bernoulli.

Étape 2

Les lancers sont indépendants, donc les tirages peuvent être assimilés à des tirages avec remise.

Étape 3

Or, X dénombre les « Pile » dans la série de 80 lancers indépendants. On en déduit que la variable aléatoire X suit une loi binomiale de paramètres $n = 80$ et $p = 0{,}5$.

Étape 4

D'après le cours, l'intervalle de fluctuation au coefficient 95% de la fréquence est $\left[\frac{a}{n};\frac{b}{n}\right]$, avec a et b les plus petits entiers tels que $p(X \leq a) > 0,025$ et $p(X \leq b) \geq 0,975$.

Étape 5

À l'aide de la calculatrice, on détermine que :

- $p(X \leq 30) \approx 0,016$ et $p(X \leq 31) \approx 0,028$, donc $a = 31$
- $p(X \leq 48) \approx 0,972$ et $p(X \leq 49) \approx 0,984$, donc $b = 49$

Étape 6

On en déduit que l'intervalle de fluctuation au seuil de 95 % de la fréquence du succès est donc $\left[\frac{31}{80};\frac{49}{80}\right]$.

Déterminer si un échantillon est représentatif d'une population

Afin de déterminer si un échantillon est représentatif d'une population, on calcule l'intervalle I de fluctuation au seuil de 95 %, ainsi que la fréquence f dans l'échantillon. Si $f \in I$, alors l'échantillon est représentatif de la population.

Étape 1 : Calculer l'intervalle de fluctuation

On justifie que la variable aléatoire X suit une loi binomiale dont on détermine les paramètres n et p.

À l'aide de la calculatrice, on détermine ensuite les valeurs a et b, avec a est le plus petit entier tel que $p(X \leq a) > 0,025$ et b le plus petit entier tel que $p(X \leq b) \geq 0,975$.

On en déduit que l'intervalle de fluctuation au seuil de 95 % est $I = \left[\frac{a}{n};\frac{b}{n}\right]$.

Étape 2 : Calculer la fréquence dans l'échantillon

On calcule la fréquence dans l'échantillon.

Étape 3 : Conclure

Deux cas sont possibles :

- Si $f \in I$, alors l'échantillon est représentatif de la population.
- Si $f \notin I$, alors l'échantillon n'est pas représentatif de la population.

➡ *Exemple*

Un candidat A à une élection affirme que 52 % des électeurs vont voter pour lui. Pour contrôler cette affirmation, on interroge 200 électeurs au hasard. Parmi eux, 88 vont voter pour le candidat A.

Si le candidat A a raison, l'échantillon est-il représentatif de la population ?

Étape 1

Soit X la variable aléatoire donnant le nombre d'électeurs votant pour le candidat A, dans un échantillon aléatoire d'électeurs de taille $n = 200$. On assimile ce tirage à un tirage avec remise. Donc X suit une loi binomiale de paramètres $n = 200$ et $p = 0,52$. À l'aide de la calculatrice, on détermine que l'intervalle de fluctuation au seuil de 95 % de la fréquence des électeurs votant pour le candidat A dans un échantillon de taille 200 est $I = [0,45; 0,59]$.

Étape 2

Dans l'échantillon, 88 électeurs sur 200 vont voter pour le candidat A. On en déduit que :

$$f = \frac{88}{200} = 0,44$$

Étape 3

On a $f = 0,44$ et $I = [0,45; 0,59]$.

Donc $f \notin I$.

On en conclut que l'échantillon n'est pas représentatif de la population.

Exercice n° 1

Calculer le coefficient binomial suivant :

$$\binom{4}{2}$$

Exercice n° 2

Calculer le coefficient binomial suivant :

$$\binom{6}{1}$$

Exercice n° 3

Une urne contient 5 boules blanches, 10 boules rouges et 5 boules vertes. On tire successivement et avec remise 10 boules de l'urne.

On appelle X la variable aléatoire qui dénombre les boules blanches tirées.

1. Montrer que X suit une loi binomiale dont on précisera les paramètres.
2. Calculer la probabilité d'obtenir 3 boules blanches exactement au cours des 10 tirages.
3. Calculer la probabilité d'obtenir au moins une boule blanche au cours des 10 tirages.

Exercice n° 4

On lance 8 fois une pièce équilibrée.

On appelle X la variable aléatoire qui compte le nombre de fois où l'on obtient « Pile ».

1. Montrer que X suit une loi binomiale dont on précisera les paramètres.
2. Calculer la probabilité d'obtenir 4 fois « Pile » exactement au cours des 8 lancers.
3. Calculer la probabilité d'obtenir au plus un « Pile » au cours des 8 lancers.

Exercice n° 5

Une usine fabrique des jouets. On suppose que la probabilité qu'un jouet soit non conforme est égale à 0,025. On prélève au hasard un échantillon de 50 jouets. La production est suffisamment importante pour que l'on assimile ce prélèvement à un tirage avec remise de 50 jouets.

On appelle X la variable aléatoire qui dénombre les jouets non conformes.

1. Montrer que X suit une loi binomiale dont on précisera les paramètres.
2. Calculer $E(X)$.
3. Comment interpréter ce résultat ?

Exercice n° 6

Le maire d'une ville affirme que 52 % des électeurs lui font confiance. On interroge 100 électeurs au hasard (la population est suffisamment grande pour considérer qu'il s'agit de tirages avec remise).

On considère la variable aléatoire X associée au nombre d'électeurs faisant confiance au maire. X suit la loi binomiale de paramètres $n = 100$ et $p = 0,52$.

On donne ci-dessous un extrait de la table des probabilités cumulées $p(X \leq k)$.

k	$p(X \leqslant k)$
40	0,0106
41	0,0177
42	0,0286
43	0,0444
…	…
61	0,9719
62	0,9827
63	0,9897

1. Déterminer le plus petit entier a, tel que $p(X \leq a) > 0,025$.
2. Déterminer le plus petit entier b tel que $p(X \leq b) \geq 0,975$.
3. Déterminer l'intervalle de fluctuation à 95 % de la fréquence.

Encore plus d'exercices sur **Kartable.fr**

Exercice n° 1

On peut s'aider d'un arbre de probabilités pour déterminer la valeur de ce coefficient binomial.

On détermine le nombre de chemins qui permettent la réalisation de 2 succès lors de la répétition de 4 expériences.

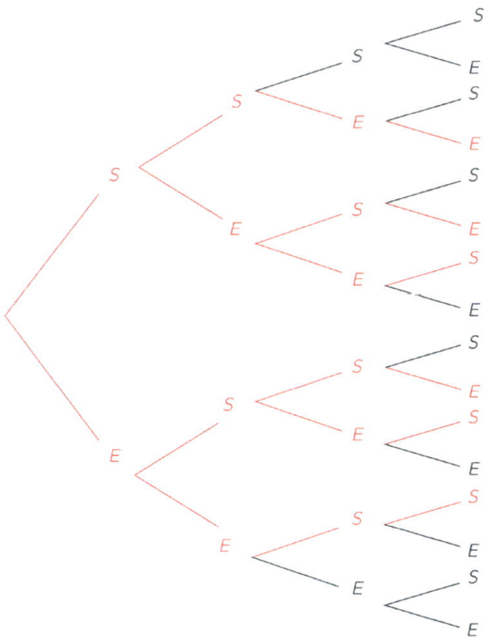

On détermine 6 chemins sur l'arbre.

→ $\binom{4}{2} = 6$

Exercice n° 2

On utilise la formule suivante : $\binom{n}{1} = n$.

→ $\binom{6}{1} = 6$

Exercice n° 3

1. L'épreuve « tirer une boule » a deux issues possibles :
   - le succès : on tire une boule blanche, obtenu avec la probabilité $p=\frac{5}{20}=\frac{1}{4}$;
   - l'échec : on ne tire pas une blanche, obtenu avec la probabilité $q=1-p=\frac{3}{4}$.

   Cette épreuve est répétée 10 fois de manière indépendante (les tirages sont effectués avec remise).

   X est la variable aléatoire qui dénombre les succès.

   → X est donc une variable aléatoire qui suit une loi binomiale de paramètres n $= 10$ et $p=\frac{1}{4}$.

2. On cherche à calculer $p(X=3)$.

   Or, X suit la loi binomiale $B\left(10;\frac{1}{4}\right)$, donc on a :

   $p(X=3)=\binom{10}{3}p^3q^{10-3}$

   $p(X=3)=\binom{10}{3}\left(\frac{1}{4}\right)^3\left(\frac{3}{4}\right)^7$

   Et, comme $\binom{10}{3}=120$, on a finalement :

   $p(X=3)=120\times\left(\frac{1}{4}\right)^3\left(\frac{3}{4}\right)^7$

   → La probabilité d'obtenir exactement 3 boules blanches vaut

   $p(X=3)=120\times\left(\frac{1}{4}\right)^3\left(\frac{3}{4}\right)^7$.

3. On cherche à calculer $p(X\geq 1)$.

   Or, $p(X\geq 1)=1-p(X=0)$

   On calcule donc :

   $p(X=0)=\binom{10}{0}p^0q^{10-0}$

   $p(X=0)=\binom{10}{0}\left(\frac{1}{4}\right)^0\left(\frac{3}{4}\right)^{10}$

   Et, comme $\binom{10}{0}=1$ et que $\left(\frac{1}{4}\right)^0=1$, on a finalement :

$$p(X=0)=\left(\frac{3}{4}\right)^{10}$$

On obtient donc :

$$p(X\geq 1)=1-\left(\frac{3}{4}\right)^{10}$$

→ La probabilité d'obtenir au moins une boule blanche vaut $p(X\geq 1)=1-\left(\frac{3}{4}\right)^{10}$.

Exercice n° 4

1. L'épreuve « lancer une pièce de monnaie » a deux issues possibles :
   - le succès : on obtient « Pile », obtenu avec la probabilité $p=\frac{1}{2}$;
   - l'échec : on n'obtient pas « Pile », obtenu avec la probabilité $q=1-p=\frac{1}{2}$.

   Cette épreuve est répétée 8 fois de manière indépendante.
   X est la variable aléatoire qui dénombre les succès.
   → X est donc une variable aléatoire qui suit une loi binomiale de paramètres $n=8$ et $p=\frac{1}{2}$.

2. On cherche à calculer $p(X=4)$.
   Or, X suit la loi binomiale $B\left(8;\frac{1}{2}\right)$, donc on a :

   $$p(X=4)=\binom{8}{4}p^4q^{8-4}$$

   $$p(X=4)=\binom{8}{4}p^4q^4$$

   Et, comme $\binom{8}{4}=70$, on a finalement :

   $$p(X=4)=70\times\left(\frac{1}{2}\right)^4\left(\frac{1}{2}\right)^4=70\times\left(\frac{1}{2}\right)^8$$

   → La probabilité d'obtenir exactement 4 fois « Pile » vaut $p(X=4)=70\times\left(\frac{1}{2}\right)^8$.

3. On cherche à calculer $p(X\leq 1)$.
   Or, $p(X\leq 1)=p(X=0)+p(X=1)$.
   - On calcule $p(X=0)$

$p(X=0)=\binom{8}{0}p^0q^{8-0}$

$p(X=0)=\binom{8}{0}p^0q^8$

Et, comme $\binom{8}{0}=1$ et que $\left(\frac{1}{2}\right)^0=1$, on a finalement :

$p(X=0)=\left(\frac{1}{2}\right)^8$

– On calcule $p(X=1)$.

$p(X=1)=\binom{8}{1}p^1q^{8-1}$

$p(X=1)=\binom{8}{1}p^1q^7$

Et, comme $\binom{8}{1}=8$, on a finalement :

$p(X=1)=8\times\left(\frac{1}{2}\right)\left(\frac{1}{2}\right)^7=8\times\left(\frac{1}{2}\right)^8$

– On obtient donc :

$p(X\leq 1)=\left(\frac{1}{2}\right)^8+8\times\left(\frac{1}{2}\right)^8=9\times\left(\frac{1}{2}\right)^8$

→ La probabilité d'obtenir au plus un « Pile » vaut $p(X\leq 1)=9\times\left(\frac{1}{2}\right)^8$.

Exercice n° 5

1. L'épreuve « choisir un jouet » a deux issues possibles :
   – le succès : le jouet est non conforme, obtenu avec la probabilité $p=0{,}025$;
   – l'échec : le jouet est conforme, obtenu avec la probabilité $q=1-p=0{,}975$.

   Cette épreuve est répétée 50 fois de manière indépendante.

   X est la variable aléatoire qui dénombre les succès.

   → X est donc une variable aléatoire qui suit une loi binomiale de paramètres $n=50$ et $p=0{,}025$.

2. X suit une loi binomiale de paramètres $n=50$ et $p=0{,}025$.

   Donc :

   $E(X)=n\times p=50\times 0{,}025=1{,}25$

   → $E(X)=1{,}25$

3. $E(X)=1,25$

→ Cela signifie qu'en moyenne, pour un grand nombre de répétitions de l'expérience, il y a 1,25 jouet non conforme (soit entre 1 et 2 jouets).

Exercice n° 6

1. Dans le tableau, on cherche la plus petite valeur de k pour laquelle $p(X \leq k)$ est strictement supérieur à 0,025.

   On lit :

   – $p(X \leq 41) \approx 0,177 \leq 0,025$

   – $p(X \leq 42) \approx 0,286 > 0,025$

   Donc le plus entier a tel que $p(X \leq a) > 0,025$ est 42.

   → $a = 42$

2. Dans le tableau, on cherche la plus petite valeur de k pour laquelle $p(X \leq k)$ est supérieur ou égal à 0,975.

   On lit :

   – $p(X \leq 61) \approx 0,9\,719 < 0,975$

   – $p(X \leq 62) \approx 0,9\,827 \geq 0,975$

   Donc le plus entier b tel que $p(X \leq b) \geq 0,975$ est 62.

   → $b = 62$

3. Dans le cadre d'une loi binomiale de paramètres n et p, l'intervalle de fluctuation à 95 % de la fréquence est $\left[\frac{a}{n};\frac{b}{n}\right]$.

   Ici, on a :

   – $a = 42$

   – $b = 62$

   – $n = 100$

   Donc, l'intervalle de fluctuation est I.

   $\left[\frac{42}{100};\frac{62}{100}\right]$

   → L'intervalle de fluctuation à 95 % est $[0,42;0,62]$.

Notes

Notes